普通高等教育电气信息类规划教材

电子电路（下） 实验指导教程

温立民　徐　娟　王晓艳　编著

机械工业出版社

本书为面向数字电路实验的教材,分为 3 个部分,共 9 章内容。第 1 章为数字电路基础知识。第一部分为数字电子技术实验,包括第 2~4 章,以基础实验和综合实验的方式加以介绍。其中基础实验包括门电路、组合逻辑和时序电路等,紧贴理论教材授课内容;综合实验具有一定的难度,对提高学生综合实践能力具有不可替代的作用。

第二部分为虚拟仿真实验,包括第 5、6 章,这部分内容面向虚拟教学或信息化实验教学而设置。虚拟实验采用 Multisim 软件实现,同样分为基础实验和综合实验两部分。基础实验采用 Multisim 进行仿真,有利于提前预习和在无硬件条件下熟悉实验内容。

第三部分为 FPGA 原理及 VHDL 应用程序设计,包括第 7~9 章。在组合逻辑部分,提供了门电路、加法器、译码器等具有代表性的实验;在时序逻辑部分,有分频器、移位寄存器等基础实验,也有 LED 点阵、电动机控制、D/A 转换等综合实验,可供广大师生进行选择。

全书结构清晰,涵盖面广,难易适中,适合各层次读者的需要,可作为高等院校电子、信息类专业的教材,也可作为工程师的参考书。

图书在版编目(CIP)数据

电子电路(下)实验指导教程 / 温立民,徐娟,王晓艳编著 . —北京:机械工业出版社,2019.10
普通高等教育电气信息类规划教材
ISBN 978-7-111-63711-0

Ⅰ.①电… Ⅱ.①温… ②徐… ③王… Ⅲ.①电子电路-实验-高等学校-教学参考资料 Ⅳ.①TN710-33

中国版本图书馆 CIP 数据核字(2019)第 200663 号

机械工业出版社(北京市百万庄大街 22 号 邮政编码 100037)
策划编辑:汤 枫 责任编辑:汤 枫
责任印制:张 博 责任校对:张艳霞

三河市国英印务有限公司印刷

2020 年 1 月第 1 版·第 1 次印刷
184mm×260mm·18.75 印张·462 千字
0001-2500 册
标准书号:ISBN 978-7-111-63711-0
定价:59.00 元

电话服务　　　　　　　　　　网络服务
客服电话:010-88361066　　机 工 官 网:www.cmpbook.com
　　　　　010-88379833　　机 工 官 博:weibo.com/cmp1952
　　　　　010-68326294　　金 书 网:www.golden-book.com
封底无防伪标均为盗版　　机工教育服务网:www.cmpedu.com

前　　言

数字电路与 EDA 设计实验作为电子、信息类专业的学科基础课，是一门重要的实践课程，具有很强的实践性。现代电子技术飞速发展，电子系统设计方法、手段日新月异，众所周知，电子系统数字化已经成为电子技术和电子设计发展的必然趋势。为此，"数字电路与逻辑设计"这门实验课程也进行了相应的教学改革，在传统数字电子技术实验基础上建立虚拟数字电路实验，为广大学生提供传统实验教学所无法完成的实验内容，并且包含 PLD、CPLD、FPGA 等先进的 EDA 教学内容。

本书是理论教学的延伸，旨在培养和训练学生勤奋进取、严肃认真、理论联系实际的工作作风和科学研究精神。通过本实验课，进一步夯实数字电子技术基础理论及 FPGA 设计的基础，加强基本实验方法和基本实验技能的掌握，为培养锻炼学生的综合能力、创新素质打下坚实的基础。

本书精心设计了多个典型的数字电路及 FPGA 基础实验范例，基本涵盖了数字电路与FPGA 设计课的教学内容。每个实验均给出了实验目的、预习要求、实验原理、内容、步骤和思考题，所有实验均可在纯硬件或 EDA 实验环境中完成。教程分为传统数字电路实验、虚拟数字电路实验、FPGA 实验三部分。

1）传统实验特点：传统的数字电路实验使用数字电路实验箱进行操作，采用 74 系列芯片进行设计，主要涉及的实验内容包括 TTL 集成门电路功能测试；全加器、数据选择器、比较器、编码器和译码器等组合逻辑电路的应用，以及触发器、计数器和移位寄存器等时序逻辑电路的相关应用。采用传统的数字电路实验方式，学生可以亲自使用元器件和相关实验仪器设备进行电路设计、连接、调试与测试，实验过程比较直观。这种实验形式，学生既对理论知识的理解进一步加深，也可以很好地锻炼综合能力。但是，对于设计要求较为复杂，使用芯片种类较多的实验项目，采用传统的数字电路实验方式通常电路连线过多，连接和调试难度较大，而且随着电子技术产业的高速发展，新器件、新电路不断涌现，现有实验室的条件已经无法满足各种电路的设计和调试的要求。

2）虚拟实验特点：虚拟仿真软件具有强大分析、仿真电路功能，可以较好地解决传统实验的问题。Multisim 软件仿真实验可以克服实验室各种条件限制，设计与实验可以同步进行，可以边实验、边修改、边调试，也可以直接打印输出实验数据、测试参数和电路图。实验中不消耗任何实际元器件，且实验元器件的种类和数量也不受实际情况的限制。因此，使用 Multisim 软件仿真实验，具有实验成本低、速度快、效率高等优点。Multisim 软件也可以针对不同的实验目的，如验证、测试、设计、纠错等能力进行训练，与传统的实验方式相比，采用该软件进行电子电路设计分析突出了实践教学以学生为中心的开放模式。软件易学易用，学生易于自学，便于开展综合性的设计和实验，有利于培养综合分析、开发应用和创新能力。

3）FPGA 实验分为两个方面的内容，即基础实验和综合实验。基础实验分为组合逻辑实验和时序逻辑实验，每一部分实验内容按由浅入深、由易到难的顺序设置，可根据需要选择实验内容进行教学实践。综合实验综合实力较强，可进一步提高学生对 FPGA 课程的理解。所有的实验基于 DICE-E208 EDA 实验箱完成，为加深学生对所学内容的理解，每个实验除设置了实验预习内容外，还为学生提供了与本实验相关的经典题目。

附录部分给出了实验箱的操作使用、实验中所使用到的集成电路引脚图，以及常用逻辑符号，方便学生查阅。

本书由温立民、徐娟、王晓艳共同编著完成。其中，前言、第 7~9 章及附录 A 由温立民完成；第 1 章由徐娟和王晓艳共同完成；第 2~4 章及附录 B 由徐娟完成；第 5、6 章由王晓艳完成。

由于编者水平有限，本书错误和疏漏之处在所难免，真诚希望各位读者和广大同仁提出批评和改进意见，共同促进本书质量的提高。谨此为盼！

编　者

目　　录

第1章　数字电路基础知识

1.1　数字电路概述

数字电路主要研究各部分单元电路之间的逻辑关系以及电路自身输出与输入之间的逻辑关系。所谓逻辑关系，是指事件的"条件"与"结果"之间存在的因果关系。逻辑是指事物的因果的规律。数字信号只有两种可能：有信号或无信号。这反映在信号电平上也只有两种可能：高电平与低电平。即有信号时，电路输出高电平；无信号时，电路输出低电平，或者相反。数字电路只有两个可能的稳定状态：电路输出高电平或输出低电平，采用"0"和"1"两个符号表示。它们之间的关系如下：正逻辑时，"1"表示高电平，"0"表示低电平；负逻辑时，"1"表示低电平，"0"表示高电平。此时的"0""1"已不再具有数的意义，而只是用来表示两个不同的稳定状态的符号，称为逻辑0和逻辑1。所以数字电路有时又被称为逻辑电路。最基本的逻辑关系有与逻辑、或逻辑和非逻辑三种。对应于三种基本逻辑关系有三种基本逻辑门电路，即与门电路、或门电路和非门电路。数字集成电路根据原理可分为两大类，即组合逻辑电路和时序逻辑电路。组合逻辑电路的组成是逻辑门电路。电路的输出状态仅由同一时刻的输入状态决定，与电路的原有状态无关，没有记忆功能。时序逻辑电路的组成除有组合门电路外，还有存储记忆电路。电路的输出状态不仅与同一时刻的输入状态有关，而且与电路的原有状态有关，具有记忆功能。

（1）数字电路的定义

1）模拟信号：凡是在时间上和数值上都是连续变化的信号。例如，随声音、温度、压力等物理量做连续变化的电压或电流。

2）数字信号：凡在数值上和时间上都是离散的信号。数字信号常用二值量来表示，例如，光电计数器。

3）模拟电路：处理模拟信号的电路。例如，交流和直流信号的放大电路。

4）数字电路：处理数字信号的电路。例如，脉冲信号的产生、放大、整形、传递、控制、记忆和计数等电路。

（2）数字电路的特点

1）半导体管多数工作在开关状态，即不是工作在饱和区，就是工作在截止区，而放大区只是其过渡状态。

2）数字电路的研究对象是电路的输入和输出之间的逻辑关系，因而不能采用模拟电路的分析方法。分析数字电路的工具是逻辑代数，表达电路的功能主要用真值表、逻辑函数表达式及波形图等。

1.2 数制及其互换

计数体制按照不同的进位方法有十进制数、二进制数、八进制数和十六进制等。十进制数中有"0、1、2、3、4、5、6、7、8、9"十个不同的数码，进位规则是"逢十进一"。二进制数中有"0、1"两个不同的数码，进位规则是"逢二进一"。十进制数转换成二进制数，采用"除二取余倒记法"。

1.3 码制

用二进制数表示十进制数的方法，称二-十进制码，简称 BCD 码。按二进制位权不同，BCD 码可分为 8421BCD 码、5421BCD 码等。8421 码中所表示的十进制数，只要各位数码按权相加即得。

（1）十进制数

基数：0~9。

权：10。

计数规律：逢十进一。

（2）二进制数

基数：0、1。

权：2。

计数规律：逢二进一。

（3）BCD 码

在数字系统中，各种文字、符号等特定的信息，也往往采用一定位数的二进制码来表示，通常把这种二进制码称为代码。

BCD 码是用 4 位二进制数组成一组代码，表示一位十进制码。

基数：0、1。

权：8、4、2、1。

1.4 与逻辑、与门电路

1.4.1 为什么叫门电路

数字电路的基本部分是各种开关电路。这些电路像门一样按一定的条件"开"或"关"，所以又称为"门"电路。

1.4.2　逻辑的含义

一般，门电路有一个输出端，但有多个输入端。而且输出端的状态是由输入端状态决定的。如果将门电路的输入状态称为"因"，输出端的状态称为"果"，则输入端和输出端状态间有一定的逻辑关系。通常用"逻辑"这个词表示因果的规律性。简而言之，逻辑表示输入端和输出端状态的规律性。

1.4.3　基本的逻辑门电路

基本的逻辑门电路是指逻辑"与""或""非"三种电路。

1.4.4　关系逻辑电路的几个规定

（1）逻辑状态的表示方法：逻辑 0 和逻辑 1

注：逻辑 0 和逻辑 1 不是表示数字的大小，而是表示两种对立的状态。

（2）有关高低电平的规定

1）高、低电平是指电位的高低。

2）高、低电平不是一个固定数值，是一个固定范围。

3）高电平的下限值和低电平的上限值，称为标准高电平 VSH 和标准低电平 VSL。

（3）正负逻辑的规定

正逻辑体制：1 表示高电平，0 表示低电平。

负逻辑体制：0 表示高电平，1 表示低电平。

1.4.5　与门电路

1. 概述

（1）逻辑关系：与逻辑

（2）具有与逻辑关系的电路：与门电路

2. 与逻辑含义

决定一件事情的几个条件全部具备之后，这件事情才能发生，否则不发生，这样的因果关系称为与逻辑关系。

3. 与门电路工作原理

（1）输入为 1（即高电平）或为 0（即低电平）

（2）输入全为 1 则输出为 1

即输入全为高电平，VT_1、VT_2 都导通，输出为高电平［全 1 出 1］；若输入端有一个低电平，VT_1、VT_2 也都导通只不过输出是低电平［有 0 出 0］。有 0 出 0，全 1 出 1。

（3）用逻辑代数表示与逻辑关系

与逻辑函数表述式：$Y=AB$（$Y=A×B$、$Y=A \cdot B$）。

含义：A、B 全为 1 时，Y 才为 1。注意 A、B 中一个为 0 时，则 Y 就为 0。

（4）真值表

将逻辑门电路所有输入状态和输出状态用一张表格表达出来，这样的表格叫真值表，如图 1-1 所示。

A 有 0、1 两种状态，B 也有 0、1 两种状态，故 A 和 B 共有四种组合，输入有四种，则输出亦有四种，由此列出表格。

（5）逻辑符号

与门逻辑符号如图 1-2 所示。

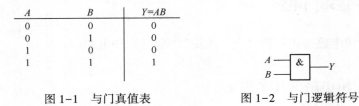

A	B	$Y=AB$
0	0	0
0	1	0
1	0	0
1	1	1

图 1-1　与门真值表　　　　　　　图 1-2　与门逻辑符号

1.5　或逻辑、或门电路

（1）或逻辑含义

决定事件的各个条件中，只要有一个条件得到满足，这件事情就会发生，这样的因果关系称为或逻辑关系（逻辑加）。

（2）或门电路工作原理

1）电路形式：即输入有一个为高电平时，VT_1、VT_2 就导通，输出为高电平［有 1 出 1］；若输入端都为低电平，VT_1、VT_2 截止，输出是低电平［全 0 出 0］。全 0 出 0，有 1 出 1。

2）真值表如图 1-3 所示。

A	B	$Y=A+B$
0	0	0
0	1	1
1	0	1
1	1	1

图 1-3　或门真值表

3）或门逻辑符号如图 1-4 所示。

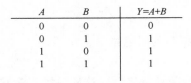

图 1-4　或门逻辑符号

4）或逻辑表达式：

$$0+0=0 \qquad 0+1=1 \qquad 1+0=1 \qquad 1+1=1$$

5) 或逻辑函数表达式：$Y=A+B$。

1.6 非逻辑、非门电路

（1）非逻辑含义

事情（输出信号）和条件（输入信号）总是相反状态，这样的因果关系称为非逻辑关系。

（2）非门电路工作原理

1）电路形式：由晶体管组成的非电路。

2）所谓非，就是否定。即输入为1（高电平），输出为0低电平［有1出0］；若输入端为0（低电平），输出是1高电平［有0出1］。有0出1，有1出0。

3）真值表如图1-5所示。

A	Y
0	1
1	0

图1-5 非门真值表

4）非门逻辑符号如图1-6所示。

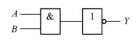

图1-6 非门逻辑符号

5）用逻辑代数表示非逻辑关系。

逻辑函数表述式：$Y=\overline{A}$。

读作：Y 等于 A 非。

计算：$0=\overline{1}$，$1=\overline{0}$。

1.7 复合门电路

（1）与非门

1）如何构成与非门电路？

在与门的后面接一个非门就构成与非门，如图1-7所示。

$$A \quad B \quad \& \quad 1 \quad Y$$

图1-7 与门与非门连接

2）逻辑表达式：$Y=\overline{AB}$。

3）列真值表如图1-8所示。

5

A	B	AB	$Y=\overline{AB}$
0	0	0	1
0	1	0	1
1	0	0	1
1	1	1	0

图1-8 与非门真值表

4）逻辑功能：有 0 出 1，全 1 出 0。

5）逻辑符号如图 1-9 所示。

图1-9 与非门逻辑符号

练习：74LS00 的引脚排列图。试问它是什么样的集成电路，并试述各引脚的功能。

（2）或非门

1）如何构成或非门电路？

在或门的后面接一个非门就构成或非门，如图 1-10 所示。

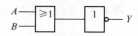

图1-10 或门与非门连接

2）逻辑表达式：$Y=\overline{A+B}$。

3）列真值表如图 1-11 所示。

A	B	$A+B$	$Y=\overline{A+B}$
0	0	0	1
0	1	1	0
1	0	1	0
1	1	1	0

图1-11 或非门真值表

4）逻辑功能：全 0 出 1，有 1 出 0。

5）逻辑符号如图 1-12 所示。

图1-12 或非门逻辑符号

（3）与或非门

1）电路构成：先与后或再非，如图 1-13 所示。

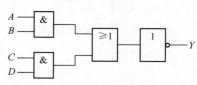

图1-13 与-或-非门连接

6

2）逻辑表达式：$Y=\overline{AB+CD}$。

3）列真值表如图 1-14 所示。

A	B	C	D	AB	CD	$AB+CD$	$Y=\overline{AB+CD}$
0	0	0	0	0	0	0	1
0	0	0	1	0	0	0	1
0	0	1	0	0	0	0	1
0	0	1	1	0	1	1	0
0	1	0	0	0	0	0	1
0	1	0	1	0	0	0	1
0	1	1	0	0	0	0	1
0	1	1	1	0	1	1	0
1	0	0	0	0	0	0	1
1	0	0	1	0	0	0	1
1	0	1	0	0	0	0	1
1	0	1	1	0	1	1	0
1	1	0	0	1	0	1	0
1	1	0	1	1	0	1	0
1	1	1	0	1	0	1	0
1	1	1	1	1	1	1	0

图 1-14　与或非门真值表

4）逻辑功能：当输入端中任何一组全为 1 时，输出即为 0；只有各组输入都至少有一个为 0 时，输出才为 1。

1.8　数字电路实验的基本规范

实验的基本过程，应包括确定实验内容，选定最佳的实验方法和实验线路，拟出较好的实验步骤，合理选择仪器设备和元器件，进行连接安装和调试，最后写出完整的实验报告。在进行数字电路实验时，充分掌握和正确利用集成元件及其构成的数字电路独有的特点和规律，可以获得事半功倍的效果。对于每一个实验，应做好实验预习、实验记录和实验报告撰写等环节。

1. 实验预习

认真预习是做好实验的关键，预习好坏，不仅关系到实验能否顺利进行，而且直接影响实验效果。预习应按本书的实验预习要求进行，在每次实验前首先要认真复习有关实验的基本原理，掌握有关元器件的使用方法，对如何着手实验做到心中有数。通过预习还应做好实验前的准备，写出一份预习报告，其内容包括：

1）绘出设计好的实验电路图。该图应该是逻辑图和连线图的混合，既便于连接线，又反映电路原理，并在图上标出元器件型号、使用的引脚号及元器件数值，必要时还需用文字说明。

2）拟定实验方法和步骤。

3）拟好记录实验数据的表格和波形坐标。

4）列出元器件明细单。

2. 实验记录

实验记录是实验过程中获得的第一手资料，测试过程中所测试的数据和波形必须和理论基本一致，所以记录必须清楚、合理、正确，若不正确，则要现场及时重复测试，找出原因。实验记录应包括如下内容：

1）实验任务、名称及内容。

2）实验数据和波形以及实验中出现的现象，从记录中应能初步判断实验的正确性。

3）记录波形时，应注意输入、输出波形的时间相位关系，在坐标中上下对齐。

4）实验中实际使用的仪器型号和编号以及元器件使用情况。

5）实验报告。

实验报告是培养学生科学实验的总结能力和分析思维能力的有效手段，也是一项重要的基本功训练，它能很好地巩固实验成果，加深对基本理论的认识和理解，从而进一步扩大知识面。实验报告是一份技术总结，要求文字简洁，内容清楚，图表工整。报告内容应包括实验目的、实验内容和结果、实验使用仪器和元器件以及分析讨论等，其中实验内容和结果是报告的主要部分，它应包括实际完成的全部实验，并且要按实验任务逐个书写，每个实验任务应有如下内容：

① 实验课题的框图、逻辑图（或测试电路）、状态图、真值表以及文字说明等。对于设计性课题，还应有整个设计过程和关键的设计技巧说明。

② 实验记录和经过整理的数据、表格、曲线和波形图。其中表格、曲线和波形图应利用三角板、曲线板等工具描绘，力求画得准确，不得随手示意画出。

③ 实验结果分析、讨论及结论。对讨论的范围，没有严格要求，一般应对重要的实验现象，给出结论并加以讨论，以使进一步加深理解。此外，对实验中的异常现象，可做一些简要说明；实验中有何收获，可谈一些心得体会。

1.9 数字电路实验中常见故障检查方法

实验中操作的正确与否对实验结果影响甚大。因此，实验者需要注意按以下规程进行：

1）搭接实验电路前，应对仪器设备进行必要的检查校准，对所用集成电路进行功能测试。

2）搭接电路时，应遵循正确的布线原则和操作步骤（即按照先接线后通电，做完实验后，先断电再拆线的步骤）。

3）掌握科学的调试方法，有效地分析并检查故障，以确保电路工作稳定可靠。

4）仔细观察实验现象，完整准确地记录实验数据并与理论值进行比较分析。

5）实验完毕，经指导教师同意后，可关断电源拆除连线，整理好放在实验箱内，并将实验台清理干净、摆放整洁。

实验操作的布线原则和故障检查需要注意如下重要问题。

1. 布线原则

布线总体原则是应便于检查、排除故障和更换器件。在数字电路实验中，错误布线引起的故障常占很大比例。布线错误不仅会引起电路故障，严重时甚至会损坏器件，因此，注意布线的合理性和科学性是十分必要的，正确的布线原则大致有以下几点：

1）接插集成电路时，先校准两排引脚，使之与实验底板上的插孔对应，轻轻用力将电路插上，然后在确定引脚与插孔完全吻合后，再稍用力将其插紧，以免集成电路的引脚弯曲、折断或者接触不良。

2）不允许将集成电路方向插反，一般集成电路的方向是缺口（或标记）朝左，引脚序号从左下方的第一个引脚开始，按逆时针方向依次递增至左上方的第一个引脚。

3）导线应粗细适当，一般选取直径为 0.6~0.8 mm 的单股导线，最好采用各种颜色导线以区别不同用途，如电源线用红色、地线用黑色。

4）布线应有秩序地进行，随意乱接容易造成漏接错接，较好的方法是接好固定电平点，如电源线、地线、门电路闲置输入端、触发器异步置位复位端等，其次，按信号源的顺序从输入到输出依次布线。

5）连线应避免过长，避免从集成元件上方跨接，避免过多的重叠交错，以利于布线、更换元器件以及故障检查和排除。

6）当实验电路的规模较大时，应注意集成元件的合理布局，以便得到最佳布线。布线时，顺便对单个集成元件进行功能测试。这是一种良好的习惯，实际上这样做不会增加布线工作量。

7）应当指出，布线和调试工作是不能截然分开的，往往需要交替进行。对于大型实验，实验电路中元器件很多，可将总电路按其功能划分为若干相对独立的部分，逐个布线、调试（分调），然后将各部分连接起来（联调）。

2. 故障检查

实验中，如果电路不能完成预定的逻辑功能，就称电路有故障。产生故障的原因大致可以归纳为以下四个方面：

1）操作不当（如布线错误等）。

2）设计不当（如电路出现险象等）。

3）元器件使用不当或功能不正常。

4）仪器（主要指数字电路实验箱）和集成元件本身出现故障。

上述四点应作为检查故障的主要线索，以下介绍几种常见的故障检查方法。

① 查线法

由于在实验中大部分故障是由于布线错误引起的，因此，在故障发生时，复查电路连线为排除故障的有效方法。应着重注意：有无漏线、错线，导线与插孔接触是否可靠，集成电路是否插牢、集成电路是否插反等。

② 观察法

用万用表直接测量各集成块的 U_{CC} 端是否加上电源电压；输入信号、时钟脉冲等是否加到实验电路上，观察输出端有无反应。重复测试观察故障现象，然后对某一故障状态，用万用表测试各输入/输出端的直流电平，从而判断出是否是插座板、集成块引脚连接线等原因造成的故障。

③ 信号注入法

在电路的每一级输入端加上特定信号，观察该级输出响应，从而确定该级是否有故障，必要时可以切断周围连线，避免相互影响。

④ 信号寻迹法

在电路的输入端加上特定信号，按照信号流向逐线检查是否有响应和是否正确，必要时可多次输入不同信号。

⑤ 替换法

对于多输入端器件，如有多余端则可调换另一输入端试用。必要时可更换器件，以检查是否器件功能不正常所引起的故障。

⑥ 动态逐线跟踪检查法

对于时序电路，可输入时钟信号按信号流向依次检查各级波形，直到找出故障点为止。

⑦ 断开反馈线检查法

对于含有反馈线的闭合电路，应该设法断开反馈线进行检查，或进行状态预置后再检查。

以上检查故障的方法，是指在仪器工作正常的前提下进行的。如果实验时电路功能测不出来，则应首先检查供电情况，若电源电压已加上，便可把有关输出端直接接到 0-1 显示器上检查，若逻辑开关无输出，或单次脉冲开关无输出，则是开关接触不好或者内部电路坏了，一般是集成器件坏了。

需要强调指出，实验经验对于故障检查是大有帮助的，但只要充分预习，掌握基本理论和实验原理，就不难用逻辑思维的方法较好地判断和排除故障。

1.10 数字集成电路概述、特点及使用须知

1. 数字集成电路概述

部分数字集成电路的逻辑表达式、引脚排列图列于附录中。逻辑表达式或功能表描述了集成电路的功能以及输出与输入之间的逻辑关系。为了正确使用集成电路，应该对它们进行认真研究，深入理解，充分掌握，还应对使能端的功能和连接方法给以充分的注意。

必须正确了解集成电路参数的意义和数值，并按规定使用。特别是必须严格遵守极限参数的限定，因为即使瞬间超出，也会使器件遭受损坏。下面具体说明集成电路的特点和使用须知。

2. TTL 器件使用须知

1）电源电压应严格保持在 5 V（1±10%）的范围内，过高易损坏器件，过低则不能正常工作，实验中一般采用稳定性好、内阻小的直流稳压电源。使用时，应特别注意电源与地线不能错接，否则会因过大电流而造成器件损坏。

2）多余输入端最好不要悬空，虽然悬空相当于高电平，并不影响与门（与非门）的逻辑功能，但悬空时易受干扰，为此，与门、与非门多余输入端可直接接到 U_{CC} 上，或通过一个公用电阻（几千欧）连到 U_{CC} 上。若前级驱动能力强，则可将多余输入端与使用端并接，不用的或门、或非门输入端直接接地，与或非门不用的与门输入端至少有一个要直接接地，带有扩展端的门电路，其扩展端不允许直接接电源。

3）输出端不允许直接接电源或接地（但可以通过电阻与电源相连）；不允许直接并联使用（集电极开路门和三态门除外）。

4）应考虑电路的负载能力（即扇出系数）。要留有余地，以免影响电路的正常工作，扇出系数可通过查阅器件手册或计算获得。

5）在高频工作时，应通过缩短引线、屏蔽干扰源等措施，抑制电流的尖峰干扰。

3. CMOS 器件使用须知

1）电源连接和选择：U_{DD}端接电源正极，U_{SS}端接电源负极（地）。绝对不许接错，否则器件因电流过大而损坏。对于电源电压范围为 3~18 V 系列器件，如 CC4000 系列，实验中U_{DD}通常接+5 V 电源，U_{DD}电压选在电源变化范围的中间值，例如，电源电压在 8~12 V 之间变化时，则选择 U_{DD} = 10 V 较恰当。CMOS 器件在不同的 U_{DD} 值下工作时，其输出阻抗、工作速度和功耗等参数都有所变化，设计时须考虑。

2）输入端处理：多余输入端不能悬空。应按逻辑要求接U_{DD}或接U_{SS}，以免受干扰造成逻辑混乱，甚至还会损坏器件。对于工作速度要求不高，而要求增加带负载能力时，可把输入端并联使用。

对于安装在印制电路板上的 CMOS 器件，为了避免输入端悬空，在电路板的输入端应接入限流电阻 R_P 和保护电阻 R，当 U_{DD} = +5 V 时，R_P 取 5.1 kΩ，R 一般取 100 kΩ~1 MΩ。

3）输出端处理：输出端不允许直接接U_{DD}或U_{SS}，否则将导致器件损坏，除三态（TS）器件外，不允许两个不同芯片输出端并联使用，但有时为了增加驱动能力，同一芯片上的输出端可以并联。

4）对输入信号 U_I 的要求：U_I 的高电平 $U_{IH}<U_{DD}$，U_I 的低电平 U_{IL} 小于电路系统允许的低电压；当器件 U_{DD}端未接通电源时，不允许信号输入，否则将使输入端保护电路中的二极管损坏。

1.11　数字逻辑电路的测试方法

1. 组合逻辑电路的测试

组合逻辑电路测试的目的是验证其逻辑功能是否符合设计要求，也就是验证其输出与输入的关系是否与真值表相符。

（1）静态测试

静态测试是在电路静止状态下测试输出与输入的关系。将输入端分别接到逻辑开关上，用发光二极管分别显示各输入和输出端的状态。按真值表将输入信号一组一组地依次送入被测电路，测出相应的输出状态，与真值表相比较，借以判断此组合逻辑电路静态工作是否正常。

（2）动态测试

动态测试是测量组合逻辑电路的频率响应。在输入端加上周期性信号，用示波器观察输入、输出波形。测出与真值表相符的最高输入脉冲频率。

2. 时序逻辑电路的测试

时序逻辑电路测试的目的是验证其状态的转换是否与状态图相符合。可用发光二极管、数码管或示波器等观察输出状态的变化。常用的测试方法有两种：一种是单拍工作方式，以单脉冲源作为时钟脉冲，逐拍进行观测；另一是连续工作方式，以连续脉冲源作为时钟脉冲，用示波器观察波形，来判断输出状态的转换是否与状态图相符。

1.12　实验注意事项

1）每次实验前必须认真预习实验指导书，准备预习报告，了解实验内容、所需实验仪器设备及实验数据的测试方法，并画好必要的记录表格，以备实验时做原始记录。实验中教师将检查学生的预习情况，未预习者不得进行实验。

2）学生在实验中不得随意交换或搬动其他实验桌上的器材、仪器、设备。

3）实验仪器的使用必须严格按实验指导书中说明的方法操作，特别是直流电源和函数发生器的输出端切不可短路或过载。如因操作不认真或玩弄仪器设备造成仪器设备损坏，必须酌情做出赔偿。

4）实验中如出现故障，应尽量自己检查诊断，找出故障原因然后排除。如果由于设备原因无法自行排除的，再向指导教师或实验室管理人员汇报。

5）实验时必须如实记录实验数据，积极思考，注意实验数据是否符合理论分析，随时纠正接线或操作错误。

6）实验结束后必须先将实验数据记录提交指导教师查阅，经认可签字后才能拆线。拆线前必须确认电源已切断。离开实验室前，必须将实验桌整理规范。

7）实验报告在课后完成，并在下次实验时上交。报告内容包括：

① 预习报告内容。

② 实验中观测和记录的数据和现象，根据数据所计算的实验结果。

③ 实验内容要求的理论分析或图表、曲线。

④ 讨论实验结果、心得体会和意见、建议。

第一部分　数字电子技术实验

第 2 章　门电路和组合逻辑电路实验

2.1　TTL 集成逻辑门参数测试

1. 预习要求

1）复习 TTL 与非门的逻辑功能及主要参数要求。

2）了解实验所用芯片的引脚排列及使用规则。

3）了解双踪示波器使用方法。

4）阅读实验相关知识和注意事项。

2. 实验目的

1）掌握 TTL 与非门的逻辑功能和主要参数的测试方法。

2）熟悉数字电路实验装置的结构、基本功能和使用方法。

3）学习查阅集成电路器件手册，熟悉与非门的外形和引脚。

3. 实验原理

（1）门电路概述

门电路是数字逻辑电路的基本组成单元，它能实现最基本的逻辑功能。门电路按照逻辑功能可以分为与门、或门、非门、与非门、或非门及异或门等。按照电路结构组成不同，可分为分立元件门电路、TTL 集成门电路和 CMOS 集成门电路等。集成门电路通常封装在集成芯片内，一般有双列直插和表面贴装两种封装形式。实验中常用的封装形式为双列直插式。TTL 集成电路由于工作速度快、输出幅度较大、种类多和不易损坏等特点而广泛使用。

（2）TTL 与非门的主要参数

集成门电路是最基本的数字集成单元，在数字电路中被大量使用，它的特性参数选择得合适与否很大程度上影响了整个电路的可靠性，所以理解和掌握集成逻辑门的参数特性对数字电路设计至关重要。

本实验使用四 2 输入与非门 74LS00 进行测试。其引脚分布如图 2-1a 所示，它共有四个独立的与非门，每个门有两个输入端、一个输出端。每个门的电路结构和逻辑功能相同。与非门的逻辑表达式为 $Y=\overline{AB}$。当 A、B 均为高电平时，Y 为低电平；A、B 中有一个为低电平时，Y 为高电平。

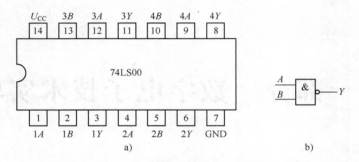

图 2-1　74LS00 的引脚排列及 2 输入与非门逻辑符号

a）引脚排列　b）逻辑符号

与非门 74LS00 的主要参数有以下几个。

1）输出高电平 U_{OH}：U_{OH} 是指当与非门一个或多个输入端接地或接低电平时，输出的电压值；当输出空载时，U_{OH} 必须大于标准高电压，即 $U_{OH} > 2.4$ V（当输出接有拉电流负载时，U_{OH} 将下降，其允许最小值为 2.4 V）。

2）输出低电平 U_{OL}：U_{OL} 是指当与非门输入端都接高电平时的输出电压值；当输出空载时，U_{OL} 必须小于标准低电压，即 $U_{OL} < 0.4$ V（当输出接有灌电流负载时，U_{OL} 将上升，其允许最大值为 0.4 V）。

3）低电平输入电流 I_{IL}：低电平输入电流 I_{IL} 是指与非门某一输入端接地、其他输入端悬空或接高电平时，流过该接地输入端的电流。其值直接影响前级门电路带负载的个数，因此，它越小越好。

4）高电平输入电流 I_{IH}：高电平输入电流 I_{IH} 是指与非门某一输入端接高电平、其他输入端接地时，流过该接高电平输入端的电流。其值大小关系到前级门电路的拉电流负载能力，因此，它越小越好，I_{IH} 较小，较难测量。

5）低电平输出电源电流 I_{CCL} 与高电平输出电源电流 I_{CCH}：与非门处于不同的工作状态，电源提供的电流是不同的。I_{CCL} 是指所有输入端全部悬空、输出端空载时，电源提供给器件的电流。I_{CCH} 是指与非门至少有一个输入端接地、其余输入端悬空、输出端空载时，电源提供给器件的电流。通常，$I_{CCL} > I_{CCH}$，它们的大小标志着器件静态功耗的大小。器件的最大功耗为 $P_{CCL} = U_{CC} I_{CCL}$。

6）电压传输特性：电压传输特性是反映输出电压 U_O 随输入电压 U_I 变化而变化的关系特性，一般使用电压传输特性曲线 $U_O = f(U_I)$ 描述，如图 2-2 所示。利用电压传输特性不仅能检查和判断 TTL 与非门的好坏，还可以从传输特性上直接测出主要静态参数，如输出高电平 U_{OH}、输出低电平 U_{OL}、开门电平 U_{ON} 及关门电平 U_{OFF} 等。

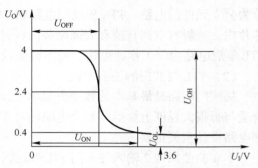

图 2-2　TTL 与非门电压传输特性

7）扇出系数 N_O：N_O 是指门电路能驱动同类门的个数，它是衡量电路带负载能力的参数。

TTL 与非门电路有两种不同性质的负载：一种是负载电流从驱动门流向外电路，称为拉电流负载；另一种是负载电流从外电路流入驱动门，称为灌电流负载。因此有两种扇出系数，即低电平扇出系数 N_{OL} 和高电平扇出系数 N_{OH}，通常以 N_{OL} 作为门的扇出系数 N_O，故 N_O 的大小受输出低电平时输出端允许灌入的最大负载电流 I_{OLmax} 限制，$N_O = I_{OLmax}/I_{IL}$，通常 $N_O > 8$。

8）平均传输延迟时间 t_{pd}：与非门输出电压对输入电压有一定时间的时延，如图 2-3 所示，从输入波形上升沿中点到输出波形下降沿中点之间的时间延迟称为导通延迟时间 t_{pdL}，从波形下降沿中点到输出波形上升沿中点之间的时间延迟称为截止延迟时间 t_{pdH}，t_{pdH} 和 t_{pdL} 的平均值为平均传输时延 t_{pd}，即 $t_{pd} = \frac{1}{2}(t_{pdH} + t_{pdL})$。$t_{pd}$ 是衡量门电路开关速度的参数。一个与非门的平均传输延迟时间可以通过 $t_{pd} = T/6$ 近似计算，T 为三个门电路组成的振荡器的周期。

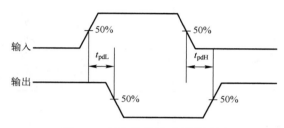

图 2-3　门电路传输时延波形图

4. 实验设备与元器件

1）数字电路实验箱。

2）双踪示波器。

3）数字万用表。

4）集成门电路：TTL 四 2 输入与非门 74LS00 1 片。

5. 注意事项

1）实验前先检查数字电路实验箱电源是否正常，特别注意 U_{CC}（+5 V 电源）及地线不能接错，线接好后检查无误方可通电实验。

2）实验中改动接线须先断开电源，接好线后再通电实验。

3）插集成电路芯片时，要认清定位标记，不得反插。

4）输出端不允许直接接电源 U_{CC}，也不允许直接接地，否则会损坏器件。

6. 实验内容及步骤

（1）低电平输入电流 I_{IL} 测试

将集成与非门 74LS00 按图 2-4 所示连接电路，芯片 U_{CC}（14 号引脚）接实验箱+5 V 电源，GND（7 号引脚）接地。与非门的一个输入端通过电流表与低电平相连，用万用表测量低电平输入电流 I_{IL} 的值，将测量值记录到表 2-1 中。74LS00 引脚排列如图 2-1a 所示。

（2）高电平输入电流 I_{IH} 测试

按图 2-5 所示连接电路，输入端通过电流表与高电平相连，测量高电平输入电流 I_{IH} 的值，将测量值记录到表 2-1 中。

（3）低电平输出电源电流 I_{CCL} 与高电平输出电源电流 I_{CCH} 测试

分别按图 2-6、图 2-7 所示连接电路，测试低电平输出电源电流 I_{CCL} 与高电平输出电源

电流 I_{CCH}，将测量值记入表 2-1 中。

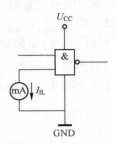
图 2-4　I_{IL} 测试电路

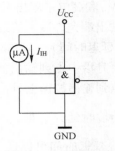
图 2-5　I_{IH} 测试电路

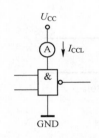
图 2-6　I_{CCL} 测试电路

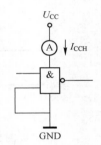
图 2-7　I_{CCH} 测试电路

（4）扇出系数 N_O

按照图 2-8 所示连接电路，与非门所有输入端悬空，输出端接灌电流负载 R_L，调节 R_L 使 I_{OL} 增大，U_{OL} 随之增高，当 U_{OL} 达到 U_{OLmax}（即 0.4 V）时，此时的 I_{OL} 就是允许灌入的最大负载电流 I_{OLmax}。$N_O = I_{OLmax}/I_{IL}$，计算出 N_O，填入表 2-1 中。

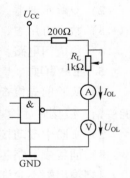
图 2-8　扇出系数测试电路

注：一般逻辑器件数据手册中并不提供扇出系数，必须通过计算或实验方法求得。在实际工程设计中，如果输出高电平电流 I_{OH} 与输出低电平电流 I_{OL} 不相等，则 $N_{OL} \neq N_{OH}$，常取两者中的最小值，一般用 N_{OL} 作为扇出系数。

（5）平均传输延迟时间 t_{pd} 测试

按照图 2-9 所示连接电路，用三个与非门组成环形振荡器，从示波器读出振荡周期 T，计算出平均传输延迟时间 t_{pd}，填入表 2-1 中。

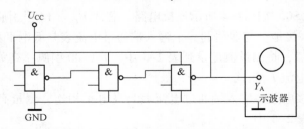
图 2-9　平均传输延迟时间 t_{pd} 测试电路

表 2-1　TTL 与非门参数测量记录表

I_{IL}	I_{IH}	I_{CCL}	I_{CCH}	I_{OLmax}	$N_O = I_{OLmax}/I_{IL}$	T	$t_{pd} = T/6$

（6）与非门电压传输特性测试

电压传输特性的测试方法很多，最简单的方法是逐点测试法。将 74LS00 按图 2-10 连线，调节电位器 R_W 使 U_I 变化，用万用表逐点测量对应的输出电压 U_O，并将对应的值记入表 2-2 中，根据实验数据在方格纸上绘制与非门电压传输特性曲线图。

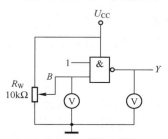

图 2-10　与非门电压传输特性测试电路

表 2-2　电压传输特性测量记录表

U_I/V	0	0.2	0.4	0.6	0.8	1.0	1.2	1.5	1.8	2.1	2.4	2.7	3.1	3.5
U_O/V														

用示波器观察电压传输特性曲线：

将输入电压 U_I 接入示波器 X 轴输入端，输出电压 U_O 接 Y 轴输入端，调节电位器 R_W，在示波器屏幕上可显现输出电压 U_O 随入电压 U_I 变化光点移动轨迹，即电压传输特性曲线。

7. 思考题

1）与非门在什么情况下输出高电平？什么情况下输出低电平？

2）为什么 TTL 与非门的输入端悬空相当于逻辑"1"电平？

3）集成电路有关引脚规定接"1"电平，在实际电路中为什么不能悬空，而必须接 U_{CC}？

8. 实验报告要求

1）画出实验电路图，整理实验数据，并对数据进行分析。

2）用坐标纸画出电压传输特性曲线，并从曲线中读出 U_{OH}、U_{OL}、U_{ON}、U_{OFF} 等相关参数的数值。

3）回答相关思考题。

4）实验中遇到过什么问题？如何解决？有什么实验心得体会？

2.2　TTL 集成逻辑门逻辑功能测试

1. 预习要求

1）复习基本门电路的逻辑功能及相应逻辑表达式。

2）了解三态门逻辑功能。

3）了解实验所用芯片的引脚排列及使用规则。

2. 实验目的

1）掌握各种 TTL 逻辑门的使用和逻辑功能测试方法。

2）掌握空闲输入端的处理方法。

3）掌握三态门的典型应用。

3. 实验原理

（1）正逻辑与负逻辑

在逻辑电路中，用"1"表示高电平，"0"表示低电平的这种关系称为正逻辑关系，反之为负逻辑。正负逻辑之间存在着简单的对偶关系，例如，正逻辑与门等同于负逻辑或门。本实验均采用正逻辑关系。

（2）集成逻辑门电路

集成逻辑门电路是最简单和最基本的数字集成元件。任何复杂的组合电路和时序电路都可用逻辑门通过适当的组合连接而成。逻辑门按照逻辑功能可分为与门、或门、非门、与非门、或非门、与或非门和异或门等。熟练掌握 TTL 门电路的逻辑功能是数字电子技术学习的基础。

（3）摩根定理

$$\overline{A+B}=\overline{A} \cdot \overline{B}, \ \overline{AB}=\overline{A}+\overline{B}$$

在简化逻辑函数或进行逻辑变换时，摩根定理十分有用。应用摩根定理可以只用与非门或只用或非门完成与、或、非和异或等逻辑运算。

例如，用与非门组成其他逻辑门电路：

1）组成或门电路。根据摩根定理，或门的逻辑函数表达式 $Z=A+B$ 可以写成 $Z=\overline{\overline{A} \cdot \overline{B}}=\overline{\overline{A \cdot 1} \cdot \overline{B \cdot 1}}$，因此，可以用三个与非门组成或门。

2）组成异或门电路。异或门逻辑表达式 $Z=A \oplus B=A\overline{B}+\overline{A}B=\overline{\overline{A\overline{B}} \cdot \overline{\overline{B}A}}$，由表达式得知，可以用五个与非门组成异或门。另有 $A\overline{B}=A(\overline{A}+\overline{B})=A \cdot \overline{AB}$，同理有 $\overline{A}B=(\overline{A}+\overline{B})B=\overline{AB} \cdot B$，因此 $Z=A \oplus B=A\overline{B}+\overline{A}B=\overline{\overline{ABA} \cdot \overline{ABB}}$，可由四个与非门组成。

（4）TTL 三态输出门

TTL 三态输出门是一种特殊的门电路，它是在普通门电路的基础上，附加使能控制端和控制电路构成的。它的输出端除了通常的高电平、低电平两种状态外（这两种状态均为低阻状态），还有第三种输出状态——高阻状态，处于高阻状态时，电路与负载之间相当于开路。三态输出门按逻辑功能及控制方式分为各种不同类型，本实验中所用三态门的型号是74LS125，又称为三态输出四总线缓冲门（包含 4 个三态门），图 2-11 是其引脚排列及逻辑符号，它有一个控制端（又称为使能端）$\overline{E}$。$\overline{E}=0$ 是正常工作状态，实现 $Y=A$ 的逻辑功能；$\overline{E}=1$ 时，输出 Y 呈高阻状态。控制端 $\overline{E}$ 加低电平时，电路才能正常工作，即低电平使能。

三态电路主要用途之一是实现总线传输，即用一个传输信道（称为总线），以选通方式传送多路信息。

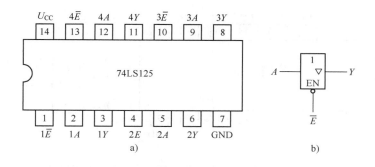

图 2-11　74LS125 三态输出四总线缓冲门引脚排列及三态门逻辑符号

a）引脚排列　b）逻辑符号

4. 实验设备与元器件

1）数字电路实验箱。

2）双踪示波器。

3）集成门电路（见表 2-3）。

表 2-3　TTL 集成门电路明细

型　号	名　称	数　量
74LS00	TTL 四 2 输入与非门	1 片
74LS20	TTL 双 4 输入与非门	1 片
74LS32	TTL 四 2 输入或门	1 片
74LS86	TTL 四 2 输入异或门	1 片
74LS125	TTL 三态输出四总线缓冲门	1 片

5. 注意事项

1）实验前先检查实验用的集成电路芯片引脚是否完好，并看清器件型号，不要搞错。插集成电路芯片时，要认清定位标记，不得反插。

2）实验中的所有芯片在使用时，需注意 U_{CC}（+5 V 电源）及地线不能忘接。

3）注意芯片空闲输入端的正确处理方法。

4）三态门实现总线输出时，不能有两个以上三态门的使能端同时有效，否则会损坏器件。

6. 实验内容及步骤

（1）74LS20 双 4 输入与非门逻辑功能测试

1）74LS20 双 4 输入与非门的引脚排列如图 2-12a 所示，将 74LS20 芯片正确插入选好的一个 14P 集成块插座，并注意识别第一引脚（集成块正面放置且缺口向左，则左下角为第一引脚）。

2）在 74LS20 芯片中选一个 4 输入与非门，将与非门的 4 个输入端（如图 2-12b 所示）分别接至 4 个逻辑电平开关，输出端接发光二极管。通过逻辑电平开关（开关档位在上为高电平"1"，在下为低电平"0"）改变输入端的高、低电平，观察输出状态，在表 2-4 中记录相应实验数据；写出 Y 的表达式。

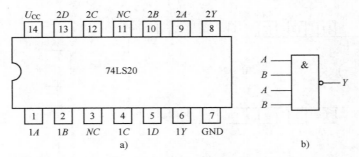

图 2-12 双 4 输入与非门 74LS20 引脚排列及逻辑符号

a) 引脚排列　b) 逻辑符号

表 2-4　74LS20 双 4 输入与非门逻辑功能测试表格

输入	A	0	0	0	0	0	0	0	0	1	1	1	1	1	1	1	1
	B	0	0	0	0	1	1	1	1	0	0	0	0	1	1	1	1
	C	0	0	1	1	0	0	1	1	0	0	1	1	0	0	1	1
	D	0	1	0	1	0	1	0	1	0	1	0	1	0	1	0	1
输出	Y																

（2）74LS32 四 2 输入或门逻辑功能测试

74LS32 四 2 输入或门的引脚排列如图 2-13b 所示，按图 2-13a 将 A、B、C、D 这 4 个输入端分别接至 4 个逻辑电平开关，输出 Y 接发光二极管，按照逻辑电路图在实验箱上连接电路。改变输入端的高、低电平，观察输出状态，在表 2-5 中记录相应实验数据；写出 Y 的表达式。

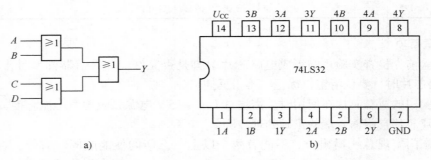

图 2-13　四 2 输入或门 74LS32 功能测试及 74LS32 引脚排列

a) 逻辑电路图　b) 引脚排列

表 2-5　四 2 输入或门 74LS32 功能测试表格

输入	A	0	0	0	0	0	0	0	0	1	1	1	1	1	1	1	1
	B	0	0	0	0	1	1	1	1	0	0	0	0	1	1	1	1
	C	0	0	1	1	0	0	1	1	0	0	1	1	0	0	1	1
	D	0	1	0	1	0	1	0	1	0	1	0	1	0	1	0	1
输出	Y																

（3）74LS86 四 2 输入异或门逻辑功能测试

74LS86 四 2 输入异或门的引脚排列如图 2-14a 所示，测试 74LS86 的逻辑功能。在 74LS86 中选择一个异或门，按图 2-14b 将 A、B 两个输入端分别接至两个逻辑电平开关，输出 Y 接发光二极管，改变输入端的高、低电平，观察输出状态，在表 2-6 中记录相应实验数据；写出 Y 的表达式。

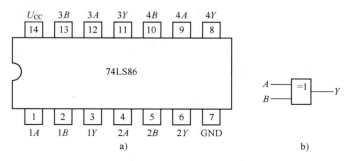

图 2-14　74LS86 引脚排列及异或门逻辑符号

a）引脚排列　b）逻辑符号

表 2-6　四 2 输入异或门 74LS86 功能测试表格

输　　　入		输　　　出
A	B	Y
0	0	
0	1	
1	0	
1	1	

（4）用与非门组成其他逻辑门电路

1）用 74LS00 实现或逻辑，并验证其逻辑功能。

74LS00 四 2 输入与非门的引脚排列如图 2-1a 所示，按图 2-15 将 A、B 两个输入端分别接至两个逻辑电平开关，输出 Y 接发光二极管，按照逻辑电路图在实验箱上连接电路。改变输入端的高、低电平，观察输出状态，在表 2-7 中记录相应实验数据；写出 Y 的表达式。

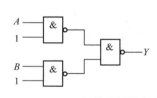

图 2-15　74LS00 实现或逻辑电路图

表 2-7　与非门组成或逻辑测试表格

输　　　入		输　　出
A	B	Y
0	0	
0	1	
1	0	
1	1	

2）用74LS00实现异或逻辑，并验证其逻辑功能。

按图2-16将 A、B 两个输入端分别接至两个逻辑电平开关，输出 Y 接发光二极管，按照逻辑电路图在实验箱上连接电路。改变输入端的高、低电平，观察输出状态，在表2-8中记录相应实验数据；写出 Y 的表达式。

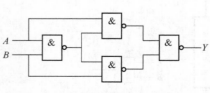

图2-16　74LS00实现异或逻辑电路图

表2-8　与非门组成异或逻辑测试表格

输　　入		输　　出
A	B	Y
0	0	
0	1	
1	0	
1	1	

（5）三态门逻辑功能测试

将三态门74S125按图2-17电路连接，A、B 端为信号输入，$\overline{G}$ 端为控制端，均接至逻辑电平开关，将输出端 Y 接发光二极管。改变输入状态高、低电平并将测试结果填入表2-9中（74LS125引脚排列如图2-11a所示）。

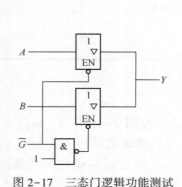

图2-17　三态门逻辑功能测试

表2-9　三态门逻辑功能测试表格

输　　入			输　　出
$\overline{G}$	A	B	Y
0	0	0	
0	0	1	
0	1	0	
0	1	1	
1	0	0	
1	0	1	
1	1	0	
1	1	1	

7. 思考题

1）为什么TTL与非门的输入端悬空相当于逻辑"1"电平？

2）为什么不允许普通的TTL门电路输出端直接并联使用？

3）分析三态门中"高阻态"的含义及用途。

8. 实验报告要求

1）画出实验逻辑电路图，整理实验数据，并对数据进行分析。

2）分析、总结与非门、或门、三态门的特点和逻辑关系。

3) 回答思考题。

4) 写出实验心得体会。

2.3 组合逻辑电路设计及测试

1. 预习要求

1) 复习组合逻辑电路的分析设计方法。

2) 复习二进制数的运算。

3) 查阅资料，了解 74LS00、74LS20、74LS32、74LS86 芯片的逻辑功能。

4) 根据实验内容设计电路，画出逻辑电路图，拟出所需的测试记录表格。

2. 实验目的

1) 掌握逻辑电路的基本概念、组成和特点及一般设计方法。

2) 掌握用基本门电路进行组合电路设计的方法。

3) 通过实验验证设计的正确性。

3. 实验原理

（1）组合逻辑电路的特点

组合逻辑电路在任何时刻的输出仅取决于该时刻的输入信号，而与这一时刻前电路的原始状态没有任何关系。因此电路的输出只与该时刻的输入和内部电路的组合有关，与其他时刻的状态无关；这种组合逻辑电路没有记忆功能，只有输入到输出的通道，没有输出到输入之间的反馈延迟通路。

组合逻辑电路的输入信号和输出信号往往不止一个，其功能描述方法通常有函数表达式、真值表、卡诺图和逻辑图等几种。

（2）组合逻辑电路的分析方法

组合逻辑电路分析的任务是，对给定电路求解其逻辑功能，即求出该电路输出与输入之间的逻辑关系。通常用逻辑关系式或真值表来描述，有时也加上必需的文字，分析一般分为以下几个步骤：

1) 由逻辑图写出输出端的逻辑表达式，建立输入和输出之间的关系。

2) 列出真值表。

3) 根据对真值表的分析，确定电路功能。

（3）组合逻辑电路的设计方法

组合逻辑电路设计的任务是，由给定的功能要求，设计出实现该功能的逻辑电路。其设计流程框图如图 2-18 所示。一般可按以下几个步骤进行：

1) 根据任务要求把一个实际问题进行分析，转化为逻辑问题，即逻辑抽象。

逻辑抽象的工作至关重要，通常是，首先分析事件的因果关系，确定输入输出变量。一般总是把引起事件的原因定义为输入变量，而把事件的结果作为输出变量。再定义逻辑状态的含义，以二值逻辑的 0、1 两种状态分别代表输入变量和输出变量的两种不同状态。此时 0 和 1 的具体含义完全由设计者人为选定。这项工作也称为逻辑状态赋值。

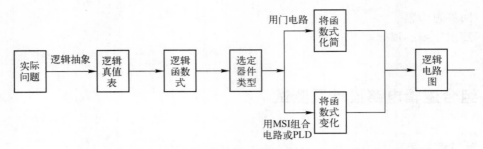

图 2-18　中小规模组合逻辑电路的设计流程框图

2）根据实际逻辑问题的要求，列出真值表（根据给定的输入、输出之间的因果关系列出逻辑真值表）。再由真值表写出逻辑函数表达式，或者根据要求直接写出逻辑函数表达式。

列真值表时，根据逻辑关系，把变量的各种取值和相应的函数值，一一在表格中体现出来，而取值通常按照二进制数递增顺序排列，列出满足逻辑要求的真值表。

3）进行逻辑化简和变换，得到最简逻辑函数表达式。

利用公式法或卡诺图法化简，得出简化的逻辑表达式。通常变量较少时，采用卡诺图化简；逻辑变量较多时，采用公式法化简。根据采用的器件类型对逻辑式进行适当变换，如变换成与非－与非表达式、或非－或非表达式等。

4）画出逻辑图，选择合适器件构成功能电路。

5）检测电路是否正确，如果电路的稳定性不够好，需检查故障及修改电路的设计使得电路趋于完善。

在整个设计过程中，第一步最关键，如果题意理解错误，则设计出来的电路就不能符合要求。同时，逻辑函数的化简也是一个重要的环节，通过化简，可以用较少的逻辑门实现相同的逻辑功能，这样一来，可降低成本、节约器件及增加电路的可靠性。随着集成电路的发展，化简的意义已经演变成怎样使电路最佳，所以，设计中必须考虑电路的稳定性，即有无竞争冒险现象，竞争冒险会影响电路的正常工作。如果设计的电路有竞争冒险现象，则需要采用适当方法予以消除。

（4）组合逻辑电路的设计举例

当 3 人中有 2 个或 3 个人赞成时，表决结果为赞成；其他情况，表决结果为反对。设计一个由与非门组成的能实现这一功能的 3 人表决器电路。

根据题意，第一步，进行逻辑抽象，该表决器电路的输入变量是 3 个开关 A、B、C 的状态，设开关接通用 1 表示，开关断开用 0 表示，该电路的输出表决信号为 Y，Y 为 1 表示赞成，Y 为 0 表示不赞成。

第二步，在分析题意的基础上可列出真值表以及用卡诺图化简，分别如表 2-10 和图 2-19 所示，由真值表得到函数表达式 $Y = \sum m(3,5,6,7)$。

第三步，由卡诺图化简得到 Y 的最简表达式为 $Y = AB + BC + AC = \overline{\overline{AB} \cdot \overline{BC} \cdot \overline{AC}}$。

第四步，由表达式画出逻辑电路图，如图 2-19 所示。

表 2-10　3 人表决器真值表

A	B	C	Y
0	0	0	0
0	0	1	0
0	1	0	0
0	1	1	1
1	0	0	0
1	0	1	1
1	1	0	1
1	1	1	1

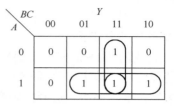

图 2-19　3 人表决器卡诺图

第五步，选择合适的器件构成电路，检测电路是否正确，并且测试电路稳定性。用两块 74LS00 与非门连接成图 2-20，将 A、B、C 三端接至逻辑电平开关，再将 Y 端接至电平指示端上，改变输入状态高、低电平，观察输出结果是否符合表 2-10。图 2-20 所示电路是采用两块 74LS00 实现的 3 人表决器，由 Y 的表达式可以看出 3 人表决器还有其他的实现方法，如采用 74LS00 和 74LS20 共同实现；74LS08（四 2 输入与门）和 74LS32（四 2 输入或门）共同实现。设计逻辑电路图时，需要综合考虑现有芯片型号的限制、芯片的性能、成本和电路图的简化等多方面因素，最终采用符合要求的器件设计最佳电路。

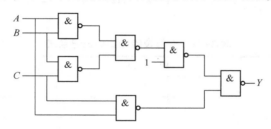

图 2-20　3 人表决器逻辑电路图

4. 实验设备与元器件

1）数字电路实验箱。

2）双踪示波器。

3）数字万用表。

4）集成门电路（见表 2-11）。

表 2-11　组合逻辑电路设计集成门电路明细表

型　号	名　　称	数　　量
74LS00	TTL 四 2 输入与非门	2 片
74LS20	TTL 双 4 输入与非门	1 片
74LS32	TTL 四 2 输入或门	1 片
74LS86	TTL 四 2 输入异或门	1 片

5. 注意事项

1）本实验使用的元器件多，连线多，为确保最终的组合逻辑电路功能正常，需要先测试每个门电路的功能和每根导线是否导通。

2）逻辑表达式最终的化简结果需要考虑现有的芯片型号，根据已有芯片，确定最终采用的逻辑电路图。

3）实验中需要看清楚所选芯片的型号。

6. 实验内容及步骤

（1）异或门 74LS86 实现奇偶校验法

奇偶校验法在数字信号通信中是最简单的一种校验方法，它用于校验代码传输的正确性。根据被传输的一组二进制代码的数位中"1"的个数是奇数或偶数来进行校验。采用奇数的称为奇校验，反之，称为偶校验。采用何种校验是事先规定好的，通常专门设置一个奇偶校验位，用它使这组代码中"1"的个数为奇数或偶数。若用奇校验，则当接收端收到这组代码时，校验"1"的个数是否为奇数，从而确定传输代码的正确性。奇偶校验能够检测出信息传输过程中的部分误码（1位误码能检出，2位及2位以上误码不能检出），同时，它不能纠错。在发现错误后，只能要求重发。但由于其实现简单，仍得到了广泛使用。

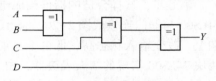

图 2-21　奇偶校验电路

其校验电路如图 2-21 所示，用 3 个异或门组成 4 位数字校验，当 *ABCD* 的高电平为奇数时，输出为高电平，反之为低电平。测试结果填入表 2-12 中（74LS86 引脚排列如图 2-14a 所示）。

表 2-12　奇偶校验电路测试记录表

输　　入	输　　出	奇/偶
ABCD	*Y*	
0000		
0001		
0011		
0101		
0111		
1111		

（2）设计一个由与非门组成的设备报警控制电路

该设备有 3 个开关，设为 *A*、*B*、*C*，具体执行时，要求只有在开关 *A* 接通的条件下，开关 *B* 才能接通，开关 *C* 只有在开关 *B* 接通的条件下才能接通。违反这一规则，则发出报警信号。

提示：该报警电路的输入变量是 3 个开关 *A*、*B*、*C* 的状态，设开关接通用 1 表示，开关断开用 0 表示，该电路的输出报警信号为 *Y*，*Y* 为 1 表示报警，*Y* 为 0 表示不报警。

（3）设计一个加减器

在变量 *M* 的控制下，设计既能做加法运算又能做减法运算的电路。提示：在全加器基础上加一控制变量 *M*，当 *M* = 0 时，做加法操作；当 *M* = 1 时，做减法操作。

1）根据设计任务的要求，列出真值表。

2）用卡诺图或代数化简法求出最简单的逻辑表达式。

3）根据逻辑表达式，画出逻辑图，用标准器件构成电路。

4）用实验来验证设计的正确性。

（4）用与非门实现"判断输血者与受血者的血型符合规定的电路"，并测试其功能

人类有 4 种基本血型——A、B、AB 和 O 型。输血者与受血者的血型必须符合下述原则：O 型血可以输给任意血型的人，但 O 型血的人只能接受 O 型血；AB 型血只能输给 AB 型血的人，但 AB 血型的人能够接受所有血型的血；A 型血能输给 A 型与 AB 型血的人，而 A 型血的人能够接受 A 型与 O 型血；B 型血能输给 B 型与 AB 型血的人，而 B 型血的人能够接受 B 型与 O 型血。

提示：设计一个检验输血者与受血者血型是否符合上述规定的逻辑电路，如果输血者的血型符合规定，输出高电平，反之，输出低电平。电路需要 4 个输入端，它们组成一组二进制数码，每组数码代表一对输血与受血的血型对。

约定："00"代表"O"型；"01"代表"A"型；"10"代表"B"型；"11"代表"AB"型。

7. 思考题

1）在实际电路连接中，与非门多余的输入端应如何处理？

2）与非门与异或门能不能作非门使用？为什么？

3）竞争冒险会不会影响组合逻辑电路的正常工作？

8. 实验报告要求

1）写出实验任务的设计过程，列出真值表、卡诺图；化简逻辑表达式；画出逻辑电路图。

2）整理实验测试数据，并对实验结果进行分析。

3）通过本次设计性实验，总结组合逻辑电路的设计方法。

2.4 半加器、全加器及其应用

1. 预习要求

1）复习全加器的工作原理及相应逻辑表达式。

2）复习组合逻辑电路的设计方法。

3）熟悉 74LS283 的逻辑功能及引脚排列。

4）根据实验内容设计电路，画出逻辑电路图，拟出所需的测试记录表格。

2. 实验目的

1）学习半加器、全加器的工作原理和电路构成。

2）熟悉 7 段译码器、全加器的工作原理及数码管的使用方法。

3）熟悉集成加法器的逻辑功能和使用方法。

3. 实验原理

加法器是数字系统最基本的运算单元电路，主要功能是实现二进制数的算术加法运算。加法器有两种基本类型：半加器和全加器。

（1）半加器

半加器是指只能进行本位加数 A、被加数 B 的加法运算而不考虑低位进位的电路。其输

出为本位的和 S 及本位向高位的进位 C。

根据半加器的含义，可得其真值表见表 2-13，由真值表可得其逻辑表达式：$S=\overline{A}B+A\overline{B}$ $=A\oplus B$，$C=AB$。根据逻辑表达式可画出半加器的逻辑电路图如图 2-22 所示。

表 2-13　半加器真值表

输　　入		输　　出	
A	B	S	C
0	0	0	0
0	1	1	0
1	0	1	0
1	1	0	1

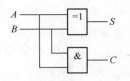

图 2-22　半加器逻辑电路图

（2）全加器

全加器是指不但考虑被加数 A_i 和加数 B_i，还要考虑低位向本位的进位 C_{i-1} 的电路。全加器输出为本位和数（全加和）S_i 与向相邻高位的进位数 C_i。

根据全加器的含义，可得其真值表见表 2-14，由真值表可得其逻辑表达式：$S_i=A_i\oplus B_i\oplus C_{i-1}$，$C_i=(\overline{A}_iB_i+A_i\overline{B}_i)C_{i-1}+A_iB_i=\overline{\overline{(A_i\oplus B_i)\cdot C_{i-1}}\cdot\overline{A_iB_i}}$。用异或门（74LS86）、与非门（74LS00）构成一个 1 位二进制全加器，其逻辑电路图如图 2-23 所示。

表 2-14　1 位二进制全加器真值表

输　　入			输　　出	
A_i	B_i	C_{i-1}	S_i	C_i
0	0	0	0	0
0	0	1	1	0
0	1	0	1	0
0	1	1	0	1
1	0	0	1	0
1	0	1	0	1
1	1	0	0	1
1	1	1	1	1

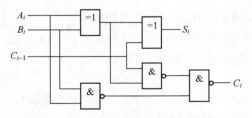

图 2-23　1 位二进制全加器逻辑电路图

用 1 位全加器可以构成多位全加器。当两个 n 位二进制数相加时，有两种进位方式：逐

28

位进位和超前进位。每一位相加结果必须等到低一位的进位产生后才能产生，这种结构称为逐位进位全加器（或串行进位全加器），74LS183 为逐位进位全加器。这种全加器逐位相加、进位，运行速度很慢，为了提高运行速度，出现了超前进位全加器，74LS283 是 4 位超前进位全加器。图 2-24a 所示为其引脚排列图，图 2-24b 所示为其逻辑符号图。

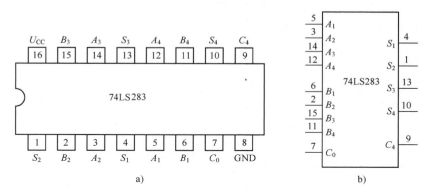

图 2-24　超前进位全加器 74LS283 引脚排列及逻辑符号
a）引脚排列　b）逻辑符号

（3）全加器的应用

1）两个 4 位二进制数相加。74LS283 本身是全加器，可以直接进行 4 位二进制数加法运算。例如，令 $A_4A_3A_2A_1=1010$，$B_4B_3B_2B_1=0111$，$C_0=0$，则输出 $C_4B_4B_3B_2B_1=10001$。

2）用 n 片 4 位加法器可以方便地扩展成 $4n$ 位加法器。74LS283 内部进位是并行进位，而级联采用的是串行进位，可以用 n 片 74LS283 级联扩展成 $4n$ 位加法器。图 2-25 所示是两个 741S283 构成的 8 位二进制数加法电路。

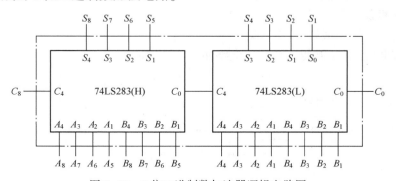

图 2-25　8 位二进制数加法器逻辑电路图

3）进行码组变换。使用 74LS283 可以实现 1 位 8421BCD 码的反码产生电路、1 位 8421BCD 码转换成余 3 码、余 3 码转换成 1 位 8421BCD 码等码组变换电路。

BCD 码也叫 8421 码，就是将十进制的数以 8421 的形式展开成二进制，十进制数是由 0~9 十个数组成，这十个数每个数都有自己的 8421 码。10 表示为 00010000，也即 BCD 码是遇见 1001 就产生进位，不像普通的二进制码，到 1111 才产生进位 10000。

余 3 码是一种 BCD 码，它是由 8421 码加 3 后形成的（即余 3 码是在 8421 码基础上每位十进制数 BCD 码再加上二进制数 0011 得到的），因为 8421 码中无 1010~1111 这 6 个代码，所以余 3 码中无 0000～0010、1101～1111 这 6 个代码。余 3 码不具有有权性，但具有自补性，余 3 码是一种"对 9 的自补码"。

例如，8421BCD 码转换成余 3 码的基本原理是，对于同一个十进制数，余 3 码等于 8421 BCD 码加 $(0011)_2$，因此可用 74LS283 来完成转换。图 2-26 所示是用 74LS283 实现的 1 位 8421 BCD 码到 1 位余 3 码转换的电路。

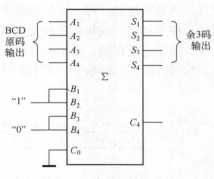

图 2-26　余 3 码转换电路

4. 实验设备与元器件

1）数字电路实验箱。

2）集成电路芯片（见表 2-15）。

表 2-15　加法器设计集成电路芯片明细表

型　号	名　　称	数　量
74LS283	4 位超前进位二进制全加器	2 片
74LS00	四 2 输入与非门	1 片
74LS32	四 2 输入或门	1 片
74LS86	四 2 输入异或门	1 片
74LS48	共阴极 7 段数码管译码器	1 片

5. 注意事项

1）74LS283 芯片 C_0 端需接低电平。

2）设计组合逻辑电路时需要根据实验室现有的芯片设计化简表达式。

6. 实验内容及步骤

（1）加法器功能测试

4 位二进制加法器功能测试和显示电路如图 2-27 所示。

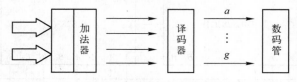

图 2-27　4 位二进制加法器功能测试和显示电路

4 位二进制全加器 74LS283 引脚排列如图 2-24a 所示。用一块 74LS283 实现 4 位二进制数相加，C_0 是来自低位的进位（当进行两个 4 位二进制数相加时，$C_0 = 0$），C_4 是向高位进位，$A_4A_3A_2A_1$ 和 $B_4B_3B_2B_1$ 分别为加数和被加数，其各位的和为 $S_4S_3S_2S_1$。

1）$A_4A_3A_2A_1$ 和 $B_4B_3B_2B_1$ 分别接至 8 个逻辑电平开关作为输入端，再将 $S_4S_3S_2S_1$ 接至发光二极管作为输出端，改变输入端 $A_4A_3A_2A_1$ 与 $B_4B_3B_2B_1$ 的数值，完成加法运算功能，观察进位输出 C_4 和 $S_4S_3S_2S_1$ 的状态，在表 2-16 中记录相应实验数据。

2）为了直观观察输出结果，可对 $S_4S_3S_2S_1$ 用 74LS48 实现解码。分别将 $S_4S_3S_2S_1$ 接至译码器 74LS48 的（74LS48 引脚排列如图 2-28a 所示）D、C、B、A 端（输入端），再将

74LS48 中 a、b、c、d、e、f、g 端接至 7 段数码管对应的各端（数码管引脚排列如图 2-28b 所示），并把结果填入表 2-16 中。

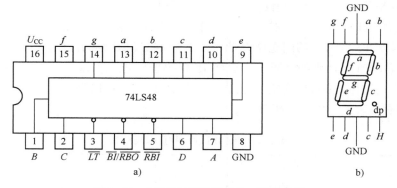

图 2-28　74LS48 引脚排列及 7 段数码管

表 2-16　4 位二进制全加器功能测试表格

输　入		输　出		数码管显示
$A_4A_3A_2A_1$	$B_4B_3B_2B_1$	C_4	$S_4S_3S_2S_1$	
0000	0000			
0000	0001			
0001	0001			
0010	0001			
0010	0010			
0011	0010			
0101	0001			
0110	0001			
0100	0100			
1000	0001			
0101	0101			
1000	0011			
1001	0011			
1100	0001			
1010	0100			
1110	0001			
1111	0001			

（2）实现 1 位二进制全加器

用异或门（74LS86）、与非门（74LS00）构成一个 1 位二进制全加器。电路连线如图 2-23 所示，将 A、B、C_0 三个输入端接至逻辑电平开关上，再将输出端 S 和 C 端接至发光二极管上，根据表 2-14 的全加器真值表验证全加器的逻辑功能。

（3）用 74LS283 和适当的门电路设计一个和大于等于 7 的判定电路

1）根据设计任务的要求，列出真值表。

2）用卡诺图或代数化简法求出最简单的逻辑表达式。

3）根据逻辑表达式，画出逻辑图，用标准器件构成电路。

4）用实验来验证设计的正确性。

（4）用两片74LS283和适当的门电路设计一个7位二进制全加器

（5）用74LS283和适当的门电路设计一个1位8421BCD码的反码产生电路

提示：1位8421BCD码的反码，可以将BCD码按二进制数取反，即$(1111-N)_2$，再加$(1010)_2$，并舍去进位$(10000)_2$求出。其真值表见表2-17。可以设计出逻辑电路图，连接好电路后，根据真值表验证电路逻辑功能。

表2-17　BCD码原码/反码真值表

十进制数	原码				十进制数	反码			
	D_4	D_3	D_2	D_1		Y_4	Y_3	Y_2	Y_1
0	0	0	0	0	9	1	0	0	1
1	0	0	0	1	8	1	0	0	0
2	0	0	1	0	7	0	1	1	1
3	0	0	1	1	6	0	1	1	0
4	0	1	0	0	5	0	1	0	1
5	0	1	0	1	4	0	1	0	0
6	0	1	1	0	3	0	0	1	1
7	0	1	1	1	2	0	0	1	0
8	1	0	0	0	1	0	0	0	1
9	1	0	0	1	0	0	0	0	0

7. 思考题

1）能否用其他逻辑门实现半加器和全加器？

2）74LS283低位进位C_0端的作用是什么？

3）74LS283可完成的二进制加法运算的范围是多少？

8. 实验报告要求

1）写出实验原理，绘出实验电路，整理实验数据，并对实验结果进行讨论。

2）分析实验中出现的问题。

2.5　编码器及其应用

1. 预习要求

1）熟悉编码器的原理。

2）熟悉74LS148的引脚排列及逻辑功能。

2. 实验目的

1）掌握8线-3线优先编码器74LS148的功能，熟悉其测试方法和使用方法。

2）学会用两片 8 线–3 线–编码器设计 16 线–4 线编码器的方法。

3. 实验原理

在数字系统中，存储、传输和处理的信息一般是用二进制码表示的，用一个二进制码表示特定含义的信息称为编码，具有编码功能的逻辑电路称为编码器。编码器的功能是将一组信号按照一定的规律变换成一组二进制代码。普通编码器中，任意时刻的输入只允许是一个编码信号，否则输出出错。

实际工作中，会经常遇到同时有多个输入被编码的情况，必须根据优先级别规定好各个输入端编码的先后顺序。识别信号的优先级别，并据此进行编码的器件称为优先编码器。在此类编码器中，将所有输入信号都规定了优先顺序，当输入有多个编码信号的时候，只对其中优先级最高的信号进行编码。

（1）8 线–3 线优先编码器 74LS148 的逻辑功能

下面以 8 线–3 线优先编码器 74LS148 为例介绍编码器的工作原理，74LS148 芯片的引脚排列及逻辑符号如图 2-29 所示。编码器 74LS148 的作用是将 8 个输入 I_0、I_1、$\cdots$、I_7 的状态分别编成二进制码 $A_2A_1A_0$ 输出，此芯片的输入输出均以低电平作为有效信号，输出端 $A_2A_1A_0$ 以二进制的反码形式输出。74LS148 的真值表见表 2-18。其中 EI 为输入控制端，EO 为选通输出端，GS 为扩展输出端，GS、EO 用于扩展编码功能。

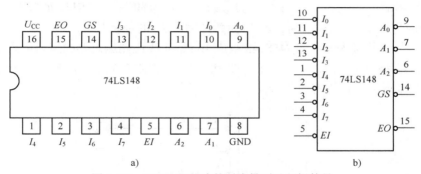

图 2-29　74LS148 芯片的引脚排列及逻辑符号

a）引脚排列　b）逻辑符号

表 2-18　8 线–3 线优先编码器 74LS148 真值表

输　入									输　出				
EI	I_0	I_1	I_2	I_3	I_4	I_5	I_6	I_7	A_2	A_1	A_0	GS	EO
1	×	×	×	×	×	×	×	×	1	1	1	1	1
0	×	×	×	×	×	×	×	0	0	0	0	0	1
0	×	×	×	×	×	×	0	1	0	0	1	0	1
0	×	×	×	×	×	0	1	1	0	1	0	0	1
0	×	×	×	×	0	1	1	1	0	1	1	0	1
0	×	×	×	0	1	1	1	1	1	0	0	0	1
0	×	×	0	1	1	1	1	1	1	0	1	0	1
0	×	0	1	1	1	1	1	1	1	1	0	0	1
0	0	1	1	1	1	1	1	1	1	1	1	0	1
0	1	1	1	1	1	1	1	1	1	1	1	1	0

EI 为选通输入端，当 EI 为低电平时，编码器才能正常工作，EI 为高电平时，所有输出端均被封锁在高电平。当 $EI = 0$，且所有编码输入端都是高电平时（即没有编码输入），$EO = 0$，它可与另一片 74LS148 的 EI 连接，组成有更多输入端的优先编码器。

当 EI 为低电平时，电路正常工作状态下，$I_0 \sim I_7$ 中有一个或同时有几个输入端为低电平（即有编码输入信号），I_7 的优先权最高，I_0 的优先权最低。$I_0 \sim I_7$ 中如有多个输入端为低电平，则只对其中优先级别最高的输入信号进行编码，其他优先级别低的信号可以忽略不予理会。

三种 $A_2 A_1 A_0 = 111$ 的情况，可以用不同的 EI、GS、EO 加以区分。

（2）用两片 8 线-3 线优先编码器 74LS148 组成 16 线-4 线优先编码器

将优先级别低的 8 位信号 $I_0 \sim I_7$ 输入给一片 74LS148 芯片（1），优先级别高的 8 位信号 $I_8 \sim I_{15}$ 输入给另一片 74LS148 芯片（2）。

根据优先顺序的要求，只有优先级别高的 8 位 $I_8 \sim I_{15}$ 均无输入信号的时候，才允许对优先级别低的 8 位 $I_0 \sim I_7$ 的输入信号编码。因此，用优先级别高的芯片的 EO 输出端信号输给优先级别低的芯片的选通输入端，开启优先级别低的芯片，即只要把 74LS148(2) 的 EO 选通输出信号作为 74LS148(1) 的选通输入信号 EI。

当芯片（2）有编码信号输入时，它的 GS 为低电平，无编码信号输入时，GS 为高电平。可以用它作为编码输出的最高位 Z_3，以区分 8 个高优先级输入信号和 8 个低优先级输入信号的编码。编码输出的次高位 Z_2 应为两片输出 A_2 的逻辑与（可用与非门实现）。依次类推，Z_1 应为两片输出 A_1 的逻辑与，Z_0 应为两片输出 A_0 的逻辑与。

用两片 8 线-3 线优先编码器 74LS148 组成 16 线-4 线优先编码器的逻辑电路图如图 2-30 所示。编码器将 16 个输入 I_0、I_1、…、I_{15} 的状态分别编成二进制码 $Z_3 Z_2 Z_1 Z_0$ 输出，编码器的输入输出均以低电平作为有效信号。

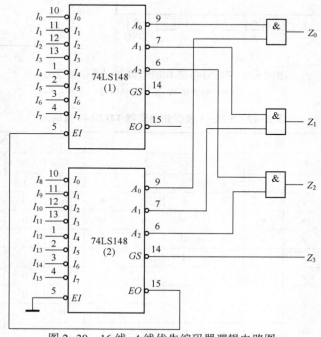

图 2-30　16 线-4 线优先编码器逻辑电路图

4. 实验设备与元器件

1）数字电路实验箱。

2）集成电路芯片（见表 2-19）。

表 2-19　编码器设计集成电路芯片明细表

型　号	名　称	数　量
74LS148	8 线-3 线优先编码器	2 片
74LS00	四 2 输入与非门	2 片
74LS08	四 2 输入与门	1 片

5. 注意事项

1）本实验连线较多，实验时需要仔细连线和观察记录结果，以免出现错误。

2）本实验输入端较多，要特别注意逻辑电平开关的位置和顺序。

6. 实验内容及步骤

（1）8 线-3 线优先编码器功能测试

参照图 2-29，测试 8 线-3 线优先编码器 74LS148 的逻辑功能。

1）I_0、I_1、…、I_7 分别接至 8 个逻辑电平开关作为输入端，EI 接 1 个逻辑电平开关；$Y_2Y_1Y_0$ 接发光二极管作为输出端，GS、EO 接发光二极管。

2）在输入端按照表 2-20 加入高低电平，观察输出 GS、EO 与 $Y_2Y_1Y_0$ 的状态并将测试结果填入表 2-20 中。

表 2-20　优先编码器功能测试表格

输　入									输　出				
EI	I_0	I_1	I_2	I_3	I_4	I_5	I_6	I_7	Y_2	Y_1	Y_0	GS	EO
1	×	×	×	×	×	×	×	×					
0	×	×	×	×	×	×	×	0					
0	×	×	×	×	×	×	0	1					
0	×	×	×	×	×	0	1	1					
0	×	×	×	×	0	1	1	1					
0	×	×	×	0	1	1	1	1					
0	×	×	0	1	1	1	1	1					
0	×	0	1	1	1	1	1	1					
0	0	1	1	1	1	1	1	1					
0	1	1	1	1	1	1	1	1					

（2）16 线-4 线优先编码器功能测试

参照图 2-30 电路，用两片 74LS148 连接 16 线-4 线编码器，调试电路，测试其功能，并自行设计表格记录实验结果。

7. 思考题

1）简述图 2-30 中 16 线-4 线编码器的工作原理。

2）写出图 2-30 中输出 4 位 $Z_3Z_2Z_1Z_0$ 的逻辑表达式。最高位 Z_3 为何可以由芯片（2）的 GS 表示？

3）74LS148 芯片的输出端 GS、EO 的作用是什么？图 2-30 中两个芯片的 GS、EO 分别是什么逻辑状态？

8. 实验报告要求

1）列出编码器实验的真值表。

2）画出实验所用电路的逻辑电路图。

2.6 译码器及其应用

1. 预习要求

1）复习教材中与译码器的有关内容，熟悉译码器的原理。

2）熟悉 74LS138、74LS48 的引脚排列及逻辑功能。

3）根据实验内容设计电路，画出逻辑电路图，拟出所需的测试记录表格。

2. 实验目的

1）掌握译码器的工作原理和主要应用。

2）掌握译码器 74LS138 的逻辑功能和测试方法。

3）掌握共阴极 7 段数码管译码器 74LS48 的逻辑功能和使用方法。

3. 实验原理

译码是编码的逆过程，译码器的功能是将具有特定含义二进制码进行"翻译"，变成相应的状态，使输出通道中相应的通道有信号输出。译码器在数字系统中应用广泛，不但可以用于代码的转换、终端数据的显示、数据的分配、存储器的寻址，还常用于组合逻辑函数功能的实现。常用的译码器有通用译码器和显示译码器两大类，通用译码器又可分为变量译码器和代码变换译码器。

（1）变量译码器

变量译码器又称为二进制译码器，若有 n 个输入变量，就有 2^n 个不同的组合状态，则有 2^n 个译码输出端。而每个输出所代表的函数对应于 n 个输入变量的最小项。常用的二进制译码器有双 2 线-4 线译码器 74LS755、3 线-8 线译码器 74LS138 和 4 线-16 线译码器 74LS154 等。

下面以 3 线-8 线译码器 74LS138 为例，简述二进制译码器的工作原理。74LS138 芯片的引脚排列及逻辑符号如图 2-31 所示，74LS138 的真值表见表 2-21 所示。

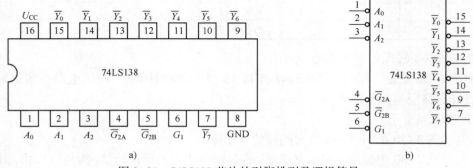

图 2-31 74LS138 芯片的引脚排列及逻辑符号

a）引脚排列 b）逻辑符号

表 2-21　3 线-8 线译码器 74LS138 真值表

输　入						输　出							
G_1	$\overline{G_{2A}}$	$\overline{G_{2B}}$	A_2	A_1	A_0	$\overline{Y_0}$	$\overline{Y_1}$	$\overline{Y_2}$	$\overline{Y_3}$	$\overline{Y_4}$	$\overline{Y_5}$	$\overline{Y_6}$	$\overline{Y_7}$
×	1	×	×	×	×	1	1	1	1	1	1	1	1
×	×	1	×	×	×	1	1	1	1	1	1	1	1
0	×	×	×	×	×	1	1	1	1	1	1	1	1
1	0	0	0	0	0	0	1	1	1	1	1	1	1
1	0	0	0	0	1	1	0	1	1	1	1	1	1
1	0	0	0	1	0	1	1	0	1	1	1	1	1
1	0	0	0	1	1	1	1	1	0	1	1	1	1
1	0	0	1	0	0	1	1	1	1	0	1	1	1
1	0	0	1	0	1	1	1	1	1	1	0	1	1
1	0	0	1	1	0	1	1	1	1	1	1	0	1
1	0	0	1	1	1	1	1	1	1	1	1	1	0

其中，A_2、A_1、A_0 为 3 个地址输入端，$\overline{Y_0} \sim \overline{Y_7}$ 为 8 个译码输出端（输出信号低电平有效），G_1、$\overline{G_{2A}}$、$\overline{G_{2B}}$ 为使能端。对应于 A_2、A_1、A_0 的 $2^3 = 8$ 种组合状态，可译出 8 个输出信号 $\overline{Y_0} \sim \overline{Y_7}$。$G_1 = 1$，$\overline{G_{2A}} = 0$，$\overline{G_{2B}} = 0$ 时，译码器处于工作状态，可对 A_2、A_1、A_0 的某种组合进行译码输出。

根据 74LS138 真值表可知：

$$\overline{Y_0} = \overline{\overline{A_2}\,\overline{A_1}\,\overline{A_0}} = \overline{m_0} \qquad \overline{Y_1} = \overline{\overline{A_2}\,\overline{A_1}A_0} = \overline{m_1} \qquad \overline{Y_2} = \overline{\overline{A_2}A_1\,\overline{A_0}} = \overline{m_2} \qquad \overline{Y_3} = \overline{\overline{A_2}A_1A_0} = \overline{m_3}$$

$$\overline{Y_4} = \overline{A_2\,\overline{A_1}\,\overline{A_0}} = \overline{m_4} \qquad \overline{Y_5} = \overline{A_2\,\overline{A_1}A_0} = \overline{m_5} \qquad \overline{Y_6} = \overline{A_2A_1\,\overline{A_0}} = \overline{m_6} \qquad \overline{Y_7} = \overline{A_2A_1A_0} = \overline{m_7}$$

（2）显示译码器

在各种数字系统中，常需要将被测量数值或运算结果直观地用十进制数显示出来，这需要用数字显示译码器来驱动数码管。通过数字显示译码器，可以将 8421 BCD 码变成十进制数字，在数码管上显示出来。7 段显示数码管为目前最常用的数字显示器，它由 a、b、c、d、e、f、g 共 7 个发光二极管拼合而成，通过控制各发光二极管的亮灭，可以显示不同的字符或数字。

7 段显示数码管有共阴极和共阳极两种电路形式，如图 2-32 所示。共阴极显示 7 段数码管电路是把 7 个发光二极管的负极接在一起并接地，而它们的 7 个正极接到 7 段译码驱动芯片相对应的驱动端上，芯片上的引脚名是 a、b、c、d、e、f、g，译码驱动芯片的驱动端是高电平有效。而共阳极显示 7 段数码管电路，把 7 个发光二极管的正极连接在一起接到 5 V 电源上，其余的 7 个负极接到驱动芯片相应的 a、b、c、d、c、f、g 输出端上，译码驱动芯片的驱动端是低电平有效。

例如，对于 8421BCD 码的输入 0100，其对应的十进制数为 4，则 7 段数字显示器的 b、c、f、g 段被点亮。

7 段数码管要显示 BCD 码所表示的十进制数字，需要有一个专门的译码器，该译码器不但要完成译码功能，还要有相当的驱动能力。相应的 7 段译码驱动器也分两类：共阴极数

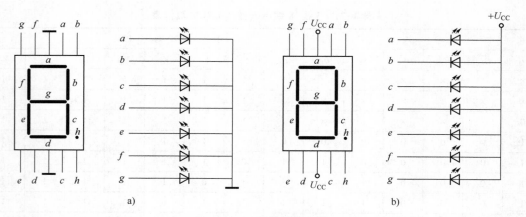

图 2-32　7 段数码管电路

a）共阴极电路　b）共阳极电路

码管驱动器（输出高电平）与共阳极数码管驱动器（输出低电平）。

本实验采用 74LS48 芯片，它是一种常用的 7 段显示译码器，可驱动共阴极数码管，常用在各种数字电路和单片机系统的显示系统中。图 2-33 为 74LS48 的引脚排列图，输出为高电平有效。表 2-22 为 74LS48 的功能表。

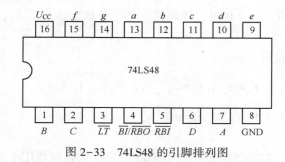

图 2-33　74LS48 的引脚排列图

表 2-22　共阴极 7 段数码管译码器 74LS48 功能表

输　　入						输入/输出	输　　出							7 段字形
$\overline{LT}$	$\overline{BRI}$	D	C	B	A	$\overline{BI/RBO}$	a	b	c	d	e	f	g	
1	1	0	0	0	0	1	1	1	1	1	1	1	0	0
1	×	0	0	0	1	1	0	1	1	0	0	0	0	1
1	×	0	0	1	0	1	1	1	0	1	1	0	1	2
1	×	0	0	1	1	1	1	1	1	1	0	0	1	3
1	×	0	1	0	0	1	0	1	1	0	0	1	1	4
1	×	0	1	0	1	1	1	0	1	1	0	1	1	5
1	×	0	1	1	0	1	0	0	1	1	1	1	1	6
1	×	0	1	1	1	1	1	1	1	0	0	0	0	7
1	×	1	0	0	0	1	1	1	1	1	1	1	1	8
1	×	1	0	0	1	1	1	1	1	0	0	1	1	9

输入						输入/输出	输出							7段字形
$\overline{LT}$	$\overline{BRI}$	D	C	B	A	$\overline{BI}/\overline{RBO}$	a	b	c	d	e	f	g	
1	×	1	0	1	0	1	0	0	0	1	1	0	1	⊏
1	×	1	0	1	1	1	0	0	1	1	0	0	1	⊐
1	×	1	1	0	0	1	0	1	0	0	0	1	1	⊔
1	×	1	1	0	1	1	1	0	0	1	0	1	1	⊑
1	×	1	1	1	0	1	0	0	0	1	1	1	1	E
1	×	1	1	1	1	1	0	0	0	0	0	0	0	消隐
×	×	×	×	×	×	0	0	0	0	0	0	0	0	灭灯
1	0	0	0	0	0	0	0	0	0	0	0	0	0	灭零
0	×	×	×	×	×	1	1	1	1	1	1	1	1	试灯

74LS48 引脚说明如下：

A、B、C、D 为输入端，输入 8421 BCD 码。

a~g 为译码输出端，输出 "1" 有效，用来驱动共阴极 LED 数码管。

$\overline{LT}$ 为灯测试输入端，$\overline{LT}=0$，译码器输出全为 1。

$\overline{BRI}$ 为动态灭零输入端，$\overline{BRI}=0$，译码器输出全为 0。

$\overline{BI}/\overline{RBO}$ 为既有输入功能又有输出功能的消隐输入/动态灭零输出端。引脚作输入时，称为灭灯输入控制端；引脚作输出时，称为灭零输出端。

由表 2-22 可知，74LS48 功能的功能如下：

1）7 段译码功能（$\overline{LT}=1$，$\overline{BRI}=1$）。

在灯测试输入端（$\overline{LT}$）和动态灭零输入端（$\overline{BRI}$）都接无效电平（高电平）时，输入 DCBA 经 74LS48 译码，输出高电平有效的 7 段字符显示器的驱动信号，显示相应字符。除 DCBA=0000 外，$\overline{BRI}$ 也可以接低电平，见表 2-22 中 1~16 行。

2）消隐功能（$\overline{BI}/\overline{RBO}=0$）。

此时 $\overline{BI}/\overline{RBO}$ 端作为输入端，该端输入低电平信号时，表 2-22 倒数第 3 行，无论 $\overline{LT}$ 和 $\overline{BRI}$ 输入什么电平信号，不管输入 DCBA 是什么状态，输出全为 "0"，7 段数码管熄灭。该功能主要用于多数码管的动态显示，称为消隐。

3）灯测试功能（$\overline{LT}=0$）。

此时 $\overline{BI}/\overline{RBO}$ 端作为输出端，$\overline{LT}$ 端输入低电平信号时，表 2-22 最后一行，与 $\overline{BRI}$ 及 DCBA 输入无关，输出全为 "1"，数码管 7 个发光二极管都点亮。该功能用于 7 段数码管测试，判别是否有损坏的数码管，称为试灯。

4）动态灭零功能（$\overline{LT}=1$，$\overline{BRI}=0$）。

此时 $\overline{BI}/\overline{RBO}$ 端也作为输出端，$\overline{LT}$ 端输入高电平信号，$\overline{BRI}$ 端输入低电平信号，若此时 DCBA=0000，表 2-22 倒数第 2 行，输出全为 " 0"，数码管熄灭，不显示零。DCBA≠0，则对显示无影响。该功能主要用于多个 7 段数码管同时显示时熄灭高位的零，称为灭零。

（3）用译码器实现组合逻辑函数

给定的组合逻辑函数 Y 都可以写成最小项之和的标准形式，即用 $Y=\sum m_i$ 表示（i 表示最小项的编号）。由于 74LS138 是低电平有效输出，所以需要将最小项变换为反函数的形式。根据摩根定律，$Y = \sum_i m_i = \overline{\prod_i \overline{m_i}}$，即把 Y 表示为最小项非的与非。当使能端有效时，输入变量为 $A_2 A_1 A_0$，译码器输出端连接与非门便可以实现给定的组合逻辑函数 Y。

例如，用 74LS138 和 74LS20 构成一个 1 位二进制全加器。

由 1 位二进制全加器真值表表 2-14 可知：

$$S = \overline{A}\,\overline{B}C_0 + \overline{A}B\,\overline{C_0} + A\overline{B}\,\overline{C_0} + ABC_0 = m_1 + m_2 + m_4 + m_7 = \overline{\overline{m_1}\,\overline{m_2}\,\overline{m_4}\,\overline{m_7}} = \overline{\overline{Y_1}\,\overline{Y_2}\,\overline{Y_4}\,\overline{Y_7}}$$

$$C = \overline{A}BC_0 + A\overline{B}C_0 + AB\overline{C_0} + ABC_0 = m_3 + m_5 + m_6 + m_7 = \overline{\overline{m_3}\,\overline{m_5}\,\overline{m_6}\,\overline{m_7}} = \overline{\overline{Y_3}\,\overline{Y_5}\,\overline{Y_6}\,\overline{Y_7}}$$

只要将 A、B、C_0 分别加到译码器的地址输入端 A_2、A_1、A_0，连接与非门后，得到输出 S、C，逻辑电路图如图 2-34 所示。

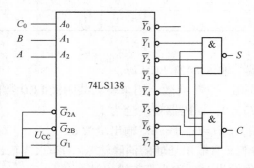

图 2-34　用译码器实现 1 位二进制全加器逻辑电路图

（4）3 线-8 线译码器的扩展

用两片 3 线-8 线译码器 74LS138 可扩展为 4 线-16 线译码器。4 线-16 线译码器的二进制输入有 A_3、A_2、A_1、A_0，采用片选的工作方式进行译码，A_3 作为片选端。当输入 A_3、A_2、A_1、A_0 为 0000～0111 的 8 种状态时，第一片 74LS138 译码器使能，产生 8 个输出（$\overline{Y_0} \sim \overline{Y_7}$，低 8 位），第二片译码器禁止；当输入 A_3、A_2、A_1、A_0 为 1000～1111 的 8 种状态时，第二片 74LS138 译码器使能，产生 8 个输出（$\overline{Y_8} \sim \overline{Y_{15}}$，高 8 位），第一片译码器禁止，4 线-16 线译码器的逻辑电路图如图 2-35 所示。

4. 实验设备与元器件

1）数字电路实验箱。

2）元器件（见表 2-23）。

表 2-23　译码器设计元器件明细表

型　号	名　称	数　量
74LS138	3 线-8 线译码器	2 片
74LS48	共阴极 7 段数码管译码器	1 片
74LS00	四 2 输入与非门	1 片
74LS20	双 4 输入与非门	1 片
—	共阴极 7 段数码管	1 个

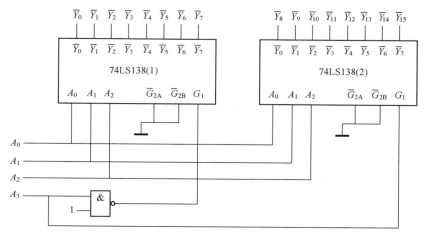

图 2-35　4 线-16 线译码器的逻辑电路图

5. 注意事项

1）测试译码器逻辑功能时，输出端较多，实验时需要仔细连线和观察记录结果，以免出现错误。

2）用译码器实现组合逻辑函数时，一般设计过程为列真值表，将 Y 表示为最小项非的与非形式，再连接与非门实现组合逻辑函数。

3）74LS48 是共阴极 7 段数码管译码器芯片，一定要注意，需要用它驱动实验箱上共阴极连接的 7 段数码管。

6. 实验内容及步骤

（1）3 线-8 线译码器 74LS138 的逻辑功能测试

3 线-8 线译码器 74LS138 的引脚排列如图 2-31a 所示，在数字电路实验箱上将 74LS138 使能端 G_1、$\overline{G}_{2A}$、$\overline{G}_{2B}$ 和地址输入端 A_2、A_1、A_0 接至逻辑电平开关，8 个输出端 $\overline{Y}_0 \sim \overline{Y}_7$ 接发光二极管。按照表 2-21 输入高、低电平，观察输出状态，测试 74LS138 的逻辑功能。

（2）用 3 线-8 线译码器 74LS138 和 74LS20 设计一个 1 位二进制全加器

参照图 2-34 在实验箱上连接电路。A、B、C_0 接至逻辑电平开关，S、C 接发光二极管。改变输入端的高、低电平，观察输出状态，在表 2-24 中记录相应实验数据。

表 2-24　1 位二进制全加器真值表

输　　入			输　　出	
A	B	C_0	S	C
0	0	0		
0	0	1		
0	1	0		
0	1	1		
1	0	0		
1	0	1		
1	1	0		
1	1	1		

（3）用两片 3 线-8 线译码器 74LS138 扩展成一个 4 线-16 线译码器，实现 $F_1 = ABCD + AB$，$F_2 = AB\overline{C}D + BD$ 的逻辑功能

根据逻辑表达式填写表 2-25，设计逻辑电路图，连接电路，并根据真值表 2-25 进行逻辑功能验证。

表 2-25 4 线-16 线译码器真值表

输 入				输 出	
A	B	C	D	F_1	F_2
0	0	0	0		
0	0	0	1		
0	0	1	0		
0	0	1	1		
0	1	0	0		
0	1	0	1		
0	1	1	0		
0	1	1	1		
1	0	0	0		
1	0	0	1		
1	0	1	0		
1	0	1	1		
1	1	0	0		
1	1	0	1		
1	1	1	0		
1	1	1	1		

（4）7 段数码管译码器 74LS48 逻辑功能测试

7 段数码管译码器 74LS48 的引脚排列如图 2-33 所示。按图 2-36 将 A、B、C、D 四个输入端分别接至四个逻辑电平开关，译码输出端 $a \sim g$ 接 7 段数码管，按照逻辑电路图在实验箱上连接电路。改变输入端的高、低电平，观察数码管的显示，在表 2-26 中记录相应实验数据。

表 2-26 译码器逻辑功能测试表格

输 入				7 段字形
A	B	C	D	
0	0	0	0	
0	0	0	1	
0	0	1	0	
0	0	1	1	
0	1	0	0	
0	1	0	1	
0	1	1	0	

输 入				7 段字形
A	B	C	D	
0	1	1	1	
1	0	0	0	
1	0	0	1	
1	0	1	0	
1	0	1	1	
1	1	0	0	
1	1	0	1	
1	1	1	0	
1	1	1	1	

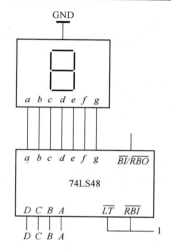

图 2-36　译码器逻辑功能测试电路图

7. 思考题

1）能否用一片 74LS138 实现四变量逻辑函数？

2）怎样将 74LS138 设计一个全减器？列出真值表和逻辑表达式，并画出逻辑电路图。

8. 实验报告要求

1）根据实验内容要求，设计并画出相应实验的逻辑电路。

2）讨论 74LS138、74LS48 两个器件输入、输出有效电平及使能端的用法及用途。

2.7　数据选择器及其应用

1. 预习要求

1）复习数据选择器的电路结构和特点。

2）复习数据选择器的基本应用。

3）了解双 4 选 1 数据选择器 74LS153、8 选 1 数据选择器 74LS151 的引脚排列和逻辑功能。

4）根据实验内容设计电路，画出逻辑电路图，拟出所需的测试记录表格。

2. 实验目的

1）掌握数据选择器的逻辑功能和测试方法。

2）理解数据选择器的工作原理，掌握数据选择器的基本应用。

3. 实验原理

数据选择器又称为多路开关，是一种重要的组合逻辑部件。它是一个多路输入、单路输出的组合电路，能在通道选择信号（或称地址码/控制端）的控制下，从多路数据传输中选择任何一路信号输出。在数字系统中，经常利用数据选择器将多条传输线上的不同数字信号，按要求选择其中之一送到公共数据线上。另外，数据选择器的用途很多，例如，实现逻辑函数、构成函数发生器、波形产生器和并串转换器等。根据输入信号的数量来区分，它分为 2 选 1、4 选 1、8 选 1、16 选 1 等。

（1）双 4 选 1 数据选择器 74LS153

74LS153 数据选择器芯片上集成了两个 4 选 1 数据选择器，74LS153 芯片的引脚排列如图 2-37a 所示，逻辑符号如图 2-37b 所示，其中 $1\overline{S}$、$2\overline{S}$ 为两个独立的工作状态控制端（使能端），A_0、A_1 为数据选择器公用的控制端（地址码），$1D_0$、$1D_1$、$1D_2$、$1D_3$ 和 $2D_0$、$2D_1$、$2D_2$、$2D_3$ 分别为两个 4 选 1 数据选择器的数据输入端，$1Q$、$2Q$ 为两个输出端。74LS153 的功能表见表 2-27。

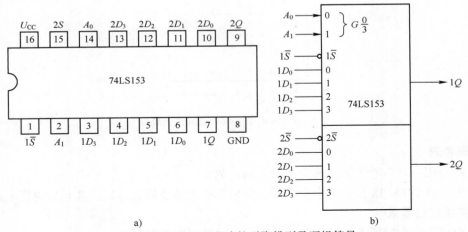

图 2-37　74LS153 芯片的引脚排列及逻辑符号

a）引脚排列　b）逻辑符号

表 2-27　74LS153 功能表

输　　入			输　　出	
$\overline{S}$	A_1	A_0	$1Q$	$2Q$
1	×	×	0	0
0	0	0	$1D_0$	$2D_0$
0	0	1	$1D_1$	$2D_1$
0	1	0	$1D_2$	$2D_2$
0	1	1	$1D_3$	$2D_3$

1）当使能端 $1\bar{S}(2\bar{S})=1$ 时，多路开关被禁止，无输出，$1Q(2Q)=0$。

2）当使能端 $1\bar{S}(2\bar{S})=0$ 时，多路开关正常工作，根据地址码 A_1、A_0 的状态，将相应的数据 $1D_0\sim1D_3(2D_0\sim2D_3)$ 送到输出端 $1Q(2Q)$。

4 选 1 数据选择器的逻辑表达式为

$$1Q(A_1,A_0)=\bar{A}_1\bar{A}_0\,1D_0+\bar{A}_1A_0\,1D_1+A_1\bar{A}_0\,1D_2+A_1A_0\,1D_3$$
$$2Q(A_1,A_0)=\bar{A}_1\bar{A}_0\,2D_0+\bar{A}_1A_0\,2D_1+A_1\bar{A}_0\,2D_2+A_1A_0\,2D_3$$

（2）8 选 1 数据选择器 74LS151

74LS151 为互补输出的 8 选 1 数据选择器，引脚排列如图 2-38a 所示，逻辑符号如图 2-38b 所示。其中 $D_0\sim D_7$ 为数据输入端；Q 为输出端；$A_2\sim A_0$ 为数据选择器的控制端（地址码），控制数据选择器的数据输出；$\overline{EN}$ 为工作状态控制端（使能端）。

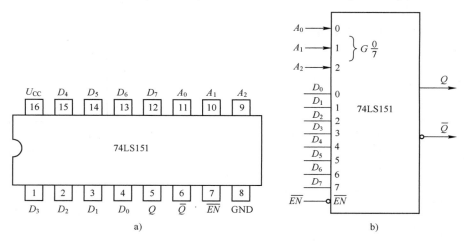

图 2-38　74LS151 的引脚排列及逻辑符号

a）引脚排列　b）逻辑符号

74LS151 的功能表见表 2-28。8 选 1 数据选择器的表达式为

$$Q(A_2,A_1,A_0)=\bar{A}_2\bar{A}_1\bar{A}_0D_0+\bar{A}_2\bar{A}_1A_0D_1+\bar{A}_2A_1\bar{A}_0D_2+\bar{A}_2A_1A_0D_3+A_2\bar{A}_1\bar{A}_0D_4+A_2\bar{A}_1A_0D_5+A_2A_1\bar{A}_0D_6+A_2A_1A_0D_7$$

表 2-28　74LS151 功能表

输　　入				输　　出	
$\overline{EN}$	A_2	A_1	A_0	Q	$\bar{Q}$
1	×	×	×	0	1
0	0	0	0	D_0	D_7
0	0	0	1	D_1	D_6
0	0	1	0	D_2	D_5
0	0	1	1	D_3	D_4
0	1	0	0	D_4	D_3
0	1	0	1	D_5	D_2
0	1	1	0	D_6	D_1
0	1	1	1	D_7	D_0

（3）用数据选择器组合实现逻辑函数

采用 8 选 1 数据选择器 74LS151 可实现任意三输入变量的组合逻辑函数。此时变量数与地址码的数量一致，不需要降维或者扩展。例如，逻辑函数 $Y=ABC+A\overline{B}\,\overline{C}+\overline{A}BC+\overline{A}BC$，令 $A_2=A$，$A_1=B$，$A_0=C$，$\overline{EN}=0$（使能端，低电平有效），$D_1=D_2=D_4=D_7=1$，$D_0=D_3=D_5=D_6=0$，那么输出 $Q=Y$。

当逻辑函数的输入变量数超过了数据选择器的地址控制端位数时，则必须进行逻辑函数降维或者集成芯片扩展。

例如，用一块 74LS151 实现 4 位奇偶校验码，当输入变量中有偶数个 1 时，输出为 1，否则输出为 0。

根据题意，列出真值表见表 2-29，根据真值表画出卡诺图如图 2-39 所示，降维后即可得到电路如图 2-40 所示。

表 2-29　奇偶校验码真值表

\multicolumn{4}{c}{输　入}				输　出
A	B	C	D	F
0	0	0	0	1
0	0	0	1	0
0	0	1	0	0
0	0	1	1	1
0	1	0	0	0
0	1	0	1	1
0	1	1	0	1
0	1	1	1	0
1	0	0	0	0
1	0	0	1	1
1	0	1	0	1
1	0	1	1	0
1	1	0	0	1
1	1	0	1	0
1	1	1	0	0
1	1	1	1	1

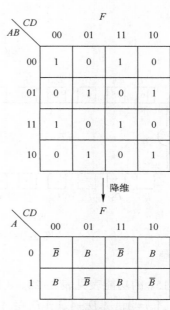

图 2-39　卡诺图和降维卡诺图

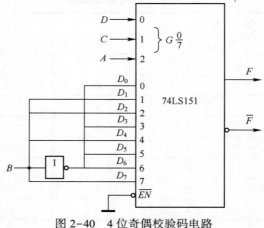

图 2-40　4 位奇偶校验码电路

（4）8 选 1 数据选择器的扩展

用两片 74LS151 可以扩展成 16 选 1 的数据选择器，16 选 1 的数据选择器的地址码为 $A_3 \sim A_0$，数据输入端为 $D_0 \sim D_{15}$，当输入 A_3、A_2、A_1、A_0 为 0000~0111 的 8 种状态时，第一片 74LS151 使能，第二片 74LS151 禁止，根据地址码 $A_3 \sim A_0$ 的状态，输出端 Q 将输出 $D_0 \sim D_7$ 中相应的数据；当输入 A_3、A_2、A_1、A_0 为 1000~1111 的 8 种状态时，第一片 74LS151 禁止，第二片 74LS151 使能，根据地址码 $A_3 \sim A_0$ 的状态，输出端 Q 将输出 $D_8 \sim D_{15}$ 中相应的数据；16 选 1 数据选择器逻辑电路图如图 2-41 所示。

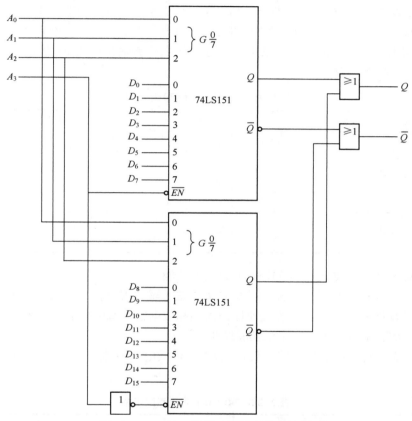

图 2-41　16 选 1 数据选择器逻辑电路图

4. 实验设备与元器件

1）数字电路实验箱。

2）集成电路芯片（见表 2-30）。

表 2-30　数据选择器设计集成电路芯片明细表

型　号	名　称	数　量
74LS153	双 4 选 1 数据选择器	1 片
74LS151	8 选 1 数据选择器	2 片
74LS04	六反相器	1 片
74LS32	四 2 输入或门	1 片
74LS00	四 2 输入与非门	1 片

5. 注意事项

1) 数据选择器的使能端与地址输入端设置要正确。

2) 注意地址输入端的高低位排序。

6. 实验内容及步骤

（1）测试 4 选 1 数据选择器 74LS153 的逻辑功能

4 选 1 数据选择器 74LS153 的数据输入端 $1D_0 \sim 1D_3 (2D_0 \sim 2D_3)$，地址输入端 A_1、A_0，使能端 $1\bar{S}$、$2\bar{S}$ 接逻辑电平开关；输出端 $1Q$、$2Q$ 接发光二极管，改变地址输入端和数据输入端的状态，按照表 2-31 进行测试，判断逻辑功能是否正确，并记录实验结果。

例如，测试第一组 4 选 1 数据选择器时，$1\bar{S}=0$，当 $A_1A_0=0$ 时，改变 $1D_0$ 的值，观察输出端 Q 是否与 $1D_0$ 的输入值相等。采用类似方法依次检验输出端 Q 的状态是否和地址码对应的数据输入端状态一致。

表 2-31　74LS153 功能测试表格

输　　入			输　　出	
$\bar{S}$	A_1	A_0	$1Q$	$2Q$
1	×	×		
0	0	0		
0	0	1		
0	1	0		
0	1	1		

（2）验证 8 选 1 数据选择器 74LS151 的逻辑功能

数据选择器 74LS151 的数据输入端 $D_0 \sim D_7$、地址输入端 $A_2 \sim A_0$、使能端 $\overline{EN}$ 接逻辑电平开关，输出端 Q 接发光二极管，改变地址输入端和数据输入端的状态，按照表 2-32 进行测试，判断逻辑功能是否正确，并记录实验结果。

测试时，需要特别注意所测芯片使能端 $\overline{EN}$ 是否低电平有效，当芯片封锁时，输出是什么电平？

表 2-32　74LS151 功能测试表格

输　　入				输　　出	
$\overline{EN}$	A_2	A_1	A_0	Q	$\bar{Q}$
1	×	×	×		
0	0	0	0		
0	0	0	1		
0	0	1	0		
0	0	1	1		
0	1	0	0		
0	1	0	1		
0	1	1	0		
0	1	1	1		

（3）用 74LS153 实现 1 位二进制全加器

用一块 74LS153 及门电路实现 1 位全加器，要求写出设计过程，画出逻辑电路图，连接并调试电路。输入 A、B、C_0 分别接三个逻辑电平开关，输出 S、C 接两个发光二极管，按照表 2-33 要求改变输入逻辑电平，观察两个发光二极管的状态，并记录实验数据。

表 2-33　1 位二进制全加器测试表格

输　　入			输　　出	
A	B	C_0	S	C
0	0	0		
0	0	1		
0	1	0		
0	1	1		
1	0	0		
1	0	1		
1	1	0		
1	1	1		

（4）用 74LS153 扩展成一个 8 选 1 的数据选择器

要求写出设计过程，画出逻辑电路图，连接并调试电路，测试其功能，并自拟表格记录实验结果。

（5）利用 8 选 1 数据选择器 74LS151 实现一个输血者血型和受血者血型符合输血规则的电路。

输血规则如图 2-42 所示。要求写出设计过程，画出逻辑电路图，连接并调试电路，测试其功能，并自拟表格记录实验结果。

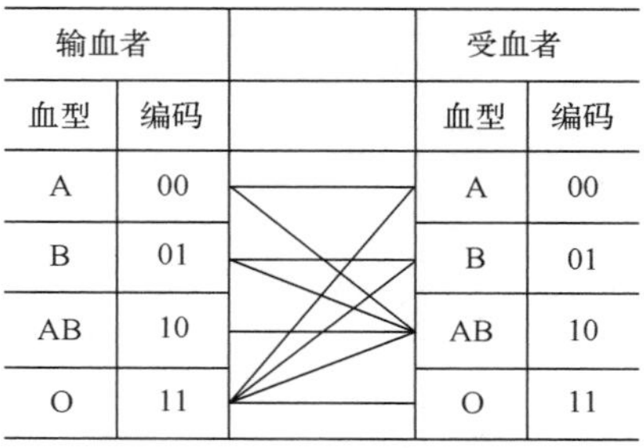

图 2-42　输血规则

从规则可知，A 型血能输给 A、AB 型，B 型血能输给 B、AB 型，AB 型血只能输给 AB 型，O 型血能输给所有 4 种血型。设输血者血型编码是 X_1X_2，受血者血型编码是 X_3X_4，符合输血血型规则时，电路输出 F 为 1，否则为 0。

7. 思考题

1）如何用 4 选 1 数据选择器 74LS153 和相应的门电路实现"输血者血型和受血者血型符合输血规则的电路"？

2）说明数据选择器的地址输入端和使能端各有什么作用？

8. 实验报告要求

1）绘出逻辑电路图，整理和分析实验数据，分析实验中出现的问题。

2）总结数据选择器电路的特点和一般设计分析方法。

第 3 章　时序逻辑电路实验

3.1　触发器逻辑功能测试及相互转换

1. 预习要求

1）复习基本 RS 触发器、D 触发器、JK 触发器的工作原理和逻辑功能。

2）查阅并熟悉 74LS74 和 74LS112 的引脚排列和使用方法。

3）根据实验内容设计电路，画出逻辑电路图，拟出所需的测试记录表格。

2. 实验目的

1）掌握基本 RS 触发器、D 触发器、JK 触发器的逻辑功能。

2）学会正确使用集成触发器芯片。

3）熟悉触发器之间相互转换的方法。

3. 实验原理

（1）触发器相关概念

触发器是构成时序电路最基本的逻辑单元，具有记忆功能，可以存储 1 位二进制代码，它是数字逻辑电路中一种重要的单元电路，在数字系统中有着广泛的应用。

触发器有两个稳定状态：1 态和 0 态。当触发器的输出 $Q=1$，$\overline{Q}=0$ 时，称触发器处于 1 态；当触发器的输出 $Q=0$，$\overline{Q}=1$ 时，称触发器处于 0 态；在一定的外界信号作用下，触发器可以从一种稳定状态转变到另一种稳定状态。

根据触发器的逻辑功能不同，触发器可分为 RS 触发器、D 触发器、JK 触发器、T 触发器和 T′触发器等。

触发器一般有三种输入端：

第一种是直接置位端$\overline{S}_{\mathrm{D}}$、复位端$\overline{R}_{\mathrm{D}}$。在$\overline{S}_{\mathrm{D}}=0$（或$\overline{R}_{\mathrm{D}}=0$）时，触发器不受其他输入端所处状态影响，直接将触发器"置1"（或"置0"）。

第二种是时钟脉冲输入端 CP，用来控制触发器发生状态更新。若 CP 上升沿（用↑表示低电平到高电平的跳变）有效，则逻辑符号无小圈；若 CP 下降沿（用↓表示高电平到低电平的跳变）有效，则逻辑符号有小圈。

第三种是数据输入端，它是触发器状态更新的依据。

时钟脉冲输入信号作用前的状态称为现态，表示为 $Q^{n}(\overline{Q}^{n})$；时钟脉冲输入信号作用后的状态称为次态，表示为 $Q^{n+1}(\overline{Q}^{n+1})$。

本实验完成对基本 RS 触发器、D 触发器、JK 触发器的逻辑功能测试以及不同触发器之间的相互转换。

（2）基本 RS 触发器

基本 RS 触发器可由"与非门"或"或非门"构成。

图 3-1 为由两个与非门交叉耦合构成的基本 RS 触发器，它是无时钟控制低电平直接触发的触发器。基本 RS 触发器具有"置 0""置 1"和"保持"三种功能。

基本 RS 触发器有两个输入端 $\overline{R}_D$（置 0 端）和 $\overline{S}_D$（置 1 端），低电平有效；两个输出端 Q 和 $\overline{Q}$。基本 RS 触发器的功能表见表 3-1，其状态转换方程为

$$Q^{n+1} = S_D + \overline{R}_D Q^n，\quad \overline{S}_D + \overline{R}_D = 1 \text{（约束方程）}$$

图 3-1　基本 RS 触发器

表 3-1　基本 RS 触发器功能表

输　　　入		输　　　出		功　　能
$\overline{R}_D$	$\overline{S}_D$	Q^{n+1}	$\overline{Q}^{n+1}$	
0	0	不定	不定	禁止
0	1	0	1	置0
1	0	1	0	置1
1	1	Q^n	$\overline{Q}^n$	保持

（3）D 触发器

在输入信号为单端的情况下，D 触发器用来最为方便，其状态方程为 $Q^{n+1} = D^n$，即触发器的次态 Q^{n+1} 取决于时钟到来之前 D 端的状态。D 触发器应用很广，可用作数字信号的寄存、移位寄存、分频和波形发生器等。有多种型号 D 触发器可供不同需求选用，如双 D 触发器 74LS74、四 D 触发器 74LS175、六 D 触发器 74LS174 等。

双 D 触发器 74LS74 为上升沿触发的边沿触发器，其输出状态的更新发生在 CP 脉冲的上升沿（正跳变 0→1），图 3-2 为 74LS74 的引脚排列及逻辑符号，表 3-2 为其功能表。D 为数据输入端，是触发器状态更新的依据；CP 为时钟控制端，使触发器按时钟节拍工作；$\overline{R}_D$ 为直接置 0 端，$\overline{S}_D$ 为直接置 1 端，均为低电平有效，这两端的优先权均高于数据输入端 D 和时钟控制端 CP，当它们为高电平时，电路才具有 D 触发器的特性；Q 和 $\overline{Q}$ 为一对互补输出端。

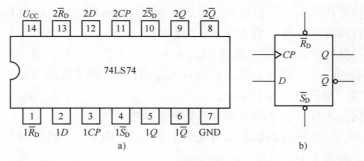

图 3-2　74LS74 的引脚排列及逻辑符号

a）引脚排列　b）逻辑符号

表 3-2 74LS74 功能表

输 入				输 出		功 能
$\overline{R}_D$	$\overline{S}_D$	CP	D	Q^{n+1}	$\overline{Q}^{n+1}$	
0	1	×	×	1	0	置0
1	0	×	×	0	1	置1
0	0	×	×	$\varnothing$	$\varnothing$	无效
1	1	↑	1	1	0	送数
1	1	↑	0	0	1	送数
1	1	↓	×	Q^n	$\overline{Q}^n$	保持

（4）JK 触发器

JK 触发器应用很广，常被用作移位寄存器、计数器和和缓冲存储器等。JK 触发器有两个数据输入端（J 和 K），它们是触发器状态更新的依据；CP 为时钟控制端；$\overline{R}_D$ 为直接置 0 端，$\overline{S}_D$ 为直接置 1 端，均为低电平有效，这两端的优先权均高于数据输入端 J、K 和时钟控制端 CP，当它们为高电平时，电路才具有 JK 触发器的特性；Q 和 $\overline{Q}$ 为一对互补输出端。本实验采用 74LS112 双 JK 触发器，是下降沿触发的边沿触发器，其状态方程为

$$Q^{n+1} = (J\overline{Q}^n + \overline{K}Q^n)\,CP\downarrow$$

即输出的状态只取决于 CP 脉冲下降沿到来前 J、K 的状态。图 3-3 为 74LS112 的引脚排列及逻辑符号，表 3-3 为其功能表。

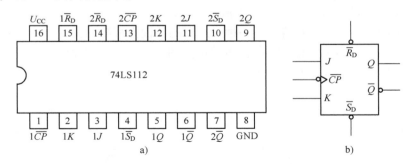

图 3-3 74LS112 的引脚排列及逻辑符号

a）引脚排列 b）逻辑符号

表 3-3 74LS112 功能表

输 入					输 出		功 能
$\overline{R}_D$	$\overline{S}_D$	$\overline{CP}$	J	K	Q^{n+1}	$\overline{Q}^{n+1}$	
0	1	×	×	×	0	1	置0
1	0	×	×	×	1	0	置1
0	0	×	×	×	$\varnothing$	$\varnothing$	无效
1	1	↓	0	0	Q^n	$\overline{Q}^n$	保持
1	1	↓	0	1	0	1	送数
1	1	↓	1	0	1	0	送数
1	1	↓	1	1	$\overline{Q}^n$	Q^n	翻转
1	1	↑	×	×	Q^n	$\overline{Q}^n$	保持

（5）触发器之间的相互转换

在集成触发器的产品中，每一种触发器都有自己固定的逻辑功能，但可以利用转换的方法获得其他功能的触发器。例如，可用 JK 触发器转换成 D 触发器、T 触发器和 T′触发器。

1）JK 触发器转换成 T 触发器。将 JK 触发器的 J、K 端连接在一起，合并为 T 端，即构成 T 触发器，其状态方程为

$$Q^{n+1} = (T\overline{Q^n} + \overline{T}Q^n)CP\downarrow$$

T 触发器的逻辑电路图如图 3-4 所示，功能表见表 3-4。

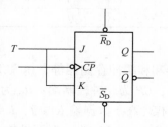

图 3-4 JK 触发器转换成 T 触发器

表 3-4 T 触发器功能表

输　入				输　出	功　能
$\overline{R}_D$	$\overline{S}_D$	$\overline{CP}$	T	Q^{n+1}	
0	1	×	×	0	置 0
1	0	×	×	1	置 1
1	1	↓	0	Q^n	保持
1	1	↓	1	$\overline{Q^n}$	翻转

2）JK 触发器转换成 T′触发器。将 T 触发器的 T 端置 1，即可得到 T′触发器，其状态方程为

$$Q^{n+1} = \overline{Q^n}CP\downarrow$$

由状态方程可知，每经过一个时钟周期，触发器的状态就翻转一次，所以 T′触发器又称为二分频电路。逻辑电路图如图 3-5 所示。

3）JK 触发器转换成 D 触发器。将一种触发器的特性方程变换为另一种触发器的特性方程，就可以设计出触发器之间相互转换的逻辑电路图。JK 触发器转换成 D 触发器时，令 $J=D$，$K=\overline{D}$ 即可。逻辑电路图如图 3-6 所示。

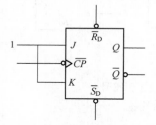

图 3-5 JK 触发器转换成 T′触发器

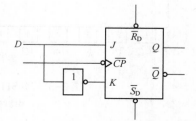

图 3-6 JK 触发器转换成 D 触发器

4. 实验设备与元器件

1）数字电路实验箱。

2）集成触发器芯片（见表 3-5）。

表 3-5 集成触发器芯片明细表

型　号	名　称	数　量
74LS00	四 2 输入与非门	1 片
74LS74	双 D 触发器	1 片
74LS112	双 JK 触发器	1 片

5. 注意事项

1）在测试触发器的逻辑功能时，注意 $\overline{R_D}$ 和 $\overline{S_D}$ 端的使用。

2）注意边沿型触发器的触发工作沿，即上升沿与下降沿触发的区别。

3）每一次测试前，应注意确认触发器的初始状态（现态）。

6. 实验内容及步骤

（1）基本 RS 触发器逻辑功能测试

用 74LS00 按图 3-1 连线，选择芯片中两个与非门，接成一个基本 RS 触发器。将 $\overline{R_D}$ 和 $\overline{S_D}$ 端接至逻辑电平开关，两个输出端接至发光二极管，对照表 3-1 改变 $\overline{R_D}$ 和 $\overline{S_D}$ 的状态，观察 Q 和 $\overline{Q}$ 的变化，测试基本 RS 触发器逻辑功能，并写出电路特性方程表达式。

（2）D 触发器逻辑功能测试

本实验使用双 D 触发器 74LS74，即上升沿触发的边沿触发器。

1）在集成触发器 74LS74 芯片中，任选一个 D 触发器，$\overline{R_D}$、$\overline{S_D}$ 和 D 端分别接至逻辑电平开关，输出端 Q 接至发光二极管，CP 接单脉冲，按表 3-6 前两行测试 D 触发器的复位（清 0）、置位（置 1）功能。

2）D 触发器正常工作时，必须将 $\overline{R_D}$ 和 $\overline{S_D}$ 均置成高电平（74LS74 引脚排列如图 3-2a 所示）。按表 3-6 中 3~6 行，改变 D 状态，发送单脉冲信号，观察触发器的状态变化并填入表 3-6 中。需要特别注意观察触发器状态更新是否发生在 CP 脉冲的上升沿。

表 3-6　D 触发器逻辑功能测试记录表

输　　　　入				输　　　出	
$\overline{R_D}$	$\overline{S_D}$	CP	D	Q^{n+1}	
				$Q^n = 0$	$Q^n = 1$
0	1	×	×		
1	0	×	×		
1	1	↑	0		
1	1	↓			
1	1	↑	1		
1	1	↓			

（3）JK 触发器逻辑功能测试

本实验使用双 JK 触发器 74LS112，即下降沿触发的边沿触发器。

1）在集成触发器 74LS112 芯片中，任选一个 JK 触发器，$\overline{R_D}$、$\overline{S_D}$、J 和 K 端分别接至逻辑电平开关，输出端 Q 接至发光二极管，CP 接单脉冲，按表 3-7 前两行测试 JK 触发器的复位、置位功能。

2）按表 3-7 中 3~10 行测试 JK 触发器的逻辑功能。JK 触发器正常工作时，必须将 $\overline{R_D}$ 和 $\overline{S_D}$ 均置成高电平（74LS112 引脚排列如图 3-3a 所示）。改变 J、K 状态，发送单脉冲信号，观察触发器的状态变化并填入表 3-7 中。需要特别注意观察触发器状态更新是否发生在 CP 脉冲的下降沿。

表 3-7 JK 触发器逻辑功能测试记录表

输　　入					输　　出	
$\overline{R}_{\mathrm{D}}$	$\overline{S}_{\mathrm{D}}$	$\overline{CP}$	J	K	Q^{n+1}	
					$Q^n=0$	$Q^n=1$
0	1	×	×	×		
1	0	×	×	×		
1	1	↑	0	0		
1	1	↓				
1	1	↑	0	1		
1	1	↓				
1	1	↑	1	0		
1	1	↓				
1	1	↑	1	1		
1	1	↓				

（4）触发器转换及逻辑功能测试

1）参照图 3-4、图 3-5、图 3-6，在实验箱上连接电路，分别把 JK 触发器转换成 T 触发器、T′触发器和 D 触发器，测试各触发器的逻辑功能，自拟表格记录实验数据。

2）自行设计电路，将 D 触发器转换为 JK 触发器、T′触发器，画出逻辑电路图，在实验箱上连接电路，测试各触发器的逻辑功能，自拟表格记录实验数据。

（5）设计一个 4 人智力竞赛抢答电路

具体要求：每个抢答人操纵一个开关，以控制自己的一个指示灯，抢先按动开关者能使自己的指示灯亮起，并封锁其余 3 人的动作（即其余 3 人即使再按动开关也不会起作用），主持人可在最后按"主持人"的控制开关使指示灯熄灭，并解除封锁。

所用的触发器可选 74LS112 双 JK 触发器或 74LS74 双 D 触发器，也可采用与非门构成基本 RS 触发器。设计逻辑电路图，在实验箱上连接电路，并进行功能测试。

7. 思考题

1）JK 触发器和 D 触发器在实现正常逻辑功能时，$\overline{R}_{\mathrm{D}}$、$\overline{S}_{\mathrm{D}}$ 应处于什么状态？为什么？

2）解释边沿触发器的工作速度高于主从触发器的原因。

8. 实验报告要求

1）记录整理各触发器功能测试数据，对测试数据做出分析判断。

2）根据各实验内容的要求，设计并画出相应的逻辑电路图。

3）写出特性方程，画出状态转换图和时序图。

3.2 采用触发器的计数器设计

1. 预习要求

1）复习用集成触发器设计异步计数器、同步计数器的方法。

2）根据实验内容设计电路，画出逻辑电路图，拟出所需的测试记录表格。

2. 实验目的

1）掌握时序逻辑电路的分析、设计和调试方法。

2）掌握异步计数器和同步计数器的设计及调试方法。

3. 实验原理

（1）时序逻辑电路设计

时序逻辑电路在任一时刻的输出不仅取决于该时刻的输入，还与电路原来的状态有关。时序逻辑电路可分为同步时序逻辑电路和异步时序逻辑电路两大类。同步时序逻辑电路是指在时序逻辑电路中，存储电路的各级触发器的时钟输入 CP 都连接在一起，即所有触发器有一个统一的时钟源，因而使得所有触发器状态的变化均与输入的时钟脉冲 CP 同步；异步时序逻辑电路是指没有统一的时钟脉冲，因此，触发器状态的变化不一定与输入的时钟脉冲同步。

时序逻辑电路设计是根据给定的逻辑功能需求，选择适当的逻辑器件，设计出符合要求的时序电路。异步时序逻辑电路设计的一般过程与同步时序逻辑电路设计大体相同，一般步骤如下：

1）由给定的逻辑功能建立状态图。

2）选择触发器的类型和数目，求时钟方程、输出方程和状态方程。

3）画出逻辑图，并检查自启动能力。

（2）计数器

计数器是典型的时序电路，它用来统计输入时钟脉冲的个数。计数器对输入的时钟脉冲进行计数，来一个 CP 脉冲则计数器状态变化一次。如果计数器计数循环长度为 M，则称为模 M 计数器（M 进制计数器）。通常，计数器状态编码按二进制数的递增或递减规律来编码，对应地称为加法计数器或减法计数器。

计数器的种类很多。按构成计数器中的触发器是否使用一个时钟信号，可分为同步计数器和异步计数器；按进位体制的不同，可分为二进制计数器、十进制计数器和任意进制计数器；按计数过程中数字增减趋势的不同，可分为加法计数器、减法计数器和可逆计数器等。

计数器从零开始计数，具有"置零（清除）"功能，此外计数器还有"预置数"的功能，通过预置数据于计数器中，可以使计数器从任意值开始计数。

（3）用触发器进行计数器设计

用集成触发器进行计数器设计，属于时序逻辑电路设计，步骤与时序逻辑电路设计相同。

用集成触发器构成异步计数器时，有以下规律：

1）先把选用的触发器转换为 T' 触发器。

2）如果设计的是加法计数器，对于上升沿触发的触发器，$CP_i = \overline{Q}_{i-1}$；对于下降沿触发的触发器，$CP_i = Q_{i-1}$。

3）如果设计的是减法计数器，对于上升沿触发的触发器，$CP_i = Q_{i-1}$；对于下降沿触发的触发器，$CP_i = \overline{Q}_{i-1}$。

（4）自启动七进制计数器设计举例

当发现设计的电路不能自启动时，经常需要重新修改设计。下面以一个自启动七进制计数器来举例说明。该计数器的状态转换图及状态编码如图 3-7 所示。

从图 3-7 的状态转换图画出所要设计电路的次态 $Q_1^{n+1}Q_2^{n+1}Q_3^{n+1}$ 的卡诺图，如图 3-8 所示。图中这七个状态以外的 000 状态为无效状态。

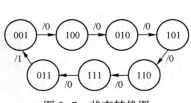

图 3-7　状态转换图

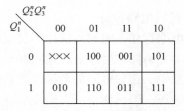

图 3-8　电路次态的卡诺图（$Q_1^{n+1}Q_2^{n+1}Q_3^{n+1}$）

将图 3-8 中的卡诺图分解为图 3-9 中的三个卡诺图，分别表示 Q_1^{n+1}、Q_2^{n+1} 和 Q_3^{n+1}，可得状态方程为

$$\begin{cases} Q_1^{n+1} = Q_2^n \oplus Q_3^n \\ Q_2^{n+1} = Q_1^n \\ Q_3^{n+1} = Q_2^n \end{cases} \qquad (3-1)$$

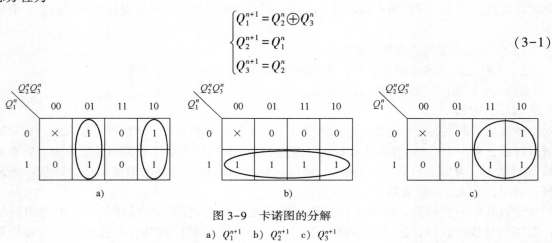

图 3-9　卡诺图的分解

a）Q_1^{n+1}　b）Q_2^{n+1}　c）Q_3^{n+1}

如果 000 状态的次态还是 000，电路一旦进入 000 状态以后，就无法在时钟信号作用下脱离这个无效状态而进入有效循环，所以此时电路不能自启动。当电路需要自启动时，需要将 000 状态的次态修改为有效状态，假设 000 状态的次态取 010，这时图 3-9 所示的卡诺图被修改为图 3-10 所示的形式。

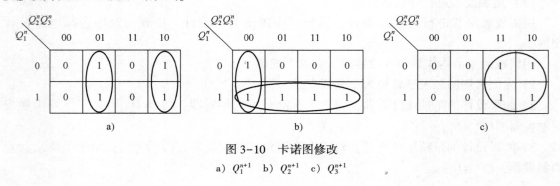

图 3-10　卡诺图修改

a）Q_1^{n+1}　b）Q_2^{n+1}　c）Q_3^{n+1}

化简后得

$$Q_2^{n+1} = Q_1^n + \overline{Q_2^n} \cdot \overline{Q_3^n} \tag{3-2}$$

故式（3-1）的状态方程修改为

$$\begin{cases} Q_1^{n+1} = Q_2^n \oplus Q_3^n \\ Q_2^{n+1} = Q_1^n + \overline{Q_2^n} \cdot \overline{Q_3^n} \\ Q_3^{n+1} = Q_2^n \end{cases} \tag{3-3}$$

若选用 JK 触发器组成这个电路，则应将式（3-3）化成 JK 触发器的标准形式，于是得到

$$\begin{cases} Q_1^{n+1} = (Q_2^n \oplus Q_3^n)(Q_1^n + \overline{Q_1^n}) = (Q_2^n \oplus Q_3^n)\overline{Q_1^n} + \overline{Q_2^n \oplus Q_3^n}Q_1^n \\ Q_2^{n+1} = Q_1^n(Q_2^n + \overline{Q_2^n}) + \overline{Q_2^n} \cdot \overline{Q_3^n} = (Q_1^n + \overline{Q_3^n})\overline{Q_2^n} + Q_1^n Q_2^n \\ Q_3^{n+1} = Q_2^n(Q_3^n + \overline{Q_3^n}) = Q_2^n \overline{Q_3^n} + Q_2^n Q_3^n \end{cases} \tag{3-4}$$

由式（3-4）可知各触发器的驱动方程应为

$$\begin{cases} J_1 = Q_2 \oplus Q_3, & K_1 = \overline{Q_2 \oplus Q_3} \\ J_2 = \overline{\overline{Q_1}Q_3}, & K_2 = \overline{Q_1} \\ J_3 = Q_2, & K_3 = \overline{Q_2} \end{cases} \tag{3-5}$$

计数器的输出进位信号 C 由电路的 011 状态译出，故输出方程为

$$C = \overline{Q_1}Q_2Q_3 \tag{3-6}$$

图 3-11 是依照式（3-5）和式（3-6）画出的逻辑电路图，它能够自启动，无须再进行检验。其状态转换图如图 3-12 所示。

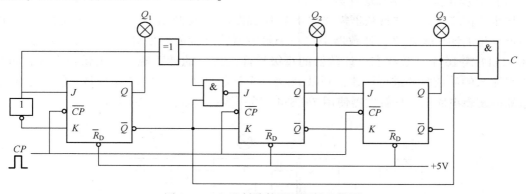

图 3-11　七进制计数器的逻辑电路图

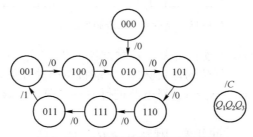

图 3-12　七进制计数器状态转换图

如果化简状态方程时把 000 状态的次态指定为 010 以外 6 个有效状态中的任何一个，所得到的电路也应能自启动。选择可以使状态方程更为简化的有效状态，作为 000 的次态。

在无效状态不止一个的情况下，为保证电路能够自启动，必须使每个无效状态都能直接或间接地（即经过其他的无效状态以后）转为某一有效状态。

4. 实验设备与元器件

1）数字电路实验箱。

2）双踪示波器。

3）元器件（见表 3-8）。

表 3-8　采用触发器的计数器设计元器件明细表

型　号	名　　称	数　　量
74LS00	四 2 输入与非门	1 片
74LS74	双 D 触发器	2 片
74LS112	双 JK 触发器	2 片

5. 注意事项

1）计数器电路测试时，初始状态需要利用 $\overline{R}_{\mathrm{D}}$ 和 $\overline{S}_{\mathrm{D}}$ 端进行设置；开始计数测试时，$\overline{R}_{\mathrm{D}}$ 和 $\overline{S}_{\mathrm{D}}$ 端接高电平。

2）异步计数器连线调试时，可以从低位向高位逐级进行调试，以便对实验中出现的错误精确定位。

6. 实验内容及步骤

（1）异步 4 位二进制加法计数器

异步 4 位二进制加法计数器需要用 4 个 D 触发器（或 JK 触发器），触发器的触发脉冲是由低一位的输出来提供，计数器中每一个触发器接收到的触发脉冲不同步。计数状态为 0000~1111 共 16 个计数状态。计数器的每级按逢二进一的计数规律，由低位向高位进位，可以对输入的计数脉冲进行计数，并以 16 为一个计数循环。图 3-13 是异步 4 位二进制加法计数器的逻辑电路图，D 触发器使用 74LS74，其引脚排列如图 3-2a 所示。

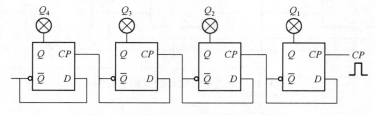

图 3-13　异步 4 位二进制加法计数器

1）按照图 3-13 在实验箱上连接电路，各触发器的 $\overline{R}_{\mathrm{D}}$ 和 $\overline{S}_{\mathrm{D}}$ 端接至逻辑电平开关，4 个输出端 Q 接至发光二极管，最低位的计数脉冲 CP 端接单脉冲开关。

2）计数测试前，令 $\overline{R}_{\mathrm{D}}=0$，$\overline{S}_{\mathrm{D}}=1$，对电路进行清零，即各计数器处在 Q = "0"，$\overline{Q}$ = "1" 的 "0" 状态。

3）计数测试时，按动单脉冲开关，观察 Q_4、Q_3、Q_2、Q_1 的状态，送第一个脉冲，计数器为 0001 状态；送第二个脉冲，最低位计数器由 1 到 0 并向高位送出一个进位脉冲，使第二级触发器翻转，成为 0010 状态。以此类推，分别送入 16 个脉冲，将计数结果填入表 3-9 中。

表 3-9　异步 4 位二进制加法计数器测试表格

计数脉冲数目	二 进 制 数				计数脉冲数目	二 进 制 数			
	Q_4	Q_3	Q_2	Q_1		Q_4	Q_3	Q_2	Q_1
1					9				
2					10				
3					11				
4					12				
5					13				
6					14				
7					15				
8					16				

（2）异步 3 位二进制加法计数器

1）用 3 个 JK 触发器构成异步 3 位二进制加法计数器，按图 3-14 接线。

2）计数测试前，令 $\overline{R}_D = 0$，$\overline{S}_D = 1$，对电路进行清零，即各计数器处在 $Q =$ "0"，$\overline{Q} =$ "1" 的 "0" 状态。

3）按动最低位 Q_1 的 CP 端所接的单脉冲开关，观察 Q_1、Q_2、Q_3 的状态，将计数结果填入表 3-10 中。

4）在最低位 Q_1 的 CP 端接入 1 kHz 方波信号，用示波器观察并记录 CP 和 Q_1、Q_2、Q_3 端的波形。双 JK 触发器 74LS112 的引脚排列如图 3-3a 所示。

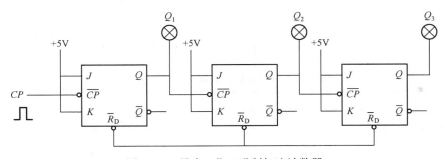

图 3-14　异步 3 位二进制加法计数器

表 3-10　异步 3 位二进制加法计数器测试表格

计数脉冲数目	二 进 制 数			十 进 制 数
	Q_3	Q_2	Q_1	
1				
2				

（续）

计数脉冲数目	二 进 制 数			十 进 制 数
	Q_3	Q_2	Q_1	
3				
4				
5				
6				
7				
8				

（3）同步 3 位二进制计数器

如图 3-15 所示，用 3 个 JK 触发器构成同步 3 位二进制计数器，计数器中每一个触发器同时接收触发脉冲。按照电路图连接电路，CP 端接单脉冲开关。

1）计数测试前，令 $\overline{R}_D = 0$，$\overline{S}_D = 1$，对电路进行清零，即各计数器处在 $Q =$ "0"，$\overline{Q} =$ "1" 的 "0" 状态。

2）按动单脉冲开关，观察 Q_1、Q_2、Q_3 的状态，将计数结果填入表 3-11 中。

3）在 CP 端接入 1 kHz 方波信号，用示波器观察并记录 CP 和 Q_1、Q_2、Q_3 端的波形。

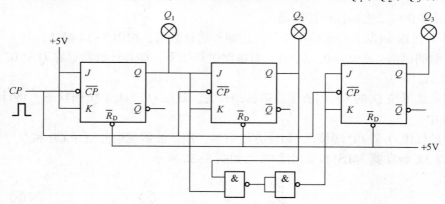

图 3-15　同步 3 位二进制计数器

表 3-11　同步 3 位二进制计数器测试表格

计数脉冲数目	二 进 制 数			十 进 制 数
	Q_3	Q_2	Q_1	
1				
2				
3				
4				
5				
6				
7				
8				

（4）七进制计数器

按照图 3-11 所示逻辑电路图连接电路，测试七进制计数器，自拟表格记录实验数据。

7. 思考题

1）试比较异步计数器与同步计数器的优缺点。

2）计数器与分频器有何不同之处？

8. 实验报告要求

1）说明设计同步、异步计数器的异同点，找出两者的设计规律。

2）总结这次实验在操作技能和深化理论方面的收获。

3.3 计数器设计及应用

1. 预习要求

1）复习计数器和的工作原理和设计方法。

2）查阅并熟悉 74LS161 和 74LS290 的引脚排列和逻辑功能。

3）复习计数器的级联方法以及任意进制计数器的设计方法。

4）根据实验内容设计电路，画出逻辑电路图，拟出所需的测试记录表格。

2. 实验目的

1）熟悉中规模集成计数器的逻辑功能及各控制端的作用。

2）掌握用集成计数器设计任意进制计数器的方法。

3）学会计数器的级联扩展方法。

3. 实验原理

计数器是数字系统的重要组成部分，它不仅可用来统计脉冲的个数，还可用于分频和逻辑控制等场合。采用触发器和逻辑门可以构成各种计数器，但是设计费时和电路结构复杂，使用起来很不方便，于是厂家制造了一系列集成计数器，大大提高了工作效率。中规模集成计数器功能完善，具有自扩展性，通用性很强。

在数字集成产品中，通用的计数器是二进制和十进制计数器。按计数长度、有效时钟、控制信号、置位和复位信号的不同有不同的型号。本实验采用两种常用集成计数器，即同步计数器 74LS161 和异步计数器 74LS290。

（1）4 位二进制同步计数器 74LS161

74LS161 是异步清零同步置数的 4 位二进制加法计数器，其引脚排列及逻辑符号如图 3-16 所示。表 3-12 为 74LS161 的逻辑功能表。

1）$\overline{CR}$ 为异步清零（复位）端。$\overline{CR}$ 端输入低电平，不受 CP 控制，输出端立即全部为 "0"，即复位不需要时钟信号。

2）$\overline{LD}$ 为同步置数端。在复位端高电平条件下（$\overline{CR}=1$），$\overline{LD}$ 端输入低电平，在时钟共同作用下，CP 上跳（有效时钟信号）后，计数器状态 $Q_0Q_1Q_2Q_3$ 等于并行输入预置数 $D_0D_1D_2D_3$，即同步置数功能。

3）ET 和 EP 为工作状态控制端（使能端）。在 $\overline{CR}=\overline{LD}=1$，且使能端输入 $ET=EP=1$ 时，74LS161 实现模 16 加法计数功能；在 $\overline{CR}=\overline{LD}=1$，且使能端输入 $ET \cdot EP=0$ 时，集成计

数器实现状态保持功能，即输出状态不变。

4）PCO 为进位输出端。在 $Q_0Q_1Q_2Q_3 = 1111$ 时，进位输出端 $PCO = 1$；其他状态时，$PCO = 0$。

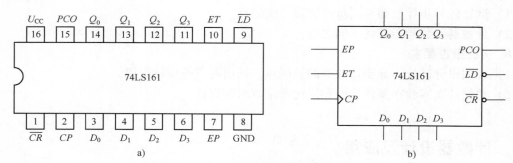

图 3-16　74LS161 引脚排列及逻辑符号

a）引脚排列　b）逻辑符号

表 3-12　74LS161 功能表

$\overline{CR}$	$\overline{LD}$	ET	EP	CP	D_3	D_2	D_1	D_0	Q_3	Q_2	Q_1	Q_0
0	×	×	×	×	×	×	×	×	0	0	0	0
1	0	×	×	↑	D	C	B	A	D	C	B	A
1	1	0	×	×	×	×	×	×	保持			
1	1	×	0	×	×	×	×	×	保持			
1	1	1	1	↑	×	×	×	×	计数			

（2）二-五-十进制异步计数器 74LS290

74LS290 为二-五-十进制异步计数器，其引脚排列及逻辑符号如图 3-17 所示。表 3-13 为 74LS290 的逻辑功能表。

1）异步清零端 $R_{0(1)}$、$R_{0(2)}$ 为高电平时，只要置 9 端 $S_{9(1)}$、$S_{9(2)}$ 有一个为低电平，就可以完成清零功能。

2）当置 9 端 $S_{9(1)}$、$S_{9(2)}$ 均为高电平时，不管其他输入端状态如何，都可以完成置 9 功能。

3）当 $R_{0(1)}$、$R_{0(2)}$ 中有一个以及 $S_{9(1)}$、$S_{9(2)}$ 中有一个同时为低电平时，在时钟端 $\overline{CP}_0$、$\overline{CP}_1$ 脉冲下降沿作用下进行计数操作。

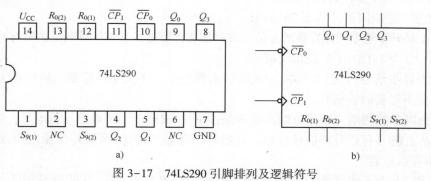

图 3-17　74LS290 引脚排列及逻辑符号

a）引脚排列　b）逻辑符号

① 十进制计数：应将 $\overline{CP_1}$ 与 Q_0 连接，计数脉冲由 $\overline{CP_0}$ 输入。

② 二、五混合进制计数：将 $\overline{CP_0}$ 与 Q_1 连接，计数脉冲由 $\overline{CP_1}$ 输入。

③ 二分频、五分频计数：Q_0 为二分频输出，$Q_1 \sim Q_3$ 为五分频输出。

表 3-13　74LS290 功能表

输　入						输　出				
$R_{0(1)}$	$R_{0(2)}$	$S_{9(1)}$	$S_{9(2)}$	$\overline{CP_0}$	$\overline{CP_1}$	Q_3^{n+1}	Q_2^{n+1}	Q_1^{n+1}	Q_0^{n+1}	功能
1	1	0	×	×	×	0	0	0	0	清零
1	1	×	0	×	×	0	0	0	0	清零
×	0	1	1	×	×	1	0	0	1	置9
0	×	1	1	×	×	1	0	0	1	置9
×	0	×	0	↓	0	二进制计数				
×	0	0	×	0	↓	五进制计数				
0	×	×	0	↓	Q_0	8421 码十进制计数				
0	×	0	×	Q_3	↓	5421 码十进制计数				

（3）任意进制计数器设计

目前常用的计数器主要有二进制计数器和十进制计数器。当需要任意进制的计数器时，可以通过添加辅助电路对现有的计数器进行改接获得。利用输出信号对输入端的不同反馈，可以实现任意进制计数器。在设计时有两种方法：一种为反馈清零法，另一种为反馈置数法，这里以 74LS161 为例介绍实现任意进制计数器的两种方法。

1）反馈清零法。反馈清零法适用于有清零输入端的集成计数器。其基本原理是利用反馈电路产生一个给集成计数器的复位信号，使计数器各输出端为零（清零）。反馈电路一般是组合逻辑电路，计数器输出部分或全部作为其输入，在计数器一定的输出状态下即时产生复位信号，使计数电路同步或异步地复位。反馈清零法的逻辑框图如图 3-18 所示。

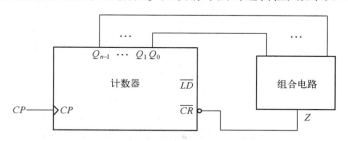

图 3-18　反馈清零法框图

74LS161 具有异步清零功能，在计数过程中，不管它的输出处于哪一种状态，只要在异步清零输入端加一低电平信号，使 $\overline{CR}=0$，74LS161 的输出就会立即从那个状态回到 0000 状态。清零信号消失后，74LS161 又从 0000 状态开始重新计数。

2）反馈置数法。反馈置数法适用于有置数输入端的集成计数器。其基本原理是将反馈电路产生的信号送到计数电路的置数端，在满足条件时，计数电路输出状态为给定的二进制码。反馈置数法的逻辑框图如图 3-19 所示。

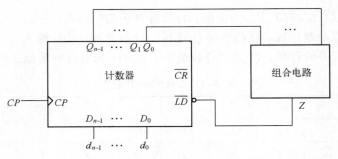

图 3-19　反馈置数法框图

74LS161 具有同步置数功能，在计数过程中，可以将它的某一输出状态通过译码，产生一个预置控制信号反馈至置数端，在下一个 CP 脉冲作用后，计数器就会把数据输入端 $D_3D_2D_1D_0$ 的状态置入计数器。预置控制信号消失后，计数器就从被置入的状态开始重新计数。

假定已有 N 进制计数器，而需要得到一个 M 进制计数器时，只要 $M<N$，就可以用一片集成计数器和相应的与非门来实现。用反馈清零法或反馈置数法都可以实现。但是，如果 $M>N$，则需要将多片集成计数器进行级联构成 N×N 进制计数器，再对整体采用反馈清零法得到 M 进制计数器。如果 M 能够分解为 $M_1×M_2$，并且满足 $M_1<N$，$M_2<N$，则先分别设计 M_1 进制计数器和 M_2 进制计数器，再用级联的方法得到 M 进制计数器。

3）计数器的级联扩展。在实际应用中，往往需要用多片计数器构成多位计数器。计数器级联方法，可分为串行级联和并行级联两种。图 3-20 为计数器的串行级联逻辑电路图，其缺点是速度较慢；图 3-21 为计数器的并行级联逻辑电路，其进位速度比前者大大提高。

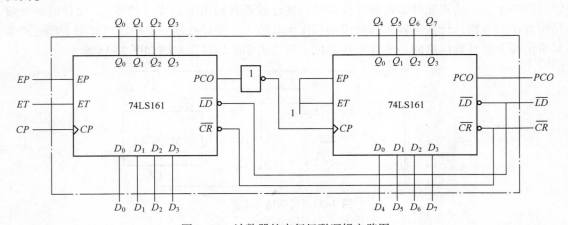

图 3-20　计数器的串行级联逻辑电路图

4. 实验设备与元器件

1）数字电路实验箱。

2）元器件（见表 3-14）。

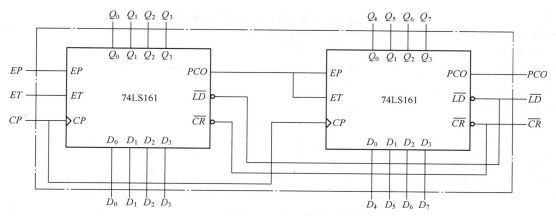

图 3-21　计数器的并行级联逻辑电路图

表 3-14　计数器设计元器件明细表

型 号	名 称	数 量
74LS00	四 2 输入与非门	1 片
74LS20	双 4 输入与非门	1 片
74LS161	4 位二进制同步计数器	2 片
74LS290	二-五-十进制异步计数器	2 片

5. 注意事项

1）用 74LS161 设计十进制计数器时，清零端和置数端所接反馈信号不同。

2）注意 74LS161 为上升沿触发计数器，使用 PCO 端口的输出信号进行串行级联时，需要加非门后连接高一级计数器的 CP 端口。

3）调试电路时采用单脉冲开关输入 CP，观察计数器状态时，可接入 1Hz 连续脉冲。

6. 实验内容及步骤

（1）设计十进制计数器

用 74LS161 和 74LS00 可设计一个十进制计数器。图 3-22 为用反馈清零法设计的十进制计数器；图 3-23 为用反馈置数法设计的十进制计数器。分别按照逻辑电路图连接电路，CP 接单脉冲开关，Q_3、Q_2、Q_1、Q_0 接发光二极管，输入计数脉冲，观察 $Q_3 \sim Q_0$ 的状态，将计数结果填入表 3-15 和表 3-16 中（74LS161 的引脚排列如图 3-16a 所示）。

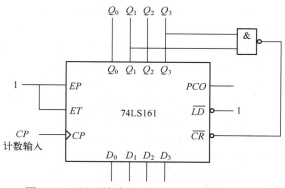

图 3-22　用反馈清零法设计的十进制计数器

表 3-15　用反馈清零法设计十进制计数器测试表格

计数脉冲	二 进 制 数				十 进 制 数
	Q_3	Q_2	Q_1	Q_0	
权	8	4	2	1	

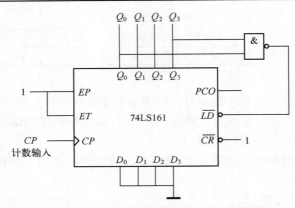

图 3-23　用反馈置数法设计的十进制计数器

表 3-16　用反馈置数法设计十进制计数器测试表格

计数脉冲	二 进 制 数				十 进 制 数
	Q_3	Q_2	Q_1	Q_0	
权	8	4	2	1	

（2）设计十二进制计数器

用 74LS161 和 74LS20 设计一个十二进制计数器。设 $D_3D_2D_1D_0 = 0010$。图 3-24 为其逻辑电路图，连接电路，并将计数结果填入表 3-17 中。

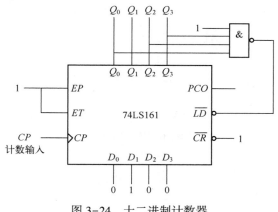

图 3-24　十二进制计数器

表 3-17　十二进制计数器测试表格

计 数 脉 冲	二 进 制 数				十 进 制 数
	Q_3	Q_2	Q_1	Q_0	

（3）设计六十进制计数器

1）用两片 74LS161 和适当的门电路构成一个六十进制的计数器。逻辑电路图如图 3-25 所示，连接电路并测试。

2）用两片 74LS290 和适当的门电路构成一个六十进制的计数器。逻辑电路图如图 3-26 所示，连接电路并测试（74LS290 引脚排列如图 3-17a 所示）。

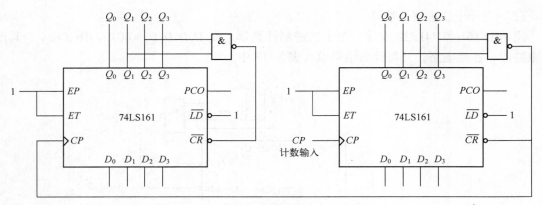

图 3-25　74LS161 实现六十进制计数器

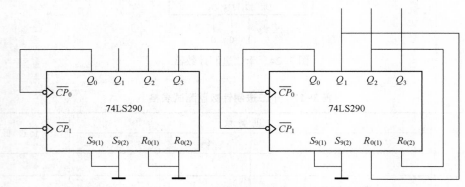

图 3-26　74LS290 实现六十进制计数器

（4）根据设计方法，自行设计一个十七至九十九之间的进制电路

（5）根据设计方法，设计一个可控计数器。当 $M=0$ 时为 X 进制，$M=1$ 时为 Y 进制

7. 思考题

1）如何用并行级联的方法设计六十进制计数器？

2）十二进制计数器还有什么设计方法？

3）计数器与分频器有何不同之处？

8. 实验报告要求

1）画出逻辑电路图，整理分析实验结果。

2）总结这次实验在操作技能和深化理论方面的收获。

3.4　移位寄存器

1. 预习要求

1）复习移位寄存器的工作原理和工作过程。

2）复习移位寄存器的相关应用。

2. 实验目的

1）掌握中规模 4 位双向移位寄存器的逻辑功能及使用方法。

2）熟悉移位寄存器的逻辑功能及实现各种移位功能的方法。

3. 实验原理

移位寄存器是一个具有移位功能的寄存器，即寄存器中所存的代码能够在移位脉冲的作用下依次左移或右移。既能左移又能右移的称为双向移位寄存器，只需要改变左、右移的控制信号便可实现双向移位要求。根据存取信息的方式不同，移位寄存器分为串入串出、串入并出、并入串出和并入并出四种形式。

74LS194 是 4 位双向移位寄存器，其引脚排列及逻辑符号如图 3-27 所示，其中 A、B、C、D 为并行输入端；Q_0、Q_1、Q_2、Q_3 为并行输出端；D_{SR} 为右移串行输入端，D_{SL} 为左移串行输入端；S_1、S_0 为操作模式控制端；$\overline{R_D}$ 为直接无条件清零端；CP 为时钟脉冲输入端。74LS194 的功能表见表 3-18。

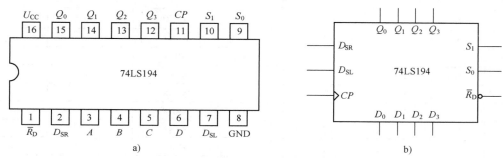

图 3-27　74LS194 引脚排列及逻辑符号

a）引脚排列　b）逻辑符号

表 3-18　74LS194 功能表

输入									输出				功能
$\overline{R_D}$	S_1	S_0	CP	D_{SR}	D_{SL}	A	B	C	D	Q_0	Q_1	Q_2	Q_3	
0	×	×	×	×	×	×	×	×	×	0	0	0	0	清零
1	1	1	↑	×	×	a	b	c	d	a	b	c	d	送数
1	0	1	↑	D_{SR}	×	×	×	×	×	D_{SR}	Q_0	Q_1	Q_2	右移
1	1	0	↑	×	D_{SL}	×	×	×	×	Q_1	Q_2	Q_3	D_{SL}	左移
1	0	0	↑	×	×	×	×	×	×	Q_0^n	Q_1^n	Q_2^n	Q_3^n	保持
1	×	×	↑	×	×	×	×	×	×	Q_0^n	Q_1^n	Q_2^n	Q_3^n	保持

4. 实验设备与元器件

1）数字电路实验箱。

2）双踪示波器。

3）元器件（见表 3-19）。

表 3-19　移位寄存器测试元器件明细表

型　　号	名　　称	数　　量
74LS00	四 2 输入与非门	1 片
74LS20	双 4 输入与非门	1 片
74LS194	4 位双向移位寄存器	2 片

5. 注意事项

1）注意环形计数器需要给定初始值使其进入有效循环。

2）注意移位寄存器左移、右移的方向。

6. 实验内容及步骤

（1）74LS194 逻辑功能测试

$\overline{R}_D$、S_1、S_0、D_{SR}、D_{SL}、A、B、C 和 D 分别接逻辑电平开关，CP 端接单脉冲开关，Q_0、Q_1、Q_2、Q_3 接发光二极管。按照表 3-20 对 74LS194 逻辑功能进行测试，观察输出端的发光二极管显示，并将状态填入表 3-20 中。

表 3-20　74LS194 逻辑功能测试表格

清零端	模 式		时 钟	串 行		数据输入	输 出	功 能
$\overline{R}_D$	S_1	S_0	CP	D_{SR}	D_{SL}	$ABCD$	$Q_0Q_1Q_2Q_3$	
0	×	×	×	×	×	××××		
1	1	1	↑	×	×	1010		
1	0	1	↑	×	0	××××		
1	0	1	↑	×	1	××××		
1	0	1	↑	×	1	××××		
1	0	1	↑	×	0	××××		
1	1	0	↑	1	×	××××		
1	1	0	↑	1	×	××××		
1	1	0	↑	1	×	××××		
1	1	0	↑	1	×	××××		
1	0	0	↑	×	×	××××		

（2）用 74LS194 构成一个环形计数器

1）将移位寄存器的输出回馈到它的串行输入端，就可以进行循环移位，如图 3-28 所示（74LS194 引脚排列如图 3-27a 所示）。将操作模式控制端 S_1、S_0 接逻辑电平开关上，$Q_0Q_1Q_2Q_3$ 接发光二极管，CP 端接单脉冲开关，输出端 Q_3 和右移串行输入端 D_{SR} 相连接。设置初始状态 $Q_0Q_1Q_2Q_3 = 0001$，在时钟脉冲作用下观察 $Q_0Q_1Q_2Q_3$ 的变化，将结果填入表 3-21 中。

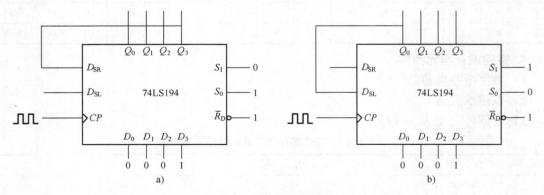

图 3-28　环形计数器
a）右移　b）左移

2）再将输出端 Q_0 和左移串行输入端 D_{SL} 相连接。设初始状态 $Q_0Q_1Q_2Q_3 = 0001$，在时钟脉冲作用下观察 $Q_0Q_1Q_2Q_3$ 的变化，将结果填入表 3-22 中。

表 3-21　右移环形计数器测试表格

CP	Q_0	Q_1	Q_2	Q_3
1				
2				
3				
4				

表 3-22　左移环形计数器测试表格

CP	Q_0	Q_1	Q_2	Q_3
1				
2				
3				
4				

（3）实现串/并行转换

串/并行转换是指串行输入的数码，经转换电路之后变换成并行输出。图 3-29 是用两片 4 位双向移位寄存器 74LS194 组成的 7 位串/并行数据转换电路。

电路中 S_0 端接高电平 1，S_1 受 Q_7 控制，两片寄存器连接成串行输入右移工作模式。Q_7 是转换结束标志。当 $Q_7 = 1$ 时，S_1 为 0，使之成为 $S_1S_0 = 01$ 的串入右移工作方式；当 $Q_7 = 0$ 时，$S_1 = 1$，$S_1S_0 = 10$ 则串行送数结束，标志着串行输入的数据已转换成并行输出。

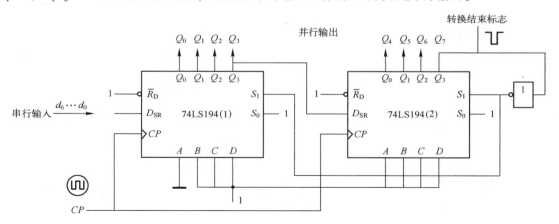

图 3-29　7 位串/并行数据转换电路

串/并行转换的具体过程如下：

转换前，$\overline{R}_D$ 端加低电平，使 1、2 两片寄存器的内容清零，此时 $S_1S_0 = 11$，寄存器执行并行输入工作方式。当第一个 CP 脉冲到来后，寄存器的输出状态 $Q_0 \sim Q_7$ 为 01111111，与此同时 S_1S_0 变为 01，转换电路变为执行串入右移工作方式，串行输入数据由第一片的 D_{SR} 端加入。在 CP 脉冲的作用下，观察输出端 $Q_0Q_1\cdots Q_7$ 状态的变化，将结果填入表 3-23 中。

表 3-23　7 位串/并行数据转换电路测试表格

CP	Q_0	Q_1	Q_2	Q_3	Q_4	Q_5	Q_6	Q_7	步骤
0	0	0	0	0	0	0	0	0	清零
1	0	1	1	1	1	1	1	1	送数

|（续）| | | | | | | | |
CP	Q_0	Q_1	Q_2	Q_3	Q_4	Q_5	Q_6	Q_7	步骤
2									
3									
4									
5									右移操作 7 次
6									
7									
8									
9									

（4）用两片 74LS194 和适当的门电路自行设计一个 7 位并/串行数据转换电路，连接并测试该电路

（5）自启动扭环形计数器设计

从清零开始，画出图 3-30 中计数器的状态图，并分析图中与非门在 74LS194 形成自启动扭环形模 13 计数器中的作用，用实验方法验证自己的分析结论。

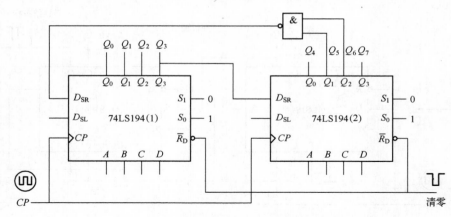

图 3-30　74LS194 构成自启动扭环形计数器

7. 思考题

1）对 74LS194 进行送数后，若要使输出端改成另外的数码，是否一定要使寄存器清零？

2）使寄存器清零，除采用 $\overline{R}_D$ 输入低电平外，可否采用右移或左移的方法？可否使用并行送数法？若可行，如何操作？

8. 实验报告要求

1）分析表 3-20 的实验结果，总结 4 位双向移位寄存器 74LS194 的逻辑功能并写入表 3-20 的功能一栏中。

2）根据"实验内容（2）"的结果，画出 4 位环形计数器的状态转换图及波形图。

3）分析串/并行、并/串行数据转换电路所得结果的正确性。

3.5 序列脉冲发生器

1. 预习要求

1）复习产生序列脉冲信号的方法。

2）验证设计的同步时序电路。

2. 实验目的

1）熟悉产生序列脉冲信号电路设计的方法。

2）了解利用同步计数器、异步计数器及移位计数器设计周期性脉冲信号的方法。

3. 实验原理

序列脉冲发生器通常是由计数器和数据选择器（或译码器）构成的，序列信号的长度由计数器确定。

例如，设计 1101000101 序列脉冲发生器。

1）由于序列长度为 10，因此先用 74LS161 设计一个模为 10 的计数器（74LS161 引脚排列如图 3-16a 所示）。利用置数端 $\overline{LD}$，选择计数器的后 10 种状态，即 0110~1111，令每个状态对应一个序列信号中的值，列出真值见表 3-24，对应输出的卡诺图如图 3-31a 所示。

2）用 8 选 1 数据选择器 74LS151，将图 3-31a 卡诺图 16 个状态降维到 8 个状态，降维后卡诺图如图 3-31b 所示，Q_2、Q_1、Q_0 作为 8 选 1 地址码，卡诺图中的数据作为数据选择器的数据输入端的输入 $D_0 \sim D_7$（见表 3-25）。

由图 3-31b 可知，D_0 和 D_1 为无关项，可取 0，也可取 1，不影响电路数据结果。实际逻辑电路图如图 3-32 所示（74LS151 引脚排列如图 2-38a 所示）。

表 3-24 序列信号状态真值表

$Q_3Q_2Q_1Q_0$	F
0110	1
0111	1
1000	0
1001	1
1010	0
1011	0
1100	0
1101	1
1110	0
1111	1

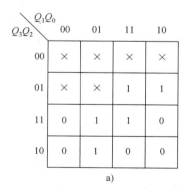

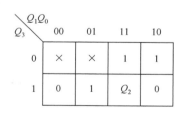

图 3-31 卡诺图降维

a）4 变量卡诺图 　b）3 变量卡诺图

表 3-25 数据选择器 $D_0 \sim D_7$ 输入

D_0	D_1	D_2	D_3	D_4	D_5	D_6	D_7
0	0	1	1	0	1	0	Q_2

4. 实验设备与元器件

1）数字电路实验箱。

2）双踪示波器。

3）元器件（见表3-26）。

表3-26　序列脉冲发生器设计元器件明细表

型　　号	名　　称	数　　量
74LS00	四2输入与非门	1片
74LS32	四2输入或门	1片
74LS20	双4输入与非门	1片
74LS151	8选1数据选择器	2片
74LS161	4位二进制同步计数器	1片
74LS290	二-五-十进制异步计数器	1片
74LS194	4位双向移位寄存器	1片
74LS138	3线-8线译码器	1片

5. 注意事项

1）需要仔细分析卡诺图降维。

2）注意74LS151控制端的接法。

6. 实验内容及步骤

1）设计1101000101序列脉冲发生器产生序列信号1101000101逻辑电路图如图3-32所示，连接电路，并对照表3-24进行功能测试。

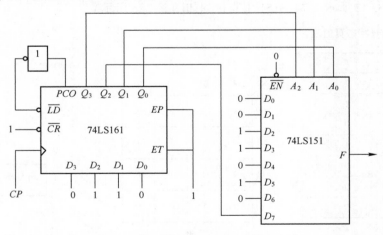

图3-32　序列信号1101000101产生电路

2）用两块74LS151和门电路级联成16选1数据选择器，图3-31a卡诺图不需要降维，Q_3、Q_2、Q_1、Q_0作为16选1数据选择器的地址码，数据输入端 $D_6 \sim D_{15}$ 对应地接入1、1、0、1、0、0、0、1、0和1也可构成序列信号1101000101产生电路。设计电路，连接并调试，测试其功能。

3）用异步计数器74LS290和移位寄存器74LS194与8选1数据选择器连接产生同样序

列信号的电路。设计电路，连接并调试，测试其功能。

4）用 74LS161、74LS138 和适当的门电路设计能同时产生 101101 和 110100 两组序列码的双序列脉冲发生器。

7. 思考题

1）设计时序逻辑电路时，如何解决电路不能自启动的问题？

2）什么是原始状态图？怎样画出原始状态图？

3）同步时序电路的设计大致分为哪几步？

8. 实验报告要求

1）归纳设计方法，写出设计过程，画出时序逻辑电路图。

2）记录实验结果，并对结果进行分析。

3.6　555 定时器及其应用

1. 预习要求

1）复习 555 定时器的结构和工作原理。

2）复习多谐振荡器的工作原理和特点。

2. 实验目的

1）了解 555 定时器的结构和工作原理。

2）熟悉施密特触发器、单稳态触发器和多谐振荡器的工作特点和典型应用。

3）熟悉用示波器测量 555 电路的脉冲幅度、周期和脉宽的方法。

3. 实验原理

（1）555 定时器的电路结构

555 集成定时器是提供模拟功能和数字逻辑功能相结合的一种双极型中规模的集成器件，外加电阻、电容可以组成性能稳定而精确的多谐振荡器、施密特触发器、单稳态触发器等。图 3-33 是它的逻辑框图，包含两个电压比较器、三个 $5\,k\Omega$ 电阻、一个 RS 触发器、一个放电晶体管 VT 以及功率输出级。

（2）555 定时器的工作原理

两个比较器 A_1 与 A_2 的参考电压由三个 $5\,k\Omega$ 电阻构成的分压器提供，它们分别使高电平比较器 A_1 的同相输入端和低电平比较器 A_2 的反相输入端的参考电平为 $2U_{CC}/3$ 和 $U_{CC}/3$。A_1 与 A_2 的输出端控制 RS 触发器状态和放电晶体管开关状态。当输入信号自 6 引脚（高电平触发端 TH）输入并超过参考电平 $2U_{CC}/3$ 时，触发器复位，555 的输出端 3 引脚（输出端 OUT）输出低电平，同时放电开关管导通。当输入信号自 2 引脚（低电平触发端 $\overline{TR}$）输入并低于 $U_{CC}/3$ 时，触发器置位，555 的 3 引脚输出高电平，同时放电开关管截止。$\overline{R_D}$ 是复位端，$\overline{R_D}=0$，OUT 端输出低电平，DIS 端导通。U_{CO} 为控制电压端（5 引脚），U_{CO} 接不同的电压值可以改变 TH、$\overline{TR}$ 的触发电平值。7 引脚为放电端 DIS，其导通或截止为 RC 回路提供了放电或充电的通路。图 3-34 为 555 的引脚排列。其功能表见表 3-27。

4. 实验设备与元器件

1）数字电路实验箱。

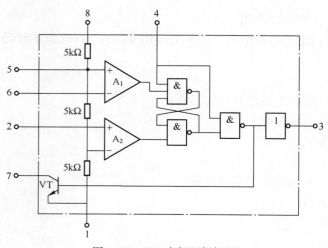

图 3-33 555 内部逻辑框图

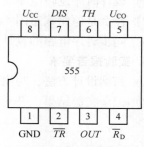

图 3-34 555 的引脚排列

表 3-27 555 功能表

$\overline{R}_D$	TH	$\overline{TR}$	DIS	OUT
0	×	×	导通	0
1	$>\dfrac{2}{3}U_{CC}$	$>\dfrac{1}{3}U_{CC}$	导通	0
1	$<\dfrac{2}{3}U_{CC}$	$>\dfrac{1}{3}U_{CC}$	保持	保持
1	$<\dfrac{2}{3}U_{CC}$	$<\dfrac{1}{3}U_{CC}$	截止	1
1	$>\dfrac{2}{3}U_{CC}$	$<\dfrac{1}{3}U_{CC}$	截止	1

2）双踪示波器。

3）元器件（见表 3-28）。

表 3-28 555 定时器设计元器件明细表

型　　号	名　　称	数　　量
74LS00	四 2 输入与非门	1 片
555	定时器	2 片
—	电阻、电容等元器件	若干

5. 注意事项

1）电路接错，555 芯片烧毁时，温度很高，小心烫手。如果芯片发烫，应立即关断实验箱电源，以免毁坏实验箱，同时查找故障原因，直到故障点排除方可给实验箱再次上电。

2）救护车音响电路调试时，需要分别测试每一个 555 定时器构成的多谐振荡器能否正常工作，驱动蜂鸣器发出不同频率的声音，当每个振荡器分别测试正常时，再进行电路联调。

6. 实验内容及步骤

（1）多谐振荡器

用 555 定时器设计一个多谐振荡器，要求频率为 1 kHz，给定电容 $C = 0.1\,\mathrm{pF}$，按图 3-35

所示连线。分别改变几组定时参数 R_2、C，观察其波形（见图3-36），并将测量值与理论值填入表3-29中。对其误差进行分析。

1）其中 R_1、R_2、C 为外接组件。要求 $R_1 > 1\ \text{k}\Omega$。

2）谐振频率

$$f = \frac{1}{T} = \frac{1}{T_1 + T_2} = 1.44 / (R_1 + 2R_2)C$$

其中，$T_1 = 0.7(R_1 + R_2)C$，$T_2 = 0.7R_2C$。

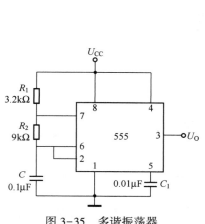

图 3-35 多谐振荡器

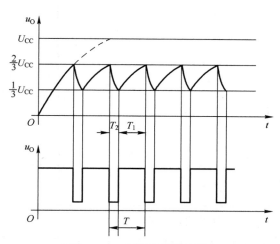

图 3-36 多谐振荡器波形

表 3-29   多谐振荡器测试表格

参 数		测 量 值		理 论 值	
$R_2/\text{k}\Omega$	$C/\mu\text{F}$	U_O	T	U_O	T
9	0.1				
9	0.01				
15	0.1				

（2）555 构成的 RS 触发器

按图3-37接线，$\overline{R}_D$ 和 $\overline{S}_D$ 分别接逻辑电平开关，Q 接发光二极管指示灯，分别拨动逻辑电平开关，按照表3-30中数据测试，观察并列表记录 Q 端的状态。

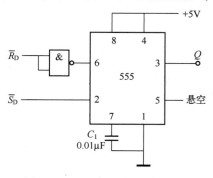

图 3-37 555 构成的 RS 触发器

表 3-30   555 构成的 RS 触发器测试表格

$\overline{R}_D$	$\overline{S}_D$	Q	状态
0	0		
0	1		
1	0		
1	1		

（3）555 构成的电平检测器

按图 3-38 接线，先调节电位器 R_{P2}，用数字万用表测量 555 第 5 引脚的电位，使它为 2.5 V，然后调节电位器 R_{P1}，测量 U_O 由高电平变为低电平或低电平变为高电平时的 555 第 6 引脚的电位，填入表 3-31 中。

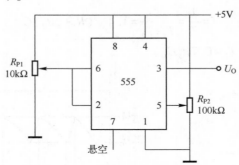

图 3-38 555 构成的电平检测器

表 3-31 555 构成的电平检测器测试表格

U_O							
U_6							

（4）555 构成的救护车音响电路

分析图 3-39 的工作原理，计算 U_{O1} 的脉冲宽度、周期和频率，U_{O2} 的周期、频率，然后用 555 按图 3-39 接线；用示波器和描绘观察 U_{C1}、U_{O1}、U_{C3}、U_{O2} 的波形，并标上各波形的实际测量参数，注意各波形要同步，并注意 U_{C1}、U_{C3} 充电、放电的电平值，根据计算的理论值和实际的测量值进行误差分析，填入表 3-32 中。

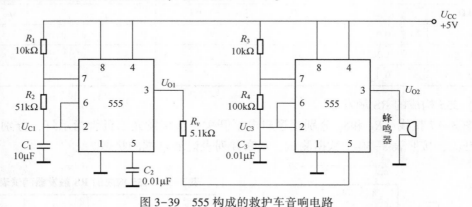

图 3-39 555 构成的救护车音响电路

表 3-32 救护车音响电路测试数据表格

数据 \ 输出	U_{O1}		U_{O2}	
	周期	频率	周期	频率
计算数据				
测量数据				
误差（%）				

7. 思考题

1）555 定时器构成的单稳态触发器输出脉宽和周期由什么决定？

2）555 定时器构成的振荡器，其振荡周期和占空比的改变与哪些因素有关？若只需改变周期，而不改变占空比应调整哪个组件参数？

8. 实验报告要求

1）画出实验电路，标上引脚和组件值。

2）画出电路波形，标上幅度和时间。

3）对测试的数据进行讨论和误差分析。

3.7 A/D 转换和 D/A 转换

1. 预习要求

1）熟悉所用器件 ADC0804 的引脚排列。

2）复习教材中 A/D 和 D/A 转换器的有关内容。

2. 实验目的

1）了解并测试 A/D 和 D/A 转换器性能。

2）学习 A/D 和 D/A 转换器接线和转换的基本方法。

3. 实验原理

在数字电路中往往需要把模拟量转换成数字量或把数字量转换成模拟量，完成这些转换功能的转换器有多种型号。本实验采用 ADC0804 实现模/数转换，用 DAC0832 实现数/模转换。

（1）集成 ADC0804 转换器

常用的集成 ADC0804 转换器，是 CMOS 型 8 位单通道逐次渐近型的模/数转换器，它的引脚功能及使用如下。

1）$U_{IN(+)}$ 和 $U_{IN(-)}$：模拟电压输入端。模拟电压输入接 $U_{IN(+)}$ 端，$U_{IN(-)}$ 端接地。双边输入时 $U_{IN(+)}$、$U_{IN(-)}$ 分别接模拟电压信号的正端和负端。当输入的模拟电压信号存在"零点漂移电压"时，可在 $U_{IN(-)}$ 接一等值的零点补偿电压，变换时将自动从 $U_{IN(+)}$ 中减去这一电压。

2）基准电压 $U_{REF}/2$：模数转换的基准电压，如不外接，则 U_{REF} 可与 U_{CC} 共享电源。

3）CS、WR、RD：片选信号输入端。在微机中应用时，当 $CS=0$ 时，说明本片被选中，在用硬件构成的 ADC0804 系统中，CS 可恒接低电平。WR 为转换开始的启动信号输入，RD 为转换结束后从 ADC0804 中读出数据的控制信号，两者都是低电平有效。

4）CLK_R 和 CLK_W：ADC0804 可外接 RC 产生模/数转换器所需的时钟信号，时钟频率 $f=\dfrac{1}{1.1RC}$，一般要求频率范围为 100 kHz ~ 1.28 MHz。

5）$\overline{INT}$：中断申请信号输出端，低电平有效。当完成 A/D 转换后，自动发 $\overline{INT}$ 信号，在微机中应用，此端应与微处理器的中断输入端相连，当 $\overline{INT}$ 有效时，应等待 CPU 同意中断申请使 $\overline{RD}=0$ 时方能将数输出。若 ADC0804 单独应用，可将 $\overline{INT}$ 悬空，而 $\overline{RD}$ 直接接地。

6）AGND 和 DGND：模拟地和数字地。

7）$D_0 \sim D_7$：数字量输出端。

图 3-40 是 ADC0804 的一个典型应用电路图，转换器的时钟脉冲由外接 5 kΩ 电阻和 150 pF 电容形成，时钟频率约为 640 kHz。基准电压由其内部提供，大小是电源电压 U_{CC} 的一半。为了启动 A/D 转换，应先将开关 S 闭合，使 WR 端接地（变为低电平），然后把开关 S 断开，于是转换就开始进行。模/数转换器一经启动，被输入的模拟量就按一定的速度转换成 8 位二进制数码，从数字量输出端输出。

（2）集成 DAC0832 转换器

集成 DAC0832 转换器为 CMOS 型 8 位数/模转换器，内部具有双数据锁存器，且输入电平与 TTL 电平兼容，所以能与 8080、8085、Z-80 及其他微处理器直接对接，也可以按设计要求添加必要的集成电路而构成一个能独立工作的数/模转换器，其引脚功能及使用如下。

1）$\overline{CS}$：片选信号输入端，低电平有效。

2）ILE：输入寄存器允许信号输入端，高电平有效。

3）$\overline{WR_1}$：输入寄存器与信号输入端，低电平有效。该信号用于控制将外部数据写入输入寄存器中。

4）$\overline{XEFR}$：允许传送控制信号的输入端，低电平有效。

5）$\overline{WR_2}$：DAC 寄存器写信号输入端，低电平有效。该信号用于控制将输入寄存器的输出数据写入 DAC 寄存器中。

6）$D_0 \sim D_7$：8 位数据输入端。

7）I_{out1}：DAC 电流输出 1。在构成电压输出 DAC 时此引脚应外接运算放大器的反相输入端。

8）I_{out2}：DAC 电流输出 2。在构成电压输出 DAC 时此引脚应和运算放大器的同相输入端一起接模拟地。

9）R_f：回馈电阻引出端。在构成电压输出 DAC 时此引脚应接运算放大器的输出端。

10）U_{REF}：基准电压输入端。通过该引脚将外部的高精度电压源与片内的 $R-2R$ 电阻网络相连。其电压范围为$-10 \sim +10$ V。

11）U_{CC}：DAC0832 的电源输入端。电源电压范围为$+5 \sim +15$ V。

12）AGND：模拟地。整个电路的模拟地必须与数字地相连。

13）DGND：数字地。

DAC0832 是 8 位电流输出型数/模转换器，为了把电流输出变成电压输出，可在数/模转换器的输出端接一运算放大器（LM324），输出电压 U_0 的大小由回馈电阻 R_f 决定，整个电路如图 3-41 中。图中 U_{REF} 接 5 V 电源。

若把一个模拟量经模/数转换后再经数/模转换，那么在输出端就能获得原模拟量或放大了的模拟量（取决于回馈电阻 R_f）。同理，若在模/数转换器的输入端加一方波信号，经模/数转换后再

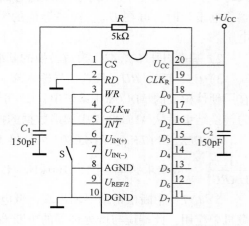

图 3-40　ADC0804 模/数转换电路

经数/模转换，则在数/模转换器的输出端就可得到经二次转换后的方波信号。

4. 实验设备与元器件

1）数字电路实验箱。

2）函数发生器。

3）双踪示波器。

4）数字万用表。

5）元器件（见表3-33）。

表3-33 A/D和D/A转换元器件明细表

型 号	名 称	数 量
ADC0804	模/数转换器	1个
DAC0832	数/模转换器	1个
LM324	运算放大器	1个
—	电阻、电容等元器件	若干

5. 注意事项

需要提前了解器件AD0804和DAC0832的引脚排列和测试方法。

6. 实验内容及步骤

1）模/数转换。按图3-40接好线路，U_{CC}直流电源，输入模拟量U_1在0~5 V范围内调节，输出数字量用实验箱上的发光二极管观察。调节U_1使输出数字量按表3-34变化，用数字万用表测量相应的模拟量，填入表3-34中。

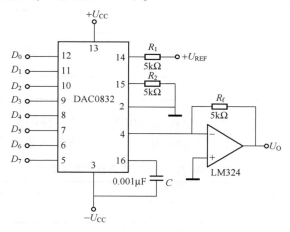

图3-41 DAC0832数/模转换电路

表3-34 ADC0804模/数转换电路测试表格

输入端（模拟量U_1）	输出端（数字量）
	00000000
	00000001
	00000010
	00000100
	00001000

输入端（模拟量 U_I）	输出端（数字量）
	00010000
	00100000
	01000000
	10000000
	11111111

2）数/模转换。按图 3-41 接好数/模转换电路，输入数字量由实验箱上逻辑电平开关提供，输出 U_O 用数字万用表测量。输出的模拟量 U_O 记入表 3-35 中（LM324 引脚排列如图 3-42 所示）。

表 3-35　ADC0804 模/数转换电路测试表格

输入端（数字量）	输出端（模拟量 U_O）
00000000	
00000001	
00000010	
00000100	
00001000	
00010000	
00100000	
01000000	
10000000	
11111111	

3）把模/数转换器的输出作为数/模转换的输入，自拟电路图把两个转换器串起来。使输入模拟量 U_I 从 0 到最大值变化，测量相应的 U_I、U_O，并记入表 3-36 中。

表 3-36　模/数和数/模转换连接测试表格

输入模拟量 U_I	输出模拟量 U_O

4）拆除 0~5 可调电压的输入模拟量，改用方波信号 U_I，频率调至 200 Hz 左右，用示波器观察 U_O 波形，记录 U_I、U_O 波形。

7. 思考题

1）表 3-34 中，当输出数字量"1"从低位向高位依次单独出现时，输入模拟量 U_I 将按什么规律变化？

2）图 3-41 中运算放大器输出电压的大小如何调节？电压的极性如何？本实验数/模转换器输入 8 位全为"1"时，运算放大器输出电压 U_O 应调节到多大为宜？

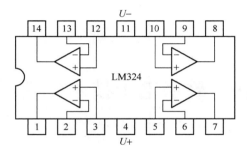

图 3-42　LM324 引脚排列

8. 实验报告要求

1）整理实验资料，按比例画出有关波形图。

2）根据实验结果进行分析、讨论。

3）画出实验内容 3）的 ADC0804 和 DAC0832 相互连接部分的电路图。

第4章　数字电子技术综合性实验

4.1　电子密码锁

1. 预习要求

1）复习 555 定时器的功能。

2）复习数据选择器、译码器、计数器的相关内容。

2. 实验目的

1）掌握常用集成电路逻辑功能及控制方法。

2）掌握 555 定时器的应用。

3）熟悉数据选择器、译码器、计数器等中规模集成电路的应用。

3. 实验任务及要求

设计一个 4 位二进制的电子密码锁，插入钥匙，输入密码（输入密码与预置密码相同），密码正确后开锁信号灯亮；否则报警系统报警。

要求自行设计电路，把所学过的数字电路中的组合电路、时序电路、脉冲波形产生与整形等章节内容综合应用，以达到所需设计的电路要求。

4. 实验原理

（1）画出流程图（见图 4-1），选择合适的元器件

（2）单元电路

1）通过异或门可以判断预设密码与输入密码是否一样。

2）通过 74LS161 的置数端可以实现输入密码的输入。

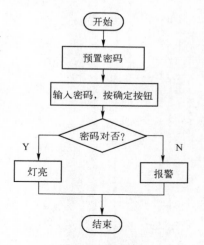

图 4-1　流程图

3）通过判断电路的输出控制 555 的复位端（4 引脚），启动 555 产生一定频率的矩形波，进行报警；CP（即 74LS161 脉冲输入）接 1~10 kHz 脉冲源，555、74LS00 的电源端均接一逻辑电平开关，实现按下该开关，信号指示灯亮，进行报警。

4）555 构成的多谐振荡器电路的振荡周期 $f = 1/0.7(R_1 + 2R_2)C$（C 选 0.01 μF，R_1 选 3~5 kΩ，R_2 选 5 kΩ，以保证频率 f 在 6.7~10 kHz 之间，听起来较为清晰。超过 12 kHz 则听不清楚）。

注：人能听到的频率范围是 20~20000 Hz，如果物体振动频率低于 20 Hz 或高于 20000 Hz，人耳就听不到了，高于 20000 Hz 的频率叫作超声波，而低于 20 Hz 的频率叫作次声波。

5. 实验设备与元器件

1）数字电路实验箱。

2）元器件：本实验为设计性实验，由学生自己根据功能设计逻辑电路图，并自主选择实现电路的芯片，实验室元器件库中所有芯片均可提供（74LS00、74LS32、74LS20、NE555及若干电阻、电容等）。

6. 设计步骤

1）根据设计任务的要求，列出真值表。

2）用卡诺图或代数化简法求出最简单的逻辑表达式。

3）根据逻辑表达式，画出逻辑图，用标准元器件构成电路。

4）用实验来验证设计的正确性。

7. 实验报告要求

1）列出实验设计步骤。

2）画出设计电路图。

3）验证设计实验的结果是否正确。

4）写出对设计实验和验证实验中遇到的问题如何分析、解决及收获的心得体会。

4.2 数字钟

钟表的数字化给人们生产生活带来了极大的方便，而且极大地扩展了钟表原先的报时功能。诸如定时自动报警、按时自动打铃、时间程序自动控制、定时广播、定时启闭路灯、定时开关烘箱、通断动力设备，甚至各种定时电器的自动启用等，所有这些，都是以钟表数字化为基础的。因此，研究数字钟及其应用，有着非常现实的意义。

1. 预习要求

1）复习 74LS290、74LS160 的逻辑功能及构成任意进制计数器的方法。

2）复习 555 定时器的工作原理及构成多谐振荡器的方法。

3）复习显示译码器及数码管的工作原理。

2. 实验目的

1）掌握数字钟的基本原理和设计方法。

2）掌握集成计数器的级联、功能扩展及 N 进制计数器的设计方法。

3）掌握数字钟的组装与调试方法。

3. 实验任务及要求

1）设计一个有"时""分""秒"（23 小时 59 分 59 秒）显示功能且有校时功能的数字钟。

2）用中小规模集成电路组成数字钟，并在实验箱上进行组装、调试。

3）画出框图和逻辑电路图，写出设计、实验总结报告。

4）选做：

①闹钟系统。

②整点报时。在 59 分 51 秒、53 秒、55 秒、57 秒输出 750Hz 音频信号，在 59 分 59 秒

时输出 1000 Hz 信号，音响持续 1 s，在 1000 Hz 音响结束时刻为整点。

③ 日历系统。

4. 实验原理

数字钟的逻辑框图如图 4-2 所示。它由石英晶体振荡器、分频器、计数器、译码器、显示器和校时电路组成，石英晶体振荡器产生的信号经过分频器作为秒脉冲，秒脉冲送入计数器计数，计数结果通过"时""分""秒"译码器显示时间。

（1）秒脉冲发生电路

石英晶体振荡器的特点是振荡频率准确、电路结构简单、频率易调整。石英晶体振荡器的作用是产生一个标准频率信号，然后由分频器分成时间秒脉冲，振荡器的精度和稳定度决定了计时器的精度和质量。振荡器由石英晶体、微调电容和反相器构成，如图 4-3 所示。图中电阻 R_1 和 R_2 为负反馈电阻，目的是为反相器 G_1 和 G_2 提供偏置，使其工作在线性放大状态（而不是作为反相器使用）。利用石英晶体 JU 来控制振荡频率，同时用电容 C_1 来作为两个反相器之间的耦合，由于两个反相器输入和输出之间并接的负反馈电阻 R_1 和 R_2 很小，可以近似认为反相器的输出输入电压降相等。电容 C_2 是为了防止寄生振荡。例如，电路中的石英晶体频率为 4 MHz 时，则电路的输出频率为 4 MHz。

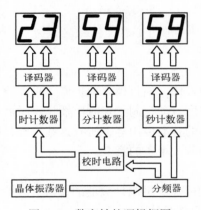

图 4-2　数字钟的逻辑框图

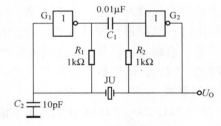

图 4-3　振荡电路

注：秒信号发生电路可以由 555 定时器构成的多谐振荡器构成，但是精度较差，需要把谐振电容增加到 $100 \sim 470 \, \mu\text{F}$，谐振电阻增加到几十千欧，然后慢慢校准。要产生比较精确的秒信号，最好的方法是用晶振作为标准信号振荡器，然后用二进制计数器分频得到，这种方法的精度只和晶体的品质有关。

（2）分频器

由于石英晶体振荡器产生的频率很高，要得到秒脉冲，需要用分频电路。例如，振荡器输出 4 MHz 信号，通过 D 触发器（74LS74）进行 4 分频变成 1 MHz，然后送到 10 分频计数器（74LS290，该计数器可以用 8421 码制，也可以用 5421 码制），经过 6 次 10 分频而获得 1 Hz 的方波信号作为秒脉冲信号。

（3）计数器

秒脉冲信号经过 6 级计数器，分别得到"秒"个位、十位，"分"个位、十位以及"时"个位、十位的计时。"秒""分"计数器为六十进制，小时为二十四进制。

1) 六十进制计数："秒"计数器电路与"分"计数器电路都是六十进制，它由一级十进制计数器和一级六进制计数器连接构成，由 74LS290 芯片构成的六十进制计数器如图 4-4 所示，采用两片 74LS290 串接起来构成的"秒""分"计数器。

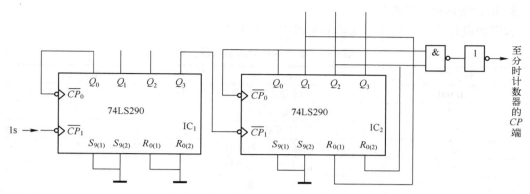

图 4-4　六十进制计数器

IC_1 是十进制计数器，Q_3 作为十进制的进位信号，IC_1 用异步清零方法实现十进制计数，IC_2 和与非门组成六进制计数。74LS290 是在 CP 信号的下降沿翻转计数，IC_2 的 Q_0 和 Q_2 相与的下降沿（0101 时），作为"分"（"时"）计数器的输入信号；IC_2 的 Q_1 和 Q_2 高电平 1（0110）分别送到计数器的清零端 $R_{0(1)}$ 和 $R_{0(2)}$，74LS290 内部的 $R_{0(1)}$ 和 $R_{0(2)}$ 与非运算后清零而使计数器归零，完成六进制计数。由此可见 IC_1 和 IC_2 级联实现了六十进制计数。

2）二十四进制计数：小时计数电路是由 IC_5 和 IC_6 组成的二十四进制计数器，如图 4-5 所示。

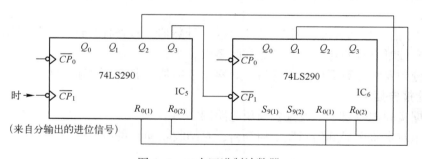

图 4-5　二十四进制计数器

当"时"个位 IC_5 计数输入端 $\overline{CP}_1$ 来到第 10 个触发信号时，IC_5 计数器复零，进位端 Q_3 向 IC_6 "时"十位计数器输出进位信号，当第 24 个"时"（来自"分"计数器输出的进位信号）脉冲到达时，IC_5 计数器的状态为"0100"，IC_6 计数器的状态为"0010"，此时"时"个位计数器的 Q_2 和"时"十位计数器的 Q_1 输出为"1"。把它们分别送到 IC_5 和 IC_6 计数器的清零端 $R_{0(1)}$ 和 $R_{0(2)}$，通过 74LS290 内部的 $R_{0(1)}$ 和 $R_{0(2)}$ 与非后清零，计数器复零，完成二十四进制计数。

（4）译码、显示电路

74LS48 译码器是与 8421 BCD 编码计数器配合用的 7 段译码驱动器，74LS48 的输出端和 7 段显示器的对应段相连。译码、显示电路详见 2.6 节。

（5）校时电路

校时电路实现对"时""分""秒"的校准。在电路中设有正常计时和校时位置。"秒""分""时"的校准开关分别通过 RS 触发器控制。

5. 供参考选择的元器件

数字钟设计实验中供参考选择的元器件见表 4-1。

表 4-1　数字钟设计实验元器件表

型　号	名　称	数　量
74LS00	四 2 输入与非门	10 片
74LS10	三 3 输入与非门	10 片
74LS04	六反相器	1 片
74LS48	共阴极 7 段数码管译码器	6 片
74LS290	二-五-十进制异步计数器	12 片
74LS74	双 D 触发器	1 片
—	共阴极 7 段数码管	6 个
—	4 MHz 石英晶体振荡器	1 片
—	电阻、电容、导线等其他元器件	若干

6. 设计步骤

在实验箱上组装数字钟时，注意元器件引脚的连接一定要准确，"悬空端""清零端"和"置 1 端"要正确处理，调试步骤和方法如下：

1）用示波器检测石英晶体振荡器的输出信号波形和频率，晶振输出频率应为 4 MHz。

2）将频率为 4 MHz 的信号送入分频器，并用示波器检查各给分频器的输出频率是否符合设计要求。

3）将 1 s 信号分别送入"时""分""秒"计数器，检查各级计数器的工作情况。

4）观察校时电路的功能是否满足校时要求。

5）当分频器和计数器调试正常后，观察数字钟是否准确正常地工作。

7. 实验报告要求

1）根据实验内容要求，设计各模块电路图。

2）写出对实验中遇到的问题如何分析，总结收获和心得体会。

4.3　多路智力竞赛抢答器

智力竞赛抢答器是一个公正的裁判，它的任务是从参赛的选手中选出最先抢答者，并将最先抢答者显示出来。

1. 预习要求

1）查阅抢答器的有关知识和理论要求。

2）理解实验原理，了解设计步骤。

2. 实验目的

掌握抢答器的工作原理及设计方法。

3. 实验任务及要求

1) 设计一个智力竞赛抢答器,可同时供 8 名选手参加比赛,他们的编号分别是 0、1、2、3、4、5、6、7,各用一个抢答按钮,按钮的编号与选手的编号相对应,分别是 S_0、S_1、S_2、S_3、S_4、S_5、S_6、S_7。

2) 给节目主持人设置一个控制开关,用来控制系统的清零(编号显示数码管灭灯)和抢答的开始。

3) 抢答器具有数据锁存和显示的功能。抢答开始后,若有选手按动抢答按钮,编号立即锁存,并在 LED 数码管上显示出选手的编号。此外,要封锁输入电路,禁止其他选手抢答。优先抢答选手的编号一直保持到主持人将系统清零为止。

4. 实验原理

抢答电路的功能有两个:一是能分辨出选手按键的先后,并锁存优先抢答者的编号,供译码显示电路用;二是要使其他选手按键操作无效(即屏蔽其他选手的操作信号),直到主持人使用按钮将系统复位,数码管清零,表明各选手可以开始新一轮的抢答。其原理框图如图 4-6 所示。

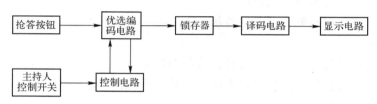

图 4-6　抢答器的原理框图

此电路完成的功能:开始抢答后,当选手按下抢答键时,能显示选手的编号,同时能封锁输入电路,禁止其他选手抢答。选用优先编码器 74LS148 和 RS 锁存器 74LS279 可以完成上述功能。其工作原理:当主持人控制开关处于"清零"位置时,RS 触发器的 $\overline{R}_D$ 端为低电平,输出端全部为低电平,于是 74LS48 的 $\overline{BI}/\overline{RBO} = 0$,数码管灭灯;当主持人开关拨到"开始"位置时,优先编码电路和锁存电路同时处于工作状态,即抢答器处于等待工作状态,当有选手将键按下时,他的开关编号对应的数码送入锁存电路,再送至显示译码电路,显示出对应的选手号,而且只显示最先按抢答按钮的那个选手号。当优先者回答完问题后,由主持人操作控制开关 S,使抢答电路复位,进行下一轮抢答。

5. 实验设备与元器件

1) 数字电路实验箱。

2) 元器件(见表 4-2)。

表 4-2　抢答器设计元器件明细表

型　　号	名　　称	数　　量
74LS148	8 线-3 线优先编码器	1 片
74LS48	共阴极 7 段数码管译码器	1 片
74LS279	4RS 触发器	1 片
—	共阴极 7 段数码管	1 个

6. 设计步骤

1）根据抢答器的要求和电路原理框图，设计抢答器电路图，并画出电路图。

2）连接调试。测试电路性能是否满足设计要求，如果满足不了要求分析其原因，排除故障。

7. 实验报告要求

1）分析抢答器各部分的功能及工作原理。

2）总结电路的设计和调试方法。

3）写出对实验中遇到的问题如何分析、解决及收获的心得体会。

4.4 汽车尾灯控制电路

1. 预习要求

1）复习时序逻辑电路的一般设计方法。

2）复习组合逻辑电路的一般设计方法。

2. 实验目的

1）通过对汽车尾灯控制电路的设计，练习对数字电路的综合设计能力。

2）掌握汽车尾灯控制电路的设计方法、安装与调试技术。

3. 实验任务及要求

设计一个汽车尾灯控制电路。假设汽车尾部左右两侧各有 3 个指示灯：

1）汽车正常运行时指示灯全部熄灭。

2）右转弯时，右侧 3 个指示灯按右循环顺序点亮，左侧灯全灭。

3）左转弯时，左侧 3 个指示灯按左循环顺序点亮，右侧灯全灭。

4）临时制动时所有灯同时闪烁。

可用发光二极管模拟 6 个指示灯；用 4 个开关分别模拟制动踏板、停车信号、左转弯控制和右转弯控制。

4. 实验原理

汽车尾灯有 4 种不同的状态，可以用开关控制变量 S_1 和 S_0 进行控制，汽车尾灯与汽车运行状态见表 4-3。

表 4-3　尾灯与汽车运行状态表

开关控制		运行状态	左尾灯	右尾灯
S_1	S_0		$D_4D_5D_6$	$D_1D_2D_3$
0	0	正常行驶	灯灭	灯灭
0	1	右转弯	灯灭	按 $D_1D_2D_3$ 顺序点亮
1	0	左转弯	按 $D_4D_5D_6$ 顺序点亮	灯灭
1	1	临时制动	所有尾灯随时钟 CP 同时闪烁	

在汽车左右转弯行驶时，由于 3 个指示灯被循环顺序点亮，所以可以用一个三进制计数器的输出控制译码器电路顺序输出低电平，从而按要求顺序点亮 3 个指示灯。设三进制计数器的状态用 Q_1 和 Q_0 表示，可得出每种运行状态下，指示灯 $D_1 \sim D_6$ 与开关控制变量 S_1 和 S_0、计数器状态 Q_1 和 Q_0 以及时钟脉冲 CP 之间的关系，见表 4-4（1 表示点亮，0 表示熄灭）。

表 4-4　汽车尾灯控制器逻辑功能表

开关控制		三进制计数器		6 个指示灯					
S_1	S_0	Q_1	Q_0	D_6	D_5	D_4	D_1	D_2	D_3
0	0	×	×	0	0	0	0	0	0
0	1	0	0	0	0	0	1	0	0
		0	1	0	0	0	0	1	0
		1	0	0	0	0	0	0	1
1	0	0	0	0	0	1	0	0	0
		0	1	0	1	0	0	0	0
		1	0	1	0	0	0	0	0
1	1	×	×	CP	CP	CP	CP	CP	CP

由表 4-4 可得汽车尾灯控制电路总体框图，如图 4-7 所示。

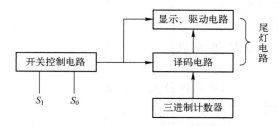

图 4-7　汽车尾灯控制电路总体框图

三进制计数器可由双 JK 触发器 74LS112 或集成计数器 74LS161 实现，学生可根据表 4-4 自行设计。

汽车尾灯电路的显示驱动电路可由 6 个发光二极管和 6 个反相器构成；译码电路用 3 线-8 线译码器 74LS138 和 6 个与非门构成。74LS138 的 3 个输入端 A_2、A_1、A_0 分别接 S_1、Q_1、Q_0（Q_1、Q_0 为三进制计数器的输出端）。设有使能信号 A、G，当 $S_1 = 0$，使能信号 $A = G = 1$，计数器的状态为 00、01、10 时，74LS138 对应的输出端 $\overline{Y}_0$、$\overline{Y}_1$、$\overline{Y}_2$ 依次为 0 有效（$\overline{Y}_4$、$\overline{Y}_5$、$\overline{Y}_6$ 依次为 1 无效），指示灯 $D_1 \rightarrow D_2 \rightarrow D_3$ 按顺序点亮，示意汽车右转弯。若上述条件不变，而 $S_1 = 1$，则 74LS138 对应的输出端 $\overline{Y}_4$、$\overline{Y}_5$、$\overline{Y}_6$ 依次为 0 有效，指示灯 $D_4 \rightarrow D_5 \rightarrow D_6$ 按顺序点亮，示意汽车左转弯。当 $G = 0$，$A = 1$ 时，74LS138 的输出端全为 1，指示灯全灭；当 $G = 0$，$A = CP$ 时，指示灯随 CP 的频率闪烁。

对于开关控制电路，设 74LS138 和显示驱动电路的使能端信号分别为 A、G，根据总体逻辑功能表分析得 A、G 与给定条件 S_1、S_0、CP 的真值表见表 4-5。

表 4-5　开关控制电路输入输出关系表

开关控制		CP	使能信号	
S_1	S_0		G	A
0	0		0	1
0	1		1	1
1	0		1	1
1	1	CP	0	CP

由表 4-5 经过整理得逻辑表达式为

$$G = S_1 \oplus S_0, \quad A = \overline{S_1 S_0} + S_1 S_0 CP = \overline{\overline{S_1 S_0} \cdot \overline{S_1 S_0 CP}}$$

由上式可设计开关控制电路, 请学生自行设计电路。

汽车尾灯总体电路可由各部分电路连接构成。

5. 实验设备与元器件

1) 数字电路实验箱。

2) 器件: 本实验为设计性实验, 由学生自己根据功能设计逻辑电路图, 并自主选择实现电路的芯片, 实验室元器件库中所有芯片均可提供 (74LS00、74LS20、74LS161、74LS112、74LS138、NE555 等)。

6. 设计步骤

1) 根据要求, 拟定设计方案。

2) 选择合适的元器件, 画出电路原理图。

3) 电路安装与调试, 记录实验现象。

7. 实验报告要求

1) 分析汽车尾灯电路个部分的功能及工作原理。

2) 总结数字系统设计、调试方法。

3) 分析实验的设计和验证过程中遇到的问题、解决方法及收获。

第二部分　虚拟仿真实验

第5章　虚拟仿真基础实验

5.1　Multisim 组合电路仿真实验

5.1.1　全加器电路的仿真与分析

进行虚拟仿真前，需注意以下几点：

1）仿真是对电路设计思想及实现的验证，设计才是实现的灵魂。

2）仿真软件是一个非常有用的工具，搭建实际电路前进行电路仿真可以避免因设计不合理而带来的硬件修改麻烦。

3）仿真软件的使用重点在于通过此软件分析、验证电路设计的功能，但是并不能代替实际电路的硬件实现及测试，硬件实现存在更多的非理想因素。

4）功能的实现方法常常不止一种，可尝试多种方法并找出各自的优缺点。

1. 预习要求

1）复习全加器的基本原理。

2）熟练使用软件 Multisim。

3）阅读实验指导书，理解分立元件及集成电路组成的加法器原理，了解实验步骤。

2. 实验目的

1）掌握逻辑电路的基本概念、组成和特点及一般设计方法。

2）熟练掌握全加器的工作原理。

3）了解加法器的电路构成。

3. 实验原理

半加器——只能进行本位加数、被加数的加法运算而不考虑低位进位。输出为本位的和及本位向高位的进位。

全加器——实现二进制数字加法的组合电路，称为全加器。该加法器不但考虑被加数和加数，还要考虑低位向本位的进位，能同时进行本位数和相邻低位的进位信号的加法运算。输出为本位的和及本位向更高位的进位。

4. 实验仪器及设备

可以连接校园网的 PC。

5. 实验内容及步骤

（1）分立元件组成的加法器

根据真值表 2-14 验证全加器的逻辑功能，写出本位和 S 和进位 C 的函数表达式为

$$S = \overline{A}\,\overline{B}C_0 + \overline{A}B\overline{C_0} + A\overline{B}\,\overline{C_0} + ABC_0 = A \oplus B \oplus C_0 \tag{5-1}$$

$$C = \overline{A}BC_0 + A\overline{B}C_0 + AB\overline{C_0} + ABC_0 = \overline{\overline{(A \oplus B)C_0} \cdot \overline{AB}} \tag{5-2}$$

用异或门（74LS86）、与非门（74LS00）构成一个 1 位二进制全加器，其 Multisim 仿真电路如图 5-1 所示，开关 S1、S2、S3 分别对应加数 A、B 和来自低位的进位位 C_0，X1 和 X2 分别对应 C 和 S，图示结果是 $A=0$，$B=1$，$C_0=0$ 的结果。

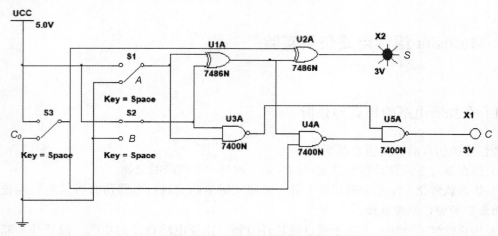

图 5-1　分立元件加法器仿真电路图

（2）集成加法器

1）加法器功能验证。用一块 74LS283（其引脚如图 2-24a 所示）可实现 4 位二进制数相加，C_0 是来自低位的进位，C_4 是向高位进位，$A_4A_3A_2A_1$（A_4 为最高位，A_1 为最低位，后面类似，下标数字大的是高位）和 $B_4B_3B_2B_1$ 分别为加数和被加数，其各位的和为 $S_4S_3S_2S_1$，编码为 8421 二进制代码。为了便于观察，可对 $S_4S_3S_2S_1$ 用 74LS48 实现解码。分别将 S_4、S_3、S_2、S_1 接至译码器 74LS48（74LS48 引脚如图 2-28a 所示）的 D、C、B、A 端（输入端），再将 74LS48 中 a、b、c、d、e、f、g 端接至数码管对应的各端（数码管引脚如图 2-28b 所示）。以 1111+1010 为例，两个 4 位二进制加法电路的 Multisim 仿真电路如图 5-2 所示。注意：加法器的 A_4 位是高位，B_4 位为高位，与字信号发生器的高低位相反，因此 1010 的输入在字信号发生器中应该置数 4～7 位为 0101，所以字信号发生器的置数为 XXXXXXF5。此外，7 段数码管有共阴极（CK）和共阳极（CA）之分，本设计选用共阴极数码管，因此 CK 接地。此外，74LS48 芯片后面必须加 200 Ω 的电阻才能让数码管正常显示，实际中，也要根据数码管的电流加适当的限流电阻。

加数和被加数分别取表 5-1 中的数据时，请将结果填入该表相应栏，并注意数码管显示的规范写法。

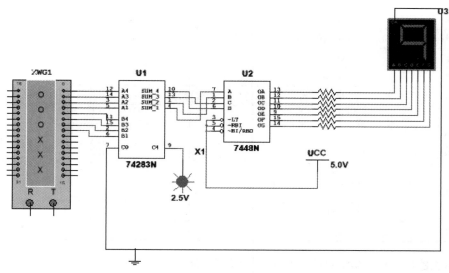

图 5-2 加法器仿真电路

表 5-1 加法器结果

$A_4A_3A_2A_1$	$B_4B_3B_2B_1$	C_4	$S_4S_3S_2S_1$	数码管显示
0000	0000			
0000	0001			
0001	0001			
0010	0001			
0010	0010			
0011	0010			
0101	0001			
0110	0001			
0100	0100			
1000	0001			
0101	0101			
1000	0011			
1001	0011			
1100	0001			
1010	0100			
1110	0001			
1111	0001			
0000	0000			
0000	0001			
0001	0001			
0010	0001			
0010	0010			
0011	0010			
0101	0001			

$A_4A_3A_2A_1$	$B_4B_3B_2B_1$	C_4	$S_4S_3S_2S_1$	数码管显示
0110	0001			
0100	0100			
1000	0001			
0101	0101			
1000	0011			
1001	0011			
1100	0001			
1010	0100			
1110	0001			
1111	0001			

2）加法器的级联。74LS283 加法器还可以进行级联，完成 $4n$（n 为芯片个数）位加法运算，如图 5-3 所示，将两片 283 芯片级联，其中低位片（右）的进位端（C_4）接高位片（左）来自低位片的进位端（C_0）。图中显示的是十六进制 FE+76 的结果，需要注意的是，字信号发生器高位片的 $A_4 \sim A_1$ 接的是字信号发生器的 15~12 位，$B_4 \sim B_1$ 接的是 11~8 位，低位片的 $A_4 \sim A_1$ 接的是字信号发生器的 7~4 位，$B_4 \sim B_1$ 接的是 3~0 位。因此 FE+76 在字信号发生器中的设置为 XXXXF7E6。

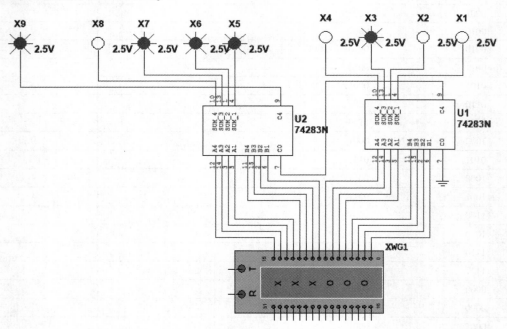

图 5-3　8 位二进制加法电路

3）加法器的应用举例。利用加法器可以将 8421 码转换成 5421 码，其转换过程是，当 8421 码不大于 5 时，8421 码和 5421 码相同，当 8421 码大于等于 5 时，给 8421 码加上 3，则显示的是 5421 码的结果。8421 码转换成 5421 码的仿真电路如图 5-4 所示，图中显示的是 8421 码 1001 （十进制的 9） 转换成 5421 码的结果 1100。

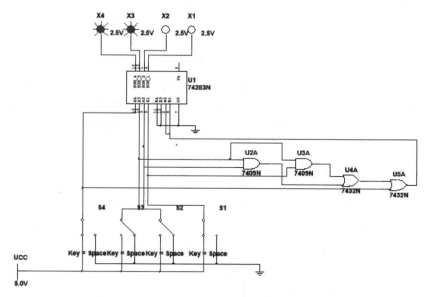

图 5-4　8421 码转换成 5421 码电路

6. 思考题

1） 全加器和半加器有何区别？可用哪些分立元件和集成芯片来实现全加器？

2） 74LS283 低位进位 C_0 端的作用是什么？

3） 一片 74LS283 可完成的二进制加法运算的范围是多少？

4） 集成加法器还有其他方面的应用吗？如果有，请举例。

7. 实验报告要求

1） 使用仿真软件完成电路仿真并保存相关电路图及数据。

2） 将仿真实验所测数据整理填入表中。

5.1.2　比较器电路的仿真与分析

1. 预习要求

1） 复习比较器的基本原理及设计思路。

2） 阅读实验指导书，理解实验原理，了解实验步骤。

2. 实验目的

1） 用逻辑门电路构成比较器。

2） 验证其逻辑功能。

3. 实验原理

当输入为 A 和 B 时，可能出现 $A>B$、$A=B$ 和 $A<B$ 三种情况，分别用三盏指示灯 F_1、F_2 和 F_3 来表示。反之，可以根据灯亮情况指示知道 A 和 B 的逻辑关系。比较器的真值表见

表 5-2，F_1、F_2 和 F_3 灯亮用 1 表示，灯灭用 0 表示。根据真值表可以写出 F_1、F_2 和 F_3 的逻辑表达式分别为

$$F_1 = A\overline{B} \tag{5-3}$$
$$F_2 = \overline{A}\,\overline{B} + AB \tag{5-4}$$
$$F_3 = \overline{A}B \tag{5-5}$$

表 5-2　比较器真值表

A	B	$F_1(A>B)$	$F_2(A=B)$	$F_3(A<B)$
0	0	0	1	0
0	1	0	0	1
1	0	1	0	0
1	1	0	1	0

4. 实验仪器及设备

可以连接校园网的 PC。

5. 实验内容及步骤

（1）一位比较器的仿真

给定输入变量 A、B 的不同组合（其中高电平接 U_{CC}，低电平接地），依照表 5-2 依次进行实验。观察输出指示灯 $F_1(A>B)$、$F_2(A=B)$、$F_3(A<B)$ 的亮灭情况（亮为"1"，灭为"0"），并记录结果，验证比较器的逻辑功能。一位比较器仿真电路如图 5-5 所示，其中开关 S_1 和 S_2 分别表示输入变量 A 和 B。

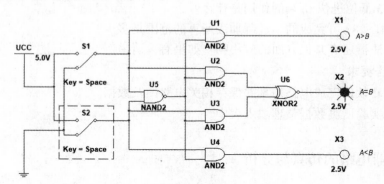

图 5-5　一位比较器仿真电路图

（2）两位比较器的仿真

两位比较器的设计可使用逻辑分析仪来完成。拖拽逻辑分析仪到电路绘制窗口并双击，在其面板的真值表区填入所需功能的真值表，如填入两位比较器第一个数（真值表区的 A、B 两位分别表示第一个数的高位和低位）大于第二个数（真值表区的 C、D 两位分别表示第二个数的高位和低位）的真值表，并将真值表进行化简，如图 5-6 所示。图 5-6 真值表区的最右边为输出值，下面显示的表达式为化简后的逻辑表达式。

类似地，可以得到两位数比较时前者等于及小于后者的表达式。记 A_1A_0（A_1 为高位）为第一个两位数，B_1B_0（B_1 为高位）为第二个两位数，F_1 表示 $A_1A_0 > B_1B_0$，F_2 表示 $A_1A_0 =$

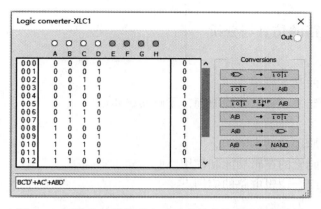

图 5-6　两位比较器前者大于后者的真值表及化简结果

B_1B_0，F_3 表示 $A_1A_0<B_1B_0$，其对应的逻辑表达式分别为

$$F_1=A_0\bar{B}_1\bar{B}_0+A_1\bar{B}_1+A_1A_0\bar{B}_0 \tag{5-6}$$

$$F_2=\bar{A}_1\bar{A}_0\bar{B}_1\bar{B}_0+\bar{A}_1A_0\bar{B}_1B_0+A_1\bar{A}_0B_1\bar{B}_0+A_1A_0B_1B_0 \tag{5-7}$$

$$F_3=\bar{A}_1\bar{A}_0B_0+\bar{A}_1B_1+A_1\bar{A}_0B_1B_0 \tag{5-8}$$

图 5-7 为 F_1 的仿真电路图。

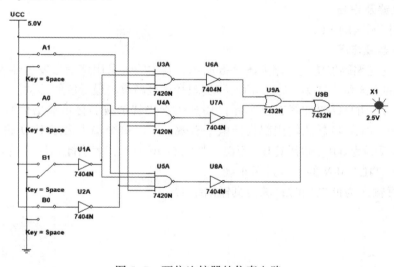

图 5-7　两位比较器的仿真电路

6. 思考题

1）多位比较器怎么实现？以 3 位二进制数为例，写出其真值表及逻辑表达式。

2）比较器的输入和输出都有哪些实现方式，各有什么优缺点？

7. 实验报告要求

1）使用仿真软件完成电路仿真并保存相关电路图及数据。

2）将仿真实验所测数据整理填入表中，如果图 5-5 的开关 S_1 和 S_2 分别用函数信号发生器来代替，$X_1 \sim X_3$ 用示波器代替，请将示波器观察到的波形粘贴到实验报告上。

3）写出实验总结及体会。

5.1.3 编码器电路的仿真与分析

1. 预习要求

1）复习编码器的基本原理。

2）阅读实验指导书，理解实验原理，了解实验步骤。

2. 实验目的

1）学习编码器原理及基本电路。

2）熟悉 7 段数码管的逻辑功能和使用。

3）进一步学习组合逻辑电路的应用。

3. 实验原理

一般编码器是一种将某一时刻仅有一个输入有效的多个输入变量情况用较少的输出状态组合来表达的器件。优先编码器是数字系统中实现优先管理的一个重要逻辑部件，它的各个输入不互相排斥，允许多个输入端同时为有效信号。优先编码器每个输入端具有不同的优先级别，当多个输入信号有效时，它能识别输入信号的优先级别，并对其中优先级别最高的一个进行编码，产生相应的输出代码。74LS148 是一个优先编码器，其引脚见图 2-29a 所示，真值表见表 2-18。因为 74LS148 的输出为反码，所以需要加反相器变成原码输出。

4. 实验仪器及设备

可以连接校园网的 PC。

5. 实验内容及步骤

8 线-3 线优先编码器仿真电路如图 5-8 所示，其中输入采用字信号发生器 XWG1 来实现。字信号发生器的后 8 位设置为 7F，然后右移实现 0 从最高位向最低位的移动，最终输出从 111 到 000 依次递减，仿真结果如图 5-9 所示。用数码管代替示波器显示输出信号，当 $D_7 \sim D_0$ 为 11111101 时，因 74LS148 输入输出都为低电平有效，所以这个输入表示对 D_1 进行编码，输出 $A_2 \sim A_0$ 为 110，反码为 001，数码管显示为 1，如图 5-10 所示，表明此芯片完成了编码功能。

1）请验证 74LS148N 的原理是否正确。

2）当任意输入为低电平时，求仿真输出结果。

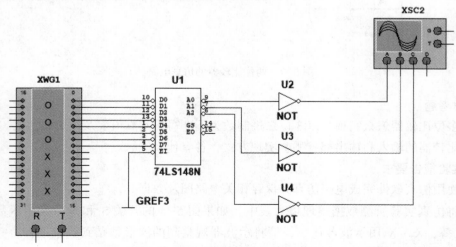

图 5-8　8 线-3 线优先编码器仿真电路

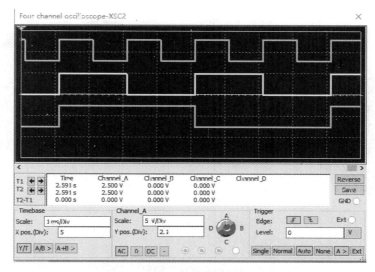

图 5-9　仿真波形图

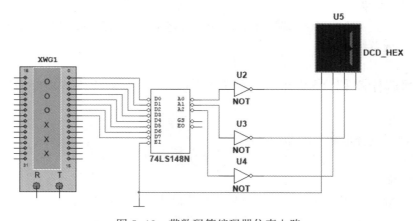

图 5-10　带数码管编码器仿真电路

可以将两片 8 线-3 线优先编码器 74LS148 进行级联实现 16 线-4 线优先编码功能，如图 5-11 所示。将优先级别低的 8 位信号输入给一片 74LS148（U_1），优先级别高的 8 位信号输入给另一片 74LS148（U_2），U_2 均无输入信号的时候，才允许对 U_1 的输入信号编码。因此，可将优先级别高的 U_2 的 EO 输出端信号作为 U_1 的选通输入端 EI，来开启优先级别低的芯片。U_2 有编码信号输入时，它的 GS 为低电平，无编码信号输入时，GS 为高电平，可以用它作为编码输出的最高位。编码输出的次高位应为两片输出 A_2 的逻辑与（可用与非门实现）。依次类推，次低位应为两片输出 A_1 的逻辑与，最低位应为两片输出 A_0 的逻辑与。为了便于观察，图 5-11 将 16 线-4 线优先编码的输出取反，变为正逻辑，其仿真结果为输入 D_4 有效时的结果。

6. 思考题

1）译码器与编码器是什么关系？

2）列出 16 线-4 线译码器的真值表。

3）除了示波器和数码管显示，是否还有其他显示方式可以观察输出结果？若有，请指出。

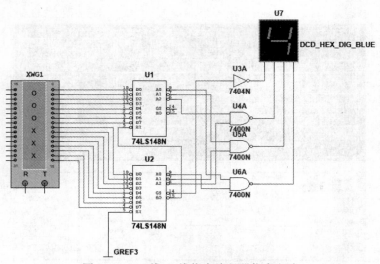

图 5-11　16 线-4 线优先编码器仿真电路

7. 实验报告要求

1) 将仿真实验所测数据整理填入自制表中，并将示波器观察到的波形粘贴到实验报告上。

2) 写出实验总结及体会。

5.1.4　数据选择器和分配器的仿真与分析

1. 预习要求

1) 复习数据选择器和分配器的基本原理。

2) 阅读实验指导书，理解实验原理，了解实验步骤。

2. 实验目的

1) 掌握中规模集成数据选择器和分配器的逻辑功能及使用方法。

2) 学习用数据选择器和分配器组成逻辑电路的方法。

3. 实验原理

（1）数据选择器

数据选择器是通过选择，把多个通道的数据传送到唯一的公共数据通道上的逻辑电路，它的作用相当于多个输入的单刀多掷开关，其示意图如图 5-12 所示。

基本单元 2 选 1 数据选择器真值表见表 5-3。

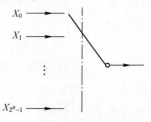

图 5-12　n 位通道选择信号

表 5-3　2 选 1 数据选择器

S	A	B	Y
0	0	×	0
0	1	×	1
1	×	0	0
1	×	1	1

根据功能表可得其逻辑关系表达式为

$$Y=\overline{S}\cdot A+S\cdot B \tag{5-9}$$

74LS157 为四 2 选 1 数据选择器，引脚图如图 5-13 所示。图中，S 为选择输入端，即数据从哪个通道输出；$A_1/A_2/A_3/A_4$ 和 $B_1/B_2/B_3/B_4$ 为数据输入端，即选择什么数据作为输入；G 为选通输入端，低电平有效，当 $G=0$ 时才能选择数据；$Y_1/Y_2/Y_3/Y_4$ 为 2 选 1 数据选择器的输出。

同理可得 4 选 1 数据选择器的逻辑关系式为

$$Y=\overline{B}\,\overline{A}\cdot C_0+\overline{B}A\cdot C_1+B\overline{A}\cdot C_2+BA\cdot C_3 \tag{5-10}$$

74LS153 为双 4 选 1 数据选择器，其引脚图和功能表分别如图 2-37 和表 2-27 所示。

（2）数据分配器

数据分配器与数据选择器的结构恰好相反，它是将一个数据源的数据根据需要送到不同的通道上，其作用相当于多个输出的单刀多掷开关，如图 5-14 所示。

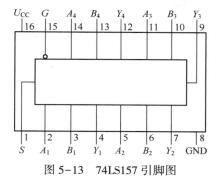

图 5-13　74LS157 引脚图　　　图 5-14　n 位通道选择信号

数据分配器的功能与译码器相类似。2 线-4 线译码器功能表见表 5-4。

表 5-4　2 线-4 线译码器功能表

输　入		输　　出			
a	b	c	d	e	f
0	0	1	0	0	0
0	1	0	1	0	0
1	0	0	0	1	0
1	1	0	0	0	1

逻辑表达式为

$$c=\overline{a}\,\overline{b}, \quad d=\overline{a}b, \quad e=a\overline{b}, \quad f=ab \tag{5-11}$$

对 2 线-4 线译码器增加一个控制输入端 GS，其功能表见表 5-5。

表 5-5　带控制端的 2 线-4 线译码器功能表

输　入			输　　出			
GS	a	b	c	d	e	f
0	×	×	0	0	0	0
1	0	0	1	0	0	0

输　　入			输　　出			
GS	a	b	c	d	e	f
1	0	1	0	1	0	0
1	1	0	0	0	1	0
1	1	1	0	0	0	1

根据功能表可知，当 GS 为 1 时，译码器才会执行译码功能，否则不执行译码。

如果把控制端 GS 换成数据 D，其功能就相当于一个 4 位数据分配器。

逻辑表达式为

$$c=\overline{a}\,\overline{b}\cdot D, \quad d=\overline{a}b\cdot D, \quad e=a\overline{b}\cdot D, \quad f=ab\cdot D \tag{5-12}$$

74LS139 为双 2 线－4 线译码器，其引脚图如图 5-15 所示，A_1/A_2、B_1/B_2 为译码地址输入端；G_1/G_2 为选通端，低电平有效；$1Y_0 \sim 1Y_3/2Y_0 \sim 2Y_3$ 为译码输出端，低电平有效。

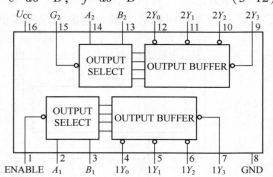

图 5-15　74LS139 引脚图

4. 实验仪器及设备

可以连接校园网的 PC。

5. 实验内容及步骤

（1）数据选择器的仿真

1）2 选 1 数据选择器的仿真。2 选 1 数据选择器的仿真电路图和仿真结果分别如图 5-16 和图 5-17 所示，74LS157 的数据片选信号 G 有效（为低电平）时。图 5-17 的四个信号从上到下依次为数据 A、数据 B、选择输入 $\sim A/B$ 和输出数据 Y。可以看出：选择端 $\sim A/B$ 为低电平时输出 A 端的信号，当选择端 $\sim A/B$ 为高电平时输出 B 端的信号，实现了 2 选 1 功能。

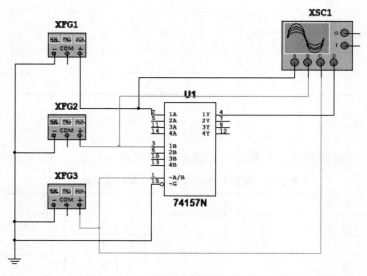

图 5-16　2 选 1 数据选择器的仿真电路图

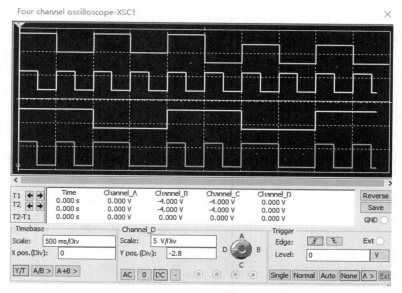

图 5-17　2 选 1 数据选择器的仿真结果

2）4 选 1 数据选择器的仿真。4 选 1 数据选择器的仿真电路图如图 5-18 所示，开关 S_2 和 S_1 分别表示数据 B 和 A，灯泡 X_1 表示输出 Y。图中的状态为 $BA=10$ 时的结果，根据选择原理，应该选择 C_2，其数据为 0，灯泡 X_1 灭。仿真中，也可以让 $C_3 \sim C_0$、B 和 A 接波形发生器或者字信号发生器，输出 Y 接示波器，观测输出结果。为了方便观测，可按照一定规律设置 $C_3 \sim C_0$、B 和 A。

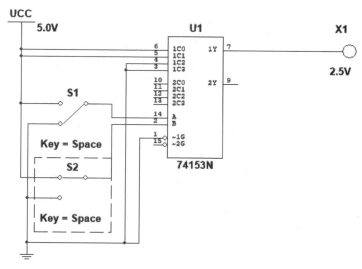

图 5-18　4 选 1 数据选择器的仿真电路图

3）数据选择器的级联。可以将两片 n 位的数据选择器级联实现 $2n$ 选 1 功能，比如两个 8 选 1 数据选择器可级联成 16 选 1 数据选择器。8 选 1 数据选择器芯片 74LS151 的引脚图和功能表分别如图 2-38a 和表 2-28 所示，其级联而成的 16 选 1 数据选择器仿真电路如图 5-19 所示，其中字节发生器设置的数字为 8765。由图可知，S_4 为高电平，则高位片 U_2 被选中，而 $S_3S_2S_1$ 的值为 111，即高位片的 CBA 为 111，应选择数据 D_7。根据字节发生器中的设置结果可知，D_7 为 1，所以灯 X_1 亮，完成了 16 选 1 的数据选择功能。

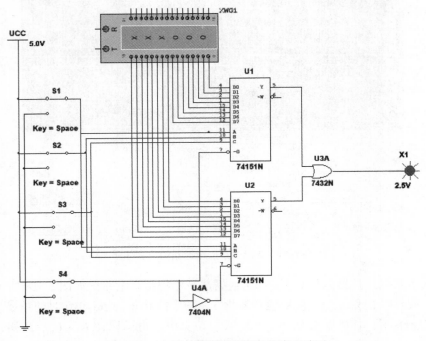

图 5-19　16 选 1 数据选择器的仿真电路图

（2）数据分配器的仿真

1）数据分配器的仿真结果。数据分配器仿真原理图如图 5-20 所示，将 74LS139 的使能端 G 接传输的输入数据 D，其波形如图 5-21 所示，输出数据波形如图 5-22 所示，从上到下依次为 Y_0、Y_1、Y_2 和 Y_3 的输出波形。因为 BA 为 01，所以仅有 Y_1 有数据输出，其结果与数据端 G 相同。

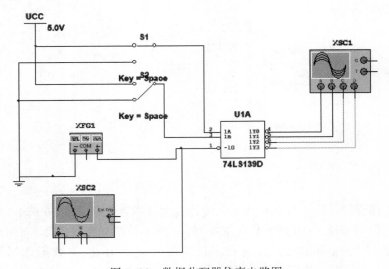

图 5-20　数据分配器仿真电路图

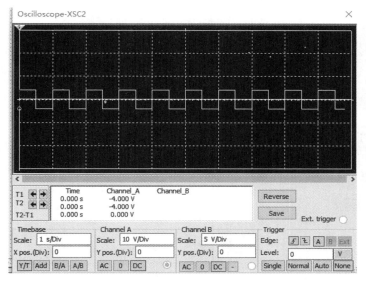

图 5-21　数据选通端信号波形图

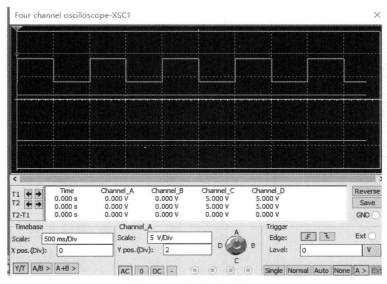

图 5-22　输出数据波形

2）数据分配器的级联。数据分配器也可以通过级联将两片 n 路分配器扩展为 $2n$ 路分配器，例如，将两个 8 路分配器级联成 16 路分配器。8 路分配器由译码器 74LS138 实现，其引脚图及功能表分别如图 2-31a 和表 2-21 所示。如图 5-23 所示，将高位片 U_2 和低位片 U_1 的 C、B、A 连接在一起，分别接 S_2、S_1 和 S_0 开关，作为数据分配器的地址低位端，而 U_2 的片选端 G_{2B} 和 G_{2A} 连接在一起，与开关 S_3 取反后相连，U_1 的片选端 G_{2B} 和 G_{2A} 连接在一起，与开关 S_3 相连，这样当 S_3 为高电平时，U_2 的相应数据通道有效，而当 S_3 为低电平时，U_1 的相应数据通道有效，数据通过 U_2 和 U_1 的 G 端输送。图 5-23 中，$S_3 \sim S_0$ 的状态为 1011（十进制数 11），因此可以看到只有灯 X_{11} 按照函数信号发生器 XFG1 设置的频率变化，因为输出为反码输出，所以灯的亮灭分别表示的是信号 G 为 0 和 1。而其他灯因为 74LS138 输出无效时为高电平而常亮。

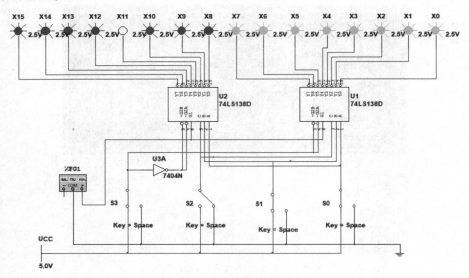

图 5-23　16 路数据分配器

6. 思考题

1）利用数据选择器和分配器能组成什么功能的电路？试设计出一种用数据选择器或者分配器组成的逻辑组合电路。

2）何种译码器可以作为数据分配器？

7. 实验报告要求

1）使用仿真软件完成电路仿真并保存相关电路图及数据。

2）将示波器观察到的波形粘贴到实验报告上。

3）写出实验总结及体会。

5.1.5　竞争-冒险现象的仿真与分析

1. 预习要求

1）复习竞争-冒险的概念、产生原因及解决方法。

2）阅读实验指导书，理解实验原理，了解实验步骤。

2. 实验目的

1）了解竞争-冒险的产生原因。

2）掌握冒险的消除方法。

3. 实验原理

（1）产生竞争冒险现象的原因

由于延迟时间的存在，当一个输入信号经过多条路径传送后又重新会合到某个门上，因为不同路径上门的级数不同，或者门电路延迟时间的差异，导致到达会合点的时间有先有后，从而产生瞬间的错误输出。这一现象称为竞争冒险。如图 5-24a 所示的电路中，逻辑表达式为 $L=A\overline{A}$，理想情况下，输出应恒等于 0。但是由于 G_1 门的延迟时间 t_{pd}，$\overline{A}$ 下降

沿到达 G_2 门的时间比 A 信号上升沿晚 t_{pd}，因此，使 G_2 输出端出现了一个正向窄脉冲，如图 5-24b 所示，通常称为"1 冒险"。

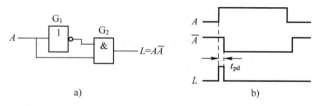

图 5-24　产生 1 冒险

a）逻辑图　b）波形图

同理，在图 5-25a 所示的电路中，由于 G_1 门的延迟时间 t_{pd}，会使 G_2 输出端出现了一个负向窄脉冲，如图 5-25b 所示，通常称为"0 冒险"。

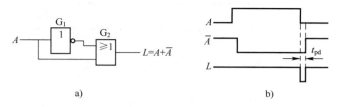

图 5-25　产生 0 冒险

a）逻辑图　b）波形图

"0 冒险"和"1 冒险"统称为冒险，是一种干扰脉冲，有可能引起后级电路的错误动作。产生冒险的原因是由于一个门（如 G_2）的两个互补的输入信号分别经过两条路径传输，由于延迟时间不同，从而到达的时间不同。这种现象称为竞争。

1）竞争现象。任何一个门电路都具有一定的传输延迟时间 t，即当输入信号发生突变时，输出信号不可能立即突变，而是要滞后一段时间才发生变化。由于各个门的传输时间差异，或者输入信号通过的路径（即门的级数）不同造成的传输时间差异，会使一个或几个输入信号经不同的路径到达同一点的时间有差异。犹如赛跑，各个运动员到达终点的时间会有先后一样，这种现象称为竞争。如

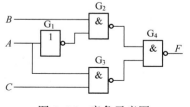

图 5-26　竞争示意图

图 5-26 所示，变量 A 有两条路径到达 G_4：一条通过 G_1、G_2 到达 G_4；另一条通过 G_3 到达 G_4。故变量 A 具有竞争能力，而 B、C 仅有一条路径到达 G_4，故称为无竞争能力的变量。

由于集成门电路离散性较大，因此延迟时间也不同。哪条路径上的总延时大，由实际测量而定，因此竞争的结果是随机的。大多数组合逻辑电路均存在着竞争，有的竞争不会带来不良影响，有的竞争却会导致逻辑错误。

2）冒险现象。函数式和真值表所描述的是静态逻辑关系，而竞争则发生在从一种稳态到另一种稳态的过程中。因此，竞争是动态问题，它发生在输入变量变化时。

当某个变量发生变化时，如果真值表所描述的关系受到短暂的破坏并在输出端出现不应有的尖脉冲，则称这种情况为冒险现象。当暂态结束后，真值表的逻辑关系又得到满足。而

尖脉冲对有的系统（如时序系统的触发器）是危险的，将产生误动作。根据出现的尖脉冲的极性，冒险又可分为偏"1"冒险和偏"0"冒险。

① 偏"1"冒险（输出负脉冲）。在竞争示意图 5-26 中，$F=\overline{\overline{AC} \cdot \overline{AB}}=AC+\overline{A}B$，若输入变量 $B=C=1$，则有 $F=A+\overline{A}$。在静态时，不论 A 取何值，F 恒为 1；但是当 A 变化时，由于各条路径的时延不同，将会出现如图 5-27 所示的情况。图中 t_{pd} 是各个门的平均传输延迟时间，由图可见，当变量 A 由高电平突变到低电平时，输出将产生一个偏"1"的负脉冲，宽度只有 t_{pd}，有时又称为毛刺。A 变化不一定都产生冒险，如由低变到高时，就无冒险产生。

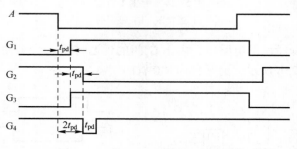

图 5-27　偏"1"冒险的形成过程

② 偏"0"冒险（输出正脉冲）。如图 5-28 所示，$F=\overline{\overline{A+C}+\overline{\overline{A}+B}}=(A+C)(\overline{A}+B)$，当 $B=C=0$ 时，输出函数 $F=A\overline{A}$ 恒为 0，但当变量 A 由低电平变为高电平时，将产生一宽度为 t_{pd} 的正脉冲。

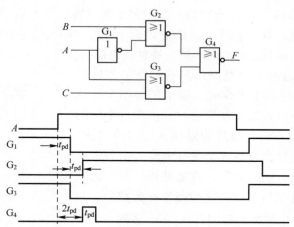

图 5-28　偏"0"冒险的形成过程

（2）冒险现象的识别

可采用代数法来判断一个组合电路是否存在冒险，方法为：写出组合逻辑电路的逻辑表达式，当某些逻辑变量取特定值（0 或 1）时，如果表达式能转换为 $L=A\overline{A}$，则存在 1 冒险；如果表达式能转换为 $L=A+\overline{A}$，则存在 0 冒险。

例如，判断图 5-29a 所示电路是否存在冒险，如有，指出冒险类型，画出输出波形。这个问题可以这样来解决：写出逻辑表达式 $L=A\overline{C}+BC$，若输入变量 $A=B=1$，则有 $L=C+\overline{C}$。因此，该电路存在 0 冒险。下面画出 $A=B=1$ 时 L 的波形。在稳态下，无论 C 取何值，F 恒为 1，但当 C 变化时，由于信号的各传输路径的延时不同，将会出现图图 5-29b 所示的负向窄脉冲，即 0 冒险。

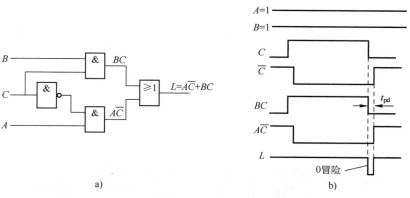

图 5-29　冒险识别示例
a）逻辑图　b）波形图

例如，判断逻辑函数 $L=(A+B)(\overline{B}+C)$ 是否存在冒险。可以看出，如果令 $A=C=0$，则有 $L=B\overline{B}$，因此，该电路存在 1 冒险。

（3）冒险现象的消除方法

当组合逻辑电路存在冒险现象时，可以采取以下方法来消除冒险现象。

1）增加冗余项。图 5-29 的电路表达式为 $L=A\overline{C}+BC$，当 $A=B=1$ 时存在冒险现象。如在其逻辑表达式中增加乘积项 AB，使其变为 $L=A\overline{C}+BC+AB$，则在原来产生冒险的条件 $A=B=1$ 时，$L=1$，不会产生冒险。这个函数增加了乘积项 AB 后，已不是"最简"，故这种乘积项称为冗余项。

2）变换逻辑式，消去互补变量。比如图 5-28 的逻辑式 $F=\overline{\overline{\overline{A}+C}+\overline{\overline{A}+B}}=(A+C)(\overline{A}+B)$ 存在冒险现象，如将其变换为 $L=AB+\overline{A}C+BC$，则在原来产生冒险的条件 $B=C=0$ 时，$L=0$，不会产生冒险。

3）增加选通信号。在电路中增加一个选通脉冲，接到可能产生冒险的门电路的输入端。当输入信号转换完成，进入稳态后，才引入选通脉冲，将门打开。这样，输出就不会出现冒险脉冲。

4）增加输出滤波电容。由于竞争冒险产生的干扰脉冲的宽度一般都很窄，在可能产生冒险的门电路输出端并接一个滤波电容（一般为 $4\sim20\,\mathrm{pF}$），利用电容两端的电压不能突变的特性，使输出波形上升沿和下降沿都变得比较缓慢，从而起到消除冒险现象的作用。

4. 实验仪器及设备

可以连接校园网的 PC。

5. 实验内容及步骤

建立如图 5-30 所示仿真电路-组合电路 $Y=AB+\overline{A}C$，输入 B、C 均接高电平，输入 A 接时钟，时钟频率设为 $1\,\mathrm{Hz}$，输入 A 与输出 Y 用示波器监视，波形图如图 5-31 所示。从仿真波形图可以看出，电路存在 A 从高电平变为低电平时，存在冒险现象。可以验证，如果给 Y 增加一项冗余项 BC，能在保证电路逻辑关系不变的情况下，消除冒险。

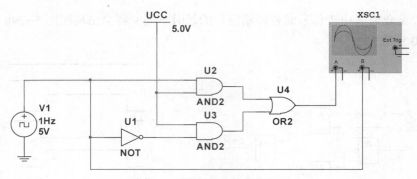

图 5-30　竞争冒险仿真电路图

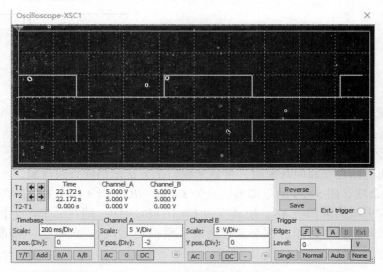

图 5-31　竞争冒险仿真结果

6. 思考题

1）采用卡诺图能否判断电路存在竞争–冒险现象？如果能，如何判断？

2）举例说明一两种消除竞争–冒险的方法。

7. 实验报告要求

1）使用仿真软件完成电路仿真并保存相关电路图及数据。

2）将仿真实验所测数据整理填入自制表中，并将示波器观察到的波形粘贴到实验报告上。

3）写出实验总结及体会。

5.2　Multisim 时序电路仿真实验

5.2.1　JK 触发器的仿真与分析

1. 预习要求

1）复习 JK 触发器的内部结构原理、触发特点及逻辑功能表。

2）阅读实验指导书，理解实验原理，了解实验步骤。

2. 实验目的

1）熟悉 JK 触发器的功能和触发方式，了解异步置位和异步复位的功能。

2）掌握 JK 触发器的逻辑功能，学会用示波器观察触发器输出波形。

3）熟悉异步置位、复位及输入信号 $\overline{R}_D$ 和 $\overline{S}_D$ 的控制作用。

3. 实验原理

触发器具有记忆功能，它是数字电路中用来存储二进制数字信号的单元电路。触发器的输出不但取决于它的输入，而且还与它原来的状态有关。触发器接收信号之前的状态叫初态，用 Q^n 表示；触发器接收信号之后的状态叫次态，用 Q^{n+1} 表示。

为了从根本上解决电平直接控制问题，人们在同步触发器的基础上设计了主从 RS 触发器。但主从 RS 触发器中 R、S 之间仍存在约束的缺点，为了克服它，人们又设计出主从 JK 触发器。图 5-32 为主从 JK 触发器 74LS76 的内部电路图；图 5-33 是它的符号和引脚排列图；表 5-6 是它的真值表。

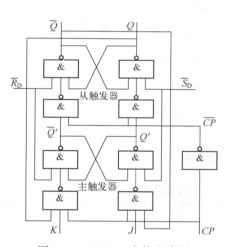

图 5-32 74LS76 内部电路图

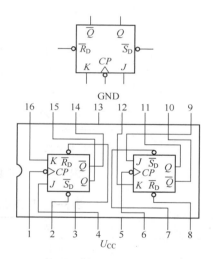

图 5-33 74LS76 符号及引脚图

表 5-6 74LS76 真值表

$\overline{R}_D$	$\overline{S}_D$	CP	J	K	Q^{n+1}	$\overline{Q}^{n+1}$	功能名称
0	1	×	×	×	0	1	复位
1	0	×	×	×	1	0	置位
0	0	×	×	×	1	1	不允许
1	1	↓	0	0	Q^n	$\overline{Q}^n$	保持
1	1	↓	0	1	0	1	清0
1	1	↓	1	0	1	0	置1
1	1	↓	1	1	$\overline{Q}^n$	Q^n	翻转

由图 5-32 可看出，JK 触发器是下降沿到来时翻转的。由真值表 5-6 可以看出，J、K 在任何情况下都能有输出，不存在约束问题，故应用非常广泛。由图 5-33 可以看出，JK 触

发器具有异步置位端$\overline{S}_\mathrm{D}$和异步复位端$\overline{R}_\mathrm{D}$。无论 CP 处于高电平还是低电平，都可以通过在$\overline{S}_\mathrm{D}$ 或 $\overline{R}_\mathrm{D}$ 端加入低电平将触发器置 1 或置 0。JK 触发器的特征方程为

$$Q^{n+1} = J\overline{Q}^n + \overline{K}Q^n \qquad\qquad (5-13)$$

4. 实验仪器及设备

可以连接校园网的 PC。

5. 实验内容及步骤

（1）JK 触发器的功能测试

1）异步复位 CLR（即$\overline{R}_\mathrm{D}$）及异步置位 PR（即$\overline{S}_\mathrm{D}$）功能的测试。用仿真软件 Multisim 建立异步复位及异步置位仿真电路如图 5-34 所示。打开仿真开关，按表 5-7 分别按 S_1 键或 S_2 键，观察 X_1、X_2 的变化情况，并填好表 5-7。（注：X_1 亮表示 $Q=1$；X_2 亮表示 $\overline{Q}=1$。）

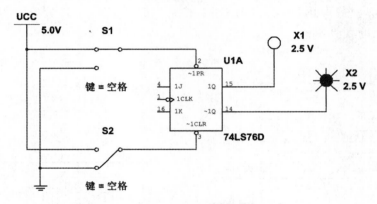

图 5-34 异步复位及异步置位仿真电路图

表 5-7 异步复位及异步置位功能测试表格

$\overline{S}_\mathrm{D}$	$\overline{R}_\mathrm{D}$	Q	$\overline{Q}$
1	1→0		
	0→1		
1→0	1		
0→1			

2）JK 触发器逻辑功能的测试。用 Multisim 建立如图 5-35 所示的仿真电路，打开仿真开关，按照表 5-8 要求进行实验，并将结果填入表中。注意：要使初态 $Q^n = 0$，可用 CLR 置低电平进行复位，复位后 S_5 仍需回到高电平；同样要使初态 $Q^n = 1$，可用 PR 置低电平进行置位，置位后 S_2 仍需回到高电平。

表 5-8 JK 触发器逻辑功能测试表格

J	K	CP	Q^{n+1}	
			$Q^n = 0$	$Q^n = 1$
0	0	0→1		
		1→0		

J	K	CP	Q^{n+1}	
			$Q^n = 0$	$Q^n = 1$
0	1	$0 \to 1$		
		$1 \to 0$		
1	0	$0 \to 1$		
		$1 \to 0$		
1	1	$0 \to 1$		
		$1 \to 0$		

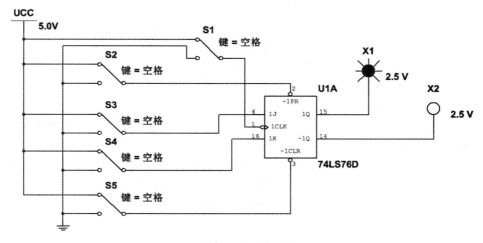

图 5-35　JK 触发器逻辑功能测试仿真电路图

3）JK 触发器计数功能的测试。将 JK 触发器接成计数状态（即 $J = K = 1$），时钟 CLK 接 1 kHz 的方波信号，4 通道示波器接时钟脉冲信号、同相输出端和反相输出端，如图 5-36 所示，仿真结果如图 5-37 所示，从上往下的波形依次为 CLK 信号、Q 信号和 $\overline{Q}$ 信号。从图 5-37 可以看出，Q 端和 $\overline{Q}$ 端波形信号反相；当输入脉冲信号下降沿到来时，Q 端和 $\overline{Q}$ 端会发生高低电平的跳变；而当输入脉冲信号上升沿到来时，Q 端和 $\overline{Q}$ 端保持上升沿前的状态保持不变。

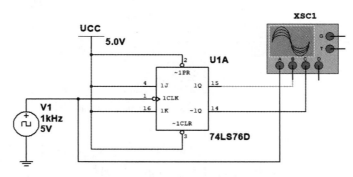

图 5-36　JK 触发器计数功能仿真电路图

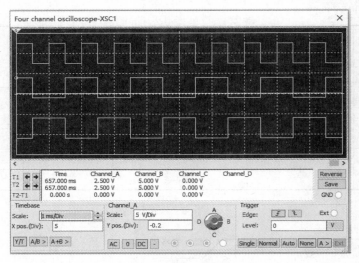

图 5-37 计数功能仿真图形

（2）JK 触发器的应用

JK 触发器可以转换为 D 触发器和 T 触发器，详见 3.1 节。在此利用 JK 触发器设计一款 4 位二进制减法计数器，将 JK 触发器的输入端 J 和 K 都接到高电平形成 T 触发器，然后用前一级的低位 $\sim Q$（反相输出）端作为后一级的时钟脉冲输入端，这样四个 JK 触发器的 Q 端输出按照减 1 规律计数。JK 触发器组成的 4 位二进制减法计数仿真电路如图 5-38 所示，仿真结果如图 5-39 所示，逻辑分析仪的输出波形从上往下依次为 U1A（最低位）、U2A、U3A 和 U4A（最高位）的 Q 端输出，最下面的波形为时钟信号。由仿真结果可知，设计的计数器按照 1111→1110→1101……0010→0001→0000→1111 依次递减的规律完成了减法计数功能。

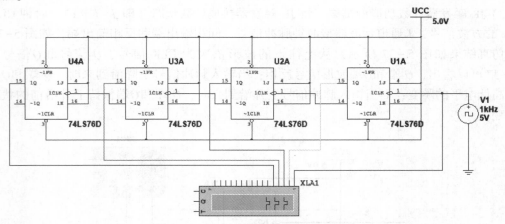

图 5-38　JK 触发器组成的减法计数器

6. 思考题

1）JK 触发器和 D 触发器在实现正常逻辑功能时 $\overline{R}_D$、$\overline{S}_D$ 应处于什么状态？为什么？

2）解释边沿触发器的工作速度高于主从触发器的原因。

3）JK 触发器还有什么实际应用，请举例并进行仿真。

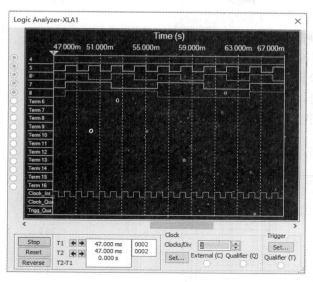

图 5-39　减法计数器的仿真波形

7. 实验报告要求

1）使用仿真软件完成电路仿真并保存相关电路图及数据。

2）将仿真实验所测数据整理填入各表中，并将示波器观察到的波形描绘到实验报告上。

3）写出实验总结及体会。

5.2.2　双向移位寄存器的仿真与分析

1. 预习要求

1）复习双向移位寄存器的基本原理。

2）掌握双向移位寄存器的功能表。

3）阅读实验指导书，理解实验原理，了解实验步骤。

2. 实验目的

1）熟悉移位寄存器的工作原理及调试方法。

2）掌握用移位寄存器组成计数器的典型应用。

3. 实验原理

移位寄存器是一个具有移位功能的寄存器，寄存器中所存的代码能够在移位脉冲的作用下依次左移或右移，既能左移又能右移的称为双向移位寄存器。4 位双向通用移位寄存器 74LS194 的引脚图及功能分别如图 3-27 和表 3-18 所示。

移位寄存器应用很广，可构成移位寄存器型计数器、顺序脉冲发生器及串行累加器；可用作数据转换，即把串行数据转换为并行数据，或并行数据转换为串行数据等。

把移位寄存器的输出反馈到它的串行输入端，就可进行循环移位。如把输出端 Q_D 和右移串行输入端 S_R 相连接，设初始状态 $Q_AQ_BQ_CQ_D = 1000$，则在时钟脉冲作用下，$Q_AQ_BQ_CQ_D$ 将依次变为 0100→0010→0001→1000→0100……，可见，它是一个具有 4 个有效状态的计数器，这种类型的计数器通常称为环形计数器，该电路可以由各个输出端输出在时间上有先后顺序的脉冲，因此可作为顺序脉冲发生器。

4. 实验仪器及设备

可以连接校园网的 PC。

5. 实验内容及步骤

（1）逻辑功能验证

1）并行输入。建立如图 5-40 所示的仿真电路。

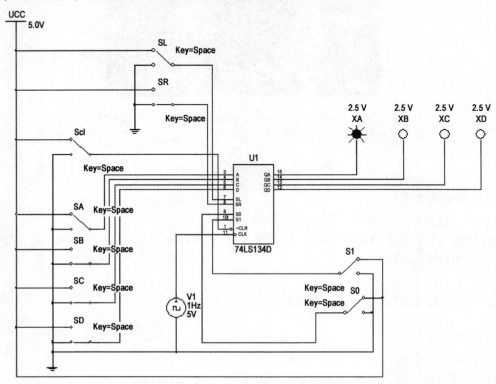

图 5-40　移位寄存器功能验证仿真电路

打开仿真开关，根据 74LS194 功能表 3-18，用 *CLR* 实现 "异步清零" 功能；再根据并行输入功能要求，将 S_1、S_0 使能端置于 "1、1" 状态，A、B、C、D 数据输入端分别设为 "1011"，观察 *CLK* 端加单脉冲 V1 时，输出端指示灯变化情况，并填写表 5-9。

2）动态保持。根据 74LS194 功能表 3-18 "保持" 功能，观察单脉冲作用时输出端变化情况，并填表 5-10 中。

表 5-9　并行输入测试表格

脉冲	Q_A	Q_B	Q_C	Q_D
未加脉冲				
加单脉冲				

表 5-10　动态保持测试表格

脉冲	Q_A	Q_B	Q_C	Q_D
未加脉冲				
加单脉冲				

3）左移功能。将 74LS194 的 Q_A 端与 S_L 端相连。在打开仿真开关的情况下，先给 $Q_A \sim Q_D$ 送数 "0011"，然后根据 74LS194 功能表 "左移" 功能要求（即 $S_1 S_0 = 10$），观察当 *CP*

脉冲作用时输出端指示灯变化情况，并填写表 5-11；再给 $Q_A \sim Q_D$ 送数 "1100"，然后根据 74LS194 功能表 "左移" 功能要求（即 $S_1 S_0 = 10$），观察当 CP 脉冲作用时输出端指示灯变化情况，并填写表 5-12。

表 5-11　左移功能测试表格 1

脉冲	Q_A	Q_B	Q_C	Q_D
0	0	0	1	1
1				
2				
3				
4				
5				

表 5-12　左移功能测试表格 2

脉冲	Q_A	Q_B	Q_C	Q_D
0	1	1	0	0
1				
2				
3				
4				
5				

4）右移功能。将 74LS194 的 Q_D 端与 S_R 端相连。仿照左移功能步骤观察当 CP 脉冲作用时输出端指示灯变化情况，并填写表 5-13 和表 5-14。

表 5-13　右移功能测试表格 1

脉冲	Q_A	Q_B	Q_C	Q_D
0	0	0	1	1
1				
2				
3				
4				
5				

表 5-14　右移功能测试表格 2

脉冲	Q_A	Q_B	Q_C	Q_D
0	1	1	0	0
1				
2				
3				
4				
5				

（2）移位寄存器的级联

n 片移位寄存器 74LS194 级联可以并行输出 $4n$ 位数据，将两片 74LS194 级联，会有 8 位并行数据输出。设计一款 7 位数字并行输入串行输出的电路，采用右移输出。如图 5-41 所示，将 U_1 的 Q_D 连接到 U_2 的 SR，输出为 U_2 的 Q_D。开始工作时，先将 S_1 与地相接，这样与非门 U_4 的输出为 1，U_1 和 U_2 的 $S_1 S_0 =$ "11"，完成并行置数功能，将各自的 $ABCD$ 分别输出到 $Q_A Q_B Q_C Q_D$，然后将 S_1 接电源高电平，U_1 和 U_2 的 $S_1 S_0 =$ "01"，实现右移功能，U_2 的 $Q_D Q_C Q_B Q_A$ 和 U_1 的 $Q_D Q_C Q_B$ 依次从 U_2 的 Q_D 端输出。U_1 的 A 始终为低电平，作为每 7 位数据输出的停止位。

（3）移位寄存器的应用

1）移位寄存器型计数器。在 Multisim 平台上，用 4 位双向移位寄存器 74LS194 构成七进制计数器，其线路如图 5-42 所示。打开仿真开关，双击虚拟逻辑分析仪图标，可看到仿真波形如图 5-43 所示，可从波形图进行七进制计数器原理分析。

2）自启动扭环计数器。自启动扭环计数器仿真电路如图 5-44 所示，请根据电路及仿真结果分析计数器工作原理。

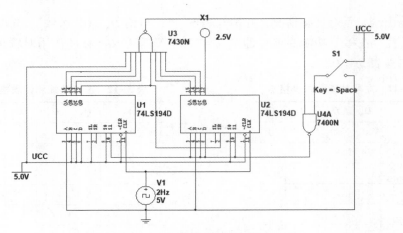

图 5-41 7 位并行输入串行输出电路

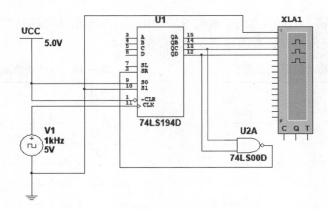

图 5-42 移位寄存器组成的七进制计数器

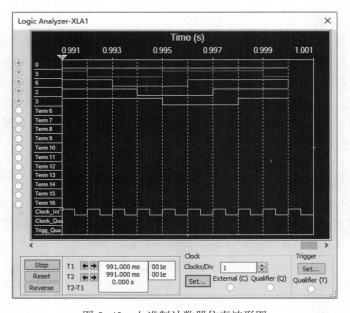

图 5-43 七进制计数器仿真波形图

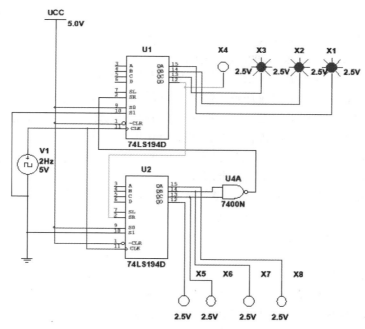

图 5-44　自启动级联扭环计数器

6. 思考题

1）对 74LS194 进行送数后，若要使输出端改成另外的数码，是否一定要使寄存器清零？

2）使寄存器清零，除采用 ~CLR 输入低电平外，可否采用右移或左移的方法？可否使用并行送数法？若可行，如何进何操作？

3）设计时序逻辑电路时，如何解决电路不能自启动的问题？

7. 实验报告要求

1）使用仿真软件完成电路仿真并保存相关电路图及数据。

2）将仿真实验所测数据整理填入各表中，并将示波器观察到的波形粘贴到实验报告上。

3）分析图 5-44 的自启动级联扭环计数器工作过程。

4）写出实验总结及体会。

5.2.3　任意进制计数器的仿真与分析

1. 预习要求

1）复习集成计数器的基本原理及设计方法。

2）阅读实验指导书，理解实验原理，了解实验步骤。

2. 实验目的

1）掌握二进制计数器和十进制计数器的工作原理和使用方法。

2）熟悉用同步计数器和异步计数器的设计方法及异同点。

3. 实验原理

时序电路可分为同步时序电路和异步时序电路两种。同步时序电路中的所有触发器共享一个时钟信号，即所有触发器的状态转换发生在同一时刻。而异步时序电路则不同，它不再共享一个时钟信号，就是说所有触发器的状态转换不一定发生在同一时刻。根据时钟的作用方式不同，计数器可分为同步计数器和异步计数器两种。

计数器从零开始计数，具有"置零（清除）"功能，此外计数器还有"预置数"的功能，通过预置数据于计数器中，可以使计数器从任意值开始计数。

通常可利用集成计数器来构成任意进制的计数器。在中规模集成计数芯片中，最常见的是十进制计数器 74LS160 和 4 位二进制计数器 74LS161，以及 74190 十进制加/减法可逆计数器等。通过对各芯片的逻辑功能进行分析，可采用异步清零法和同步置数法来组成电路，同时可根据需要来确定芯片的个数，当计数不大于 16（对于 74LS161，为不大于 16，而对于 74LS160，则为不大于 10）时，仅用一个芯片和一定数量的门电路即可，反之，则需要对芯片进行级联来组成计数电路，有并行级联（计数器的时钟脉冲相同）和串行级联（高位片的时钟脉冲通常由低位片来提供）两种方法。

4. 实验仪器及设备

可以连接校园网的 PC。

5. 实验内容及步骤

一般情况下，设计所需要的计数器不能直接由现有的集成计数器提供，需要进行适当的改造。需要的计数器不同，所用芯片及接连方法就有所不同。设需要的是 M 进制的计数器，而已有的计数器是 N 进制的，下面来讨论 $M \neq N$ 的情况。

（1）$N>M$ 时的设计方法

如果 $N>M$，则只需一片 N 进制计数器做适当连接就可以实现。要由 N 进制计数器设计成 M 进制的计数器，只需要在计数过程中设法跳过 $N-M$ 个状态就可以了，实现跳跃的方法有两种。

1）复位法：也称清零法，按执行清零操作是否需要时钟脉冲配合又分为同步清零法和异步清零法，大多数集成计数器采用异步清零法。

① 异步清零如图 5-45 所示，计数器从 S_0 状态开始计数到 S_M 状态时译码产生一个清零信号，加到计数器的清零输入端，计数器立刻返回 S_0 状态，开始下一轮计数循环。S_M 状态只存在极短的时间，只是一个过渡状态，不是稳定状态，在计数循环中不包含状态 S_M，只有 $S_0 \sim S_{M-1}$ 一共 M 个状态，从而构成 M 进制计数器。

② 同步清零如图 5-46 所示，同步清零方式需要时钟脉冲的到来才执行清零操作，没有过渡状态，所以应该在 S_{M-1} 状态译码产生清零信号，在计数循环中包含状态 S_{M-1}，也有 $S_0 \sim S_{M-1}$ 一共 M 个稳定状态，构成 M 进制计数器。实现同步清零的 4 位二进制计数器 74LS163 功能表见表 5-15。

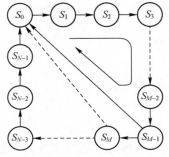

图 5-45　异步清零的状态转换图

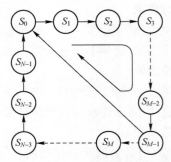

图 5-46　同步清零的状态转换图

表 5-15　同步 4 位二进制计数器 74LS163 真值表

$\overline{C_r}$	$\overline{L_D}$	T	P	CP	D_3	D_2	D_1	D_0	Q_3	Q_2	Q_1	Q_0
0	×	×	×	↑	×	×	×	×	0	0	0	0
1	0	×	×	↑	D	C	B	A	D	C	B	A
1	1	0	×	×	×	×	×	×	保持			
1	1	×	0	×	×	×	×	×	保持			
1	1	1	1	↑	×	×	×	×	计数			

　　但应当注意的是，清零法不论采用哪种方式清零都有一个缺陷，那就是计数循环不包含产生进位输出的状态，所以计数器的进位端不起作用，不会有进位输出，需要另加进位输出电路，使电路复杂；另外，如果采用异步清零方式，由于清零信号存在时间极短，可能会有某些触发器没有完成复位，因此这种方式可靠性不高。

　　图 5-47 所示电路采用异步清零 74LS160 实现六进制计数功能，从 0000 开始计数，当 $Q_DQ_CQ_BQ_A$ 输出为 0110 时，与非门 U2A 输出一个低电平到 CLR，将计数器清零，回到 0000 状态。如图 5-48 所示电路采用同步清零 74LS163 芯片实现六进制计数功能，从 0000 开始计数，当 $Q_DQ_CQ_BQ_A$ 输出为 0101 时，与非门 U3A 输出一个低电平到 CLR，在下一个时钟脉冲到来时，将计数器清零，回到 0000 状态。可见，同步清零和异步清零由于需要和不需要时钟脉冲的不同，清零状态会差一个数值，异步清零法 n 进制计数器在输出为 n 时立刻清零，n 的状态一闪而过；同步清零法 n 进制计数器在输出为 $n-1$ 时等下一个时钟脉冲清零，所有状态都很稳定。

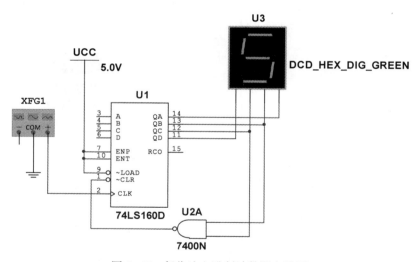

图 5-47　复位法六进制计数器电路图

　　2）预置数法：适用于具有预置数功能的集成计数器。预置数操作一般采用同步方式，即需要有时钟脉冲信号与预置数信号同时作用才执行预置数操作，其转换状态图如图 5-49 所示。$S_0 \sim S_i$ 状态在计数器清零后，第一次进行计数时出现，当预置数条件满足后，计数器以稳定的状态 $S_i \sim S_{i+M-1}$ 计数。预置数法也可采用异步方式，与清零法一样，异步方式存在一个不稳定的状态，74LS290 芯片就有异步置 9 功能。

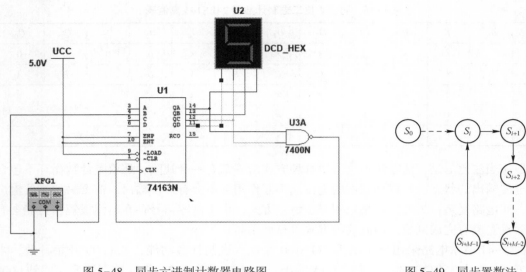

图 5-48　同步六进制计数器电路图　　　图 5-49　同步置数法
的状态转换图

　　在具有同步置数功能的计数器中，使用一个稳定状态（称为置数逻辑状态）来产生置数逻辑，当该状态出现时，计数器状态在下一个时钟有效沿来到后回到预置数状态。如图 5-50 是由十进制计数器 74160 构成的七进制计数器，将计数输出端 Q_B 和 Q_C 接在与非门 7400 的两个输入端上，将 7400 的输出端接在计数器同步置数端，当 $S_{N-1}(N=7) = Q_D Q_B Q_C Q_A = 0110$ 时，LOAD = 0，在下一个时钟脉冲有效沿到来时，由于 $DCBA = 0000$，电路被置成 0000 状态，电路的一个周期中有 7 个稳定状态。

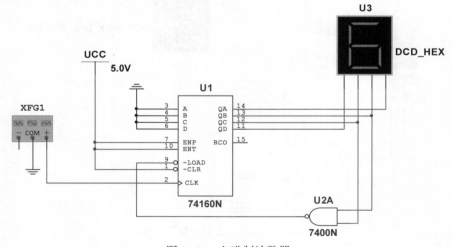

图 5-50　七进制计数器

（2）$N < M$ 的设计方法

　　一片 74160 构成的计数器最大进制为十进制，如果要构成更大规模的计数器，则需要使用多片模块级联来实现。

　　计数器的级联有以下两种实现方式：

一种方式是同步级联，即并行级联，外部计数输入同时送到各片计数器的时钟输入端，使各级计数器同步工作，用低位计数器的进位（减法计数器的借位）输出来控制高位计数器的工作状态控制端。

另一种方式是异步级联，即串行级联，用低位计数器的进位（减法计数器的借位）输出作为高位计数器的时钟输入信号。

下面分几种情况来讨论。

1) M 不是素数。即 M 可以分解为除了 M 和 1 以外的其他两个或多个正整数相乘的形式。

先考虑一种情况，$M = N^L (L = 2、3、\cdots)$，这时只要将 L 片 N 进制计数器直接级联即可。级联方式有并行进位和串行进位两种，相比之下，并行进位方式要简单一些，也更容易理解，且工作速度更快，一般选用此法。例如，设计 256 进制计数器，$256 = 16^2$，则可以用两片 4 位二进制计数器 74LS161 实现。对于 $M \neq N^L (L = 2、3、\cdots)$，则需要进行拆分。例如，设计一个 60 进制计数器，60 可以拆分为 6×10、5×12、4×15 等，显然分成 6×10 最为简单，因为有现成的十进制计数器 74LS160 可直接用。

图 5-51 为 1000 进制的计数器仿真图，在图中，以个位片 U_1（最右边）的进位输出端 RCO 作为十位片 U_2 的 EP 和 ET 的输入。当个位片计到 9，即输出 $Q_D Q_C Q_B Q_A$ 为 1001 时，进位输出高电平 1，十位片的 $ENP = ENT = 1$，在脉冲上升沿的作用下，第二片计数器开始计数，计入 1，即个位向十位进 1。此时，个位片计成 0（0000），它的 RCO 回低电平，而个位片的 ENP 和 ENT 恒为 1，始终处于计数状态，十位片则处于数据保持状态，以此类推。十位片的 RCO 控制百位片的时钟信号，当十位片输出为 9 时，RCO 输出为 1，使得与非门输出为 0，等个位片再来一个时钟脉冲，十位片输出变为 0，同时与非门输出 1，相当于产生一个时钟脉冲上升沿，百位片计数器计数一个。当个位、十位、百位分别计入 9 时，输出端 $Q_D Q_C Q_B Q_A$ 输出 1001，3 个 7 段数码管显示 999，在下一个脉冲前沿的作用下，个位、十位、百位分别进位，同时置零，完成 1000 进制的计数功能。

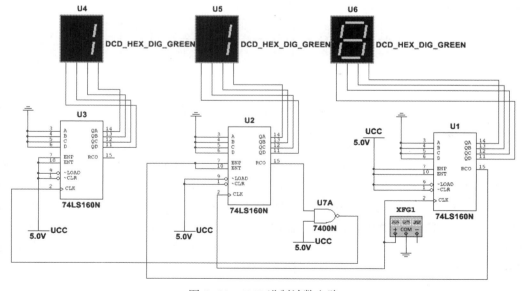

图 5-51　1000 进制计数电路

2）M 是素数。即 M 除了 M×1 以外不能分解为其他两个或多个正整数相乘的形式。这时就只能采用整体预置数法或整体清零法。具体设计方法如下：首先将 L 片集成计数器级联成 N_1 进制计数器，使 $N_1 = N^L$（$N_1 > M$），然后使用清零法或预置数功能跳过 $N_1 - M$ 个状态即可，只不过这时清零或预置数操作是对各片集成电路同时进行的。但必须注意的是，最好使用同种型号的计数器芯片进行级联。如果选用的是不同型号集成计数器，必须保证它们的预置数方式或清零方式都要一致（都是同步或都是异步的）。

① 整体清零法。下面以 181 进制计数器为例，先将三片 74LS290（其功能表见表 3-13，引脚图如图 3-17 所示）按串行进位方式级联成 1000 进制。因为 74LS290 是二-五-十进制异步计数器，设计时先将 74LS290 连接成十进制计数器，即将输出最低位 Q_A 接五进制计数器时钟输入 INB，而二进制时钟输入端 INA 接外部时钟信号。74LS290 的清零方式为异步清零，采用清零法设置计数循环应为 0000，0000，0000~0001，1000，0000（三位 74LS290 的输出用，隔开）。应以 0001，1000，0001 状态译码作为清零信号，同时加在三片 74LS290 复位端，并将三片的预置 9 端都接无效电平（低电平）即可。74LS290 芯片组成的 181 进制计数器仿真电路如图 5-52 所示，其中 1000 进制计数器通过将低位芯片的最高位输出 Q_D 接到高位芯片的时钟输入端 INA 来实现，因为 74LS290 计数器时钟下降沿有效（见表 3-13），所以当低位片计数到 1000 时产生一个高位片的时钟脉冲上升沿，等低位片计数 1001 后重复下个周期的 0000 信号时，正好产生一个高位片的时钟下降沿，高位片计数一次。

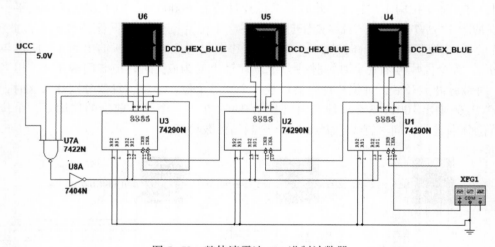

图 5-52　整体清零法 181 进制计数器

② 整体预置数法。还是以 181 进制计数器为例，同样先将 74LS290 接成 1000 进制。因为 74LS290 只有异步置 9 功能和异步清 0 功能，所以对于 181 进制计数器，预置数仅有置 9、置 90 和置 99 三种方式。在此选择计数循环为 $S_{99} \sim S_{279}$，由于 74LS290 采用异步预置数方式，则需将 0010、1000、0000（状态 S_{280}）译码作为预置数信号，预置的数为 0000、1001、1001（状态 S_{99}）。如果使用 74LS161 等有进位输出的芯片，这时也可用高位片的进位信号译码作为预置数信号（进位信号预置数法），这样设计出来的电路最简单。74LS290 芯片采用整体预置数法设计的 181 进制计数器电路如图 5-53 所示。

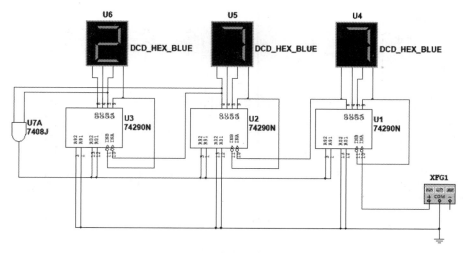

图 5-53　整体预置数法 181 进制计数器

其实 M 不是素数也可以用整体预置数法或者整体清零法设置，往往比用拆分法更为简单些。例如，用 74LS161 设计 250 进制计数器，如用拆分法，可拆分为 $5×5×10$，最少要用三片，采用整体法则只需要用两片即可（因为 250<256），并且最好用进位信号预置数法，以高位片的进位信号译码作为预置数信号同时加到各片的预置数端。

（3）计数器的应用举例

计数器除了实现十进制等常用进制计数功能外，还能实现如 2421 码等其他码的计数功能，以及实现分频功能等。

1）2421 码模 8 电路。表 5-16 为对应十进制的 2421 码，表中箭头指的是模 8 计数器计数到 1110 后重新从 0001 开始。

表 5-16　2421 码

十进制	2421 码（$Q_3Q_2Q_1Q_0$）
0	0000
1	0001 ←
2	0010
3	0011
4	0100
5	1011
6	1100
7	1101
8	1110
9	1111

此模 8 电路的初始状态为 0001，序列前半部分 0001→0010→0011→0100 和后半部分 1011→1100→1101→1110 均执行的是 4 位二进制计数的正常计数功能，0100→1011 有状态跳跃，在达到状态 0100 时，需置数 1011；1110→0001 为计数满一轮时的重新置数，两次置数不同。分析两次置数 1011 和 0001 的特点，其中有第一位（最低位）和第三位相同，因此可以直接将 74163 芯片置数端 A 置 1，置数端 C 置 0，第二位和第四位可以通过 2 选 1 数据选择器来实现，当计数器计数到 0100 时，完成置数 1011 功能，而当计数器计数到 1110 时，完成 0001 置数功能，如图 5-54 所示。

2）六分频电路。4 位二进制计数器的输出与时钟脉冲频率变化有一定的比例变化关系：对于最低位 Q_A，时钟脉冲变化一次，Q_A 变化一次，实现了对时钟脉冲的二分频；对于次低位 Q_B，每两个时钟脉冲变化一次；Q_C 是每四个时钟脉冲变化一次；Q_D 是每八个时钟脉冲变化一次。如果要实现六分频，显然应该是每三个时钟脉冲，其值变化一次。通过 74LS163 实现六分频电路，只能通过 Q_D 和 Q_C 位实现每三个时钟脉冲变化一次，因为 Q_B 每两个时钟脉冲

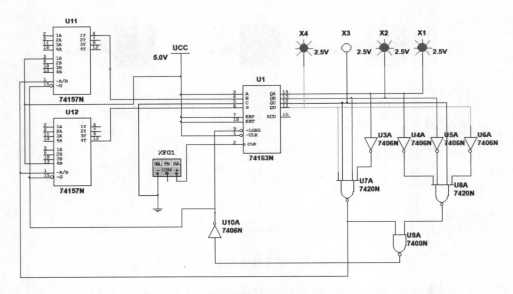

图 5-54 2421 码模 8 电路

变化一次，Q_A 每一个时钟脉冲变化一次。选择 Q_C 使其每三个时钟脉冲变化一次，显然可以找出这样一个序列：0000→0001→0010→1101→1110→1111→0000……。Q_C 位先是 3 个 0，接着是 3 个 1，不断循环，正好是六分频。其实这个电路的 Q_D 也是六分频。对于这个序列，需要在计数器计数到 0010 时置数 1101，计数到 1111 时 4 位二进制计数器自动从 0000 开始新一轮计数，不需要进行处理。因此，仅需要在 0010 时进行置数 1101 即可，具体实现电路如图 5-55 所示，通过逻辑分析仪对时钟脉冲和 Q_C 端进行波形分析，如图 5-56 所示，第一行波形为函数信号发生器的波形，也就是计数器的时钟脉冲，第二行波形为 Q_C 的波形，结果证明此电路完成了六分频功能。

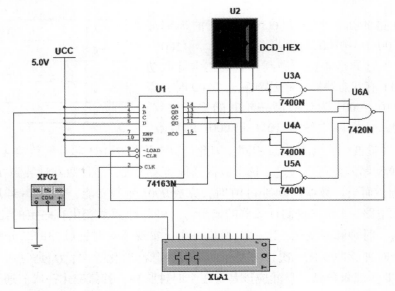

图 5-55 六分频电路

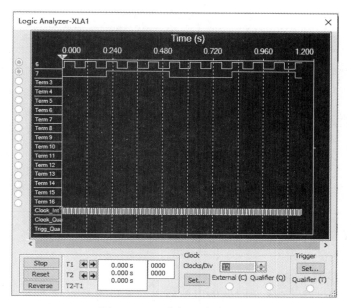

图 5-56　六分频电路波形图

6. 思考题

1）没有芯片个数要求，是否所有进制的计数器都能实现？

2）试比较异步计数器与同步计数器的优缺点。

3）计数器是否还能实现其他功能？如果有，请举例说明。

7. 实验报告要求

1）将仿真实验所测数据整理填入自制表中，并将示波器观察到的波形粘贴到实验报告上。

2）写出实验总结及体会。

5.2.4　集成定时电路的仿真与分析

1. 预习要求

1）复习 555 定时电路的基本结构及工作原理。

2）阅读实验指导书，理解实验原理，了解实验步骤。

2. 实验目的

1）了解 555 定时器的结构和工作原理。

2）熟悉单稳态触发器和多谐振荡器的工作特点。

3）熟悉 555 电路的脉冲幅度、周期和脉宽的调制方法。

3. 实验原理

555 集成定时器是模拟功能和数字逻辑功能相结合的一种双极型中规模集成器件。外加电阻、电容可以组成性能稳定而精确的多谐振荡器、单稳态触发器、施密特触发器等，应用十分广泛。555 定时器的内部结构框图如图 3-33 所示，引脚图如图 3-34 所示，具体工作原理见 3.6 节，功能表见表 5-17。

表 5-17 555 定时器的功能表

阈值端 TH	触发端 $\overline{TR}$	清零端 $\overline{R}$	置 1 端 $\overline{S}$	输出端 OUT	放电管 DIS
×	×	0		0	导通
$>\dfrac{2}{3}U_{CC}$	$<\dfrac{1}{3}U_{CC}$	0	0	1	截止
$>\dfrac{2}{3}U_{CC}$	$>\dfrac{1}{3}U_{CC}$	0	1	0	导通
$<\dfrac{2}{3}U_{CC}$	$<\dfrac{1}{3}U_{CC}$	1	0	1	截止
$<\dfrac{2}{3}U_{CC}$	$>\dfrac{1}{3}U_{CC}$	1	1	不变	不变

4. 实验仪器及设备

可以连接校园网的 PC。

5. 实验内容及步骤

添加适当的外围电路，555 定时器能以单稳态、无稳态及双稳态方式工作，本节主要介绍单稳态、无稳态方式的工作原理及仿真，双稳态电路的应用见 5.2.5 节。

（1）单稳态工作方式的仿真与分析

单稳态电路的组成和波形如图 5-57 所示。当电源接通后，U_{CC} 通过电阻 R 向电容 C 充电，待电容上电压 U_C 上升到 $2U_{CC}/3$ 时，RS 触发器置 0，即输出 U_O 为低电平，同时电容 C 通过晶体管 VT 放电。当触发端②的外接输入信号电压 $U_I<U_{CC}/3$ 时，RS 触发器置 1，即输出 U_O 为高电平，同时，晶体管 VT 截止。电源 U_{CC} 再次通过 R 向 C 充电。输出电压维持高电平的时间取决于 RC 的充电时间，充电时间可以按照三要素法来求得。

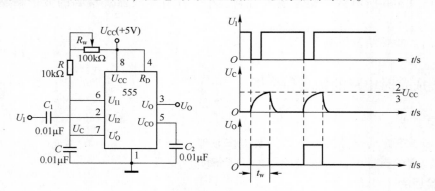

图 5-57 单稳态电路的电路图和波形图

三要素法公式为

$$f(t)=f(\infty)+[f(0_+)-f(\infty)]e^{-\frac{t}{\tau}} \tag{5-14}$$

电容上的电压上升到 U_+ 时的时间可通过三要素法获得

$$U_+=\frac{2}{3}U_{CC}=U_{CC}+(0-U_{CC})e^{-\frac{t_w}{RC}} \tag{5-15}$$

由式（5-15）可得电容 C 的充电时间为

$$t_w = RC\ln\left(\frac{U_{CC}}{U_{CC} - \frac{2}{3}U_{CC}}\right) = RC\ln 3 = 1.1RC \qquad (5-16)$$

电容恢复时间，即输出端从暂稳态回到稳态的时间为

$$t_{res} = (3 \sim 5)R_{res}C \qquad (5-17)$$

式中，R_{res} 为 VT 的饱和导通电阻。为保证单稳态电路能够正常工作，输入触发信号的周期必须满足 $T_{in} \geq t_w + t_{res}$，因此单稳态触发器电路的最高频率为

$$f_{max} = \frac{1}{t_w + t_{res}} \qquad (5-18)$$

由式（5-18）可知，单稳态电路的暂态时间与 U_{CC} 无关。因此用 555 定时器组成的单稳态电路可以作为精密定时器。一般 5 引脚接 10 nF 电容以防止干扰信号从此引脚输入，影响振荡周期。

按图 5-58 在 Multisim 平台上建立仿真实验电路，其中时钟信号频率为 5 kHz，占空比为 90%。打开仿真开关，双击虚拟四踪示波器图标，从打开的放大面板上可以看到信号源、电容和输出端的波形，如图 5-59 所示。利用屏幕上的读数指针读出单稳态触发器的暂稳态时间 T_w，并与用式（5-16）计算的理论值比较。

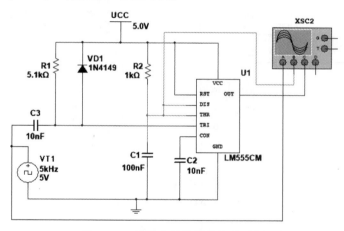

图 5-58　单稳态电路的仿真电路图

（2）无稳态工作方式的仿真与分析

多谐振荡器是一种无稳态电路，仅存在两个暂稳态；电路亦不需要外加触发信号，即接通电源后，无须外加触发信号，就能自动地不断翻转，产生矩形波。由于这种矩形波中含有很多谐波分量，因此称为多谐振荡器。图 5-60a 为多谐振荡器的电路图，利用电源通过 R_1、R_2 向 C 充电，以及 C 通过 R_2 向放电端 C_t（7 端）放电，使电路产生振荡。电容 C 在（1/3 ~ 2/3）U_{CC} 之间充电和放电，波形如图 5-60b 所示。

下面进行输出信号的时间参数计算。根据三要素法公式，电容电压充到 $\frac{2}{3}U_{CC}$ 时，有

$$U_+ = \frac{2}{3}U_{CC} = U_{CC} + (U_- - U_{CC})e^{-\frac{t_{ch}}{(R_3+R_4)C}} = U_{CC} + \left(\frac{1}{3}U_{CC} - U_{CC}\right)e^{-\frac{t_{ch}}{(R_3+R_4)C}} \qquad (5-19)$$

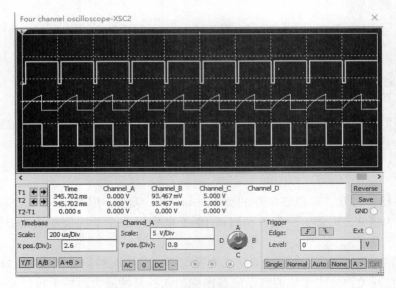

图 5-59　单稳态电路的输出波形图

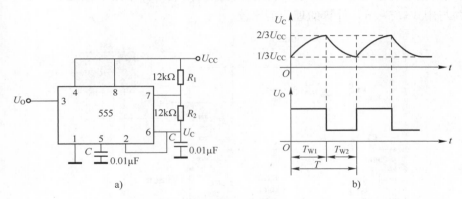

图 5-60　多谐振荡器电路图、波形图

a）多谐振荡器电路图　b）工作波形

由此可得多谐振荡器高电平宽度，即电容充电时间宽度为

$$t_{\mathrm{ch}}=(R_1+R_2)C\ln\left(\dfrac{U_{\mathrm{CC}}-\dfrac{1}{3}U_{\mathrm{CC}}}{U_{\mathrm{CC}}-\dfrac{2}{3}U_{\mathrm{CC}}}\right)=(R_1+R_2)C\ln2=0.7(R_1+R_2)C \tag{5-20}$$

同理，可得到放电时间为

$$t_{\mathrm{dis}}=R_2C\ln\left(\dfrac{0-U_+}{0-U_-}\right)=R_2C\ln\left(\dfrac{\dfrac{2}{3}U_{\mathrm{CC}}}{\dfrac{1}{3}U_{\mathrm{CC}}}\right)=0.7R_2C \tag{5-21}$$

因此，振荡周期为

$$T=0.7(R_1+2R_2)C \tag{5-22}$$

占空比为

$$q = \frac{R_1 + R_2}{R_1 + 2R_2} \qquad (5-23)$$

频率为

$$f = \frac{1}{T} = \frac{1}{0.7(R_1 + 2R_2)C} \qquad (5-24)$$

555 电路一般要求 R_1 与 R_2 均应大于或等于 1 kΩ，但 $R_1 + R_2$ 应小于或等于 3.3 MΩ。多谐振荡器的稳定性取决于外部元件的稳定性。555 定时器配以少量的元件，即可获得较高精度的振荡频率和较强的功率输出能力，因此这种形式的多谐振荡器得到广泛应用。

单击电子仿真软件 Multisim 建立如图 5-61 所示的多谐振荡器电路。打开仿真开关，双击示波器图标，观察屏幕上的波形，如图 5-62 所示。利用屏幕上的读数指针（屏幕区最左侧）对波形进行测量，并将结果填入表 5-18 中。

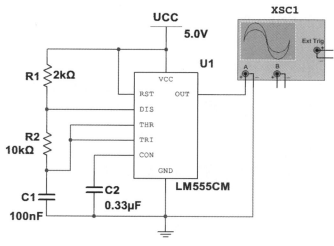

图 5-61　多谐振荡器

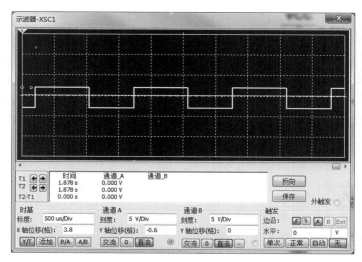

图 5-62　多谐振荡器的仿真结果

表 5-18　多谐振荡器测试表格

记录值	周期 T	高水平宽度 T_W	占空比 q
理论计算值			
实验测算值			

6. 思考题

1）555 定时器还有哪些应用电路，请举 2~3 个应用例子。

2）555 定时器能够组成双稳态电路吗？如果能，试举例说明。

7. 实验报告要求

1）将仿真实验所测数据整理填入表中，并将示波器观察到的波形粘贴到实验报告上。

2）写出实验总结及体会。

5.2.5　定时器组成的应用电路

1. 预习要求

1）复习 555 定时电路无稳态、单稳态及双稳态的基本结构及应用。

2）阅读实验指导书，理解实验原理，了解实验步骤。

2. 实验目的

1）了解 555 定时器的工作原理。

2）学会分析 555 电路所构成的几种应用电路工作原理。

3. 实验原理

555 定时器的工作原理见 3.6 节。

4. 实验仪器及设备

可以连接校园网的 PC。

5. 实验内容及步骤

（1）无稳态电路

1）占空比可调的多谐振荡器。在电子仿真软件 Multisim 平台上建立如图 5-63 所示仿真电路，打开仿真开关，双击示波器图标将从放大面板的屏幕上看到多谐振荡器产生的矩形波如图 5-64 所示。调节电位器的百分比，可以观察到多谐振荡器产生的矩形波占空比发生变化，分别测出电位器的百分比为 30% 和 70% 时的占空比，并将波形和占空比填入表 5-19 中。

表 5-19　波形和占空比

电位器位置	波　　形	占　空　比
30%		
70%		

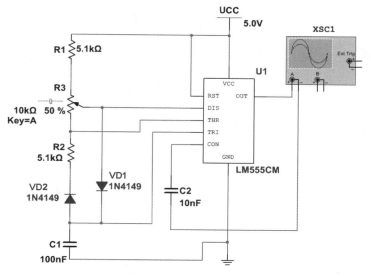

图 5-63　占空比可调的多谐振荡器

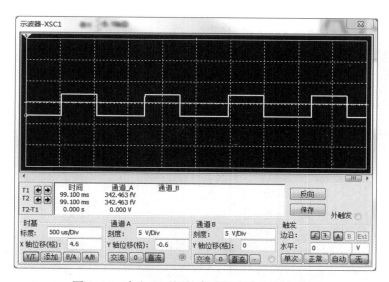

图 5-64　占空比可调的多谐振荡器仿真波形图

2）波形产生电路。建立如图 5-65 所示仿真电路，打开仿真开关，双击示波器图标将从放大面板的屏幕上看到波形如图 5-66 所示，由图可见，该电路产生了一个方波和一个锯齿波。图 5-65 所示电路的工作原理如下：开机时电容 C_1 的电压 $U_{C1} = 0$，电源通过 R_1 对电容 C_1 充电；当 $U_{THR} = U_{TRI} < \frac{1}{3}U_{CC}$ 时，555 定时器内部 $S = 0$，$R = 1$，$U_{out} = 1$；当电容 C_1 被充电，U_{C1} 电压升高到使 $\frac{1}{3}U_{CC} < U_{THR} = U_{TRI} < \frac{2}{3}U_{CC}$ 时，555 定时器内部 $S = 1$，$R = 1$，$U_{out} = 1$ 保持不变；当 U_{C1} 电压升高到使 $U_{THR} = U_{TRI} > \frac{2}{3}U_{CC}$ 时，555 定时器内部 $S = 1$，$R = 0$，$U_{out} = 0$，电容

137

C_1 通过 R_1 放电；电容放电到 $\frac{1}{3}U_{CC}<U_{THR}=U_{TRI}<\frac{2}{3}U_{CC}$ 时，555 定时器内部 $S=1$，$R=1$，保持

Uout $=0$ 不变；当 U_{C1} 电压降到使 $U_{THR}=U_{TRI}<\frac{1}{3}U_{CC}$ 时，$S=0$，$R=1$，Uout $=1$，又通过 R_1 对电

容 C_1 充电，如此周而复始，555 定时器 OUT 端得到方波。C_3 是一个滤波电容，R_3 和 C_4 组成
一阶积分电路，因此在 C_4 端可得到与方波频率相同的锯齿波。根据式（5-19）~式（5-21），
可得该电路的充放电时间均为 $0.7R_1C_1=0.2625$ ms，图 5-66 所示的仿真结果得到的方波高
低电平持续时间与电容 C_1 的充放电时间一致。

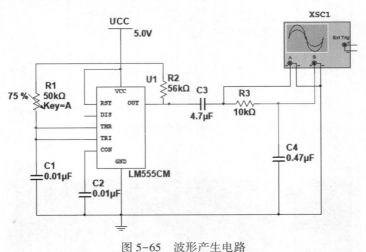

图 5-65　波形产生电路

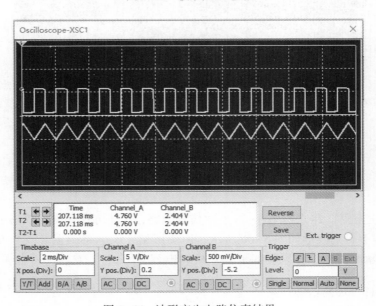

图 5-66　波形产生电路仿真结果

3）555 构成的救护车音响电路。救护车音响电路仿真图如图 5-67 所示，用示波器观察
U_{C1}、U_{O1}、U_{C3}、U_{O2} 的波形，并标上各波形的实际测量参数，将结果填入表 5-20 中。注意

各波形要同步于 U_{C1}、U_{C3} 的充电、放电的电平值，根据计算的理论值和仿真的测量值进行误差分析。

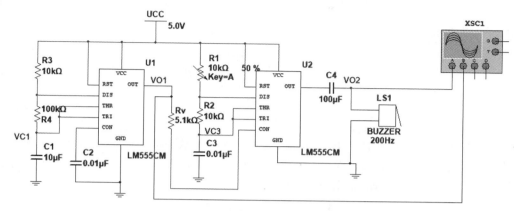

图 5-67　救护车音响电路仿真图

本电路的理论计算过程如下：

对于充放电电路，三要素法公式重写为

$$f(t)=f(\infty)+[f(0_+)-f(\infty)]e^{-\frac{t}{\tau}} \tag{5-25}$$

对于第一级充电过程，以初始 U_- 为时间零点，则电压上升到 U_+ 时的时间可通过三要素法求得

$$U_{1+}=\frac{2}{3}U_{CC}=U_{CC}+(U_--U_{CC})e^{-\frac{t}{(R_3+R_4)C_1}} \tag{5-26}$$

$$t_{ch1}=(R_3+R_4)C_1\ln\left(\frac{U_{CC}-U_-}{U_{CC}-U_+}\right)=(R_3+R_4)C_1\ln2 \tag{5-27}$$

同理，可得到放电时间为

$$t_{dis1}=R_4C_1\ln\left(\frac{0-U_+}{0-U_-}\right)=R_4C_1\ln\left(\frac{\frac{2}{3}U_{CC}}{\frac{1}{3}U_{CC}}\right)=R_4C_1\ln2 \tag{5-28}$$

所以总的时间为

$$t_1=t_{ch1}+t_{dis1} \tag{5-29}$$

对于第二级，利用戴维南定律，可以得到其输入点的等效电路如图 5-68 所示。

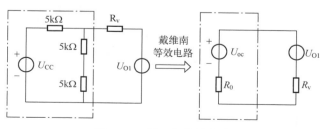

图 5-68　第二级等效电路

139

该电路的开路电压和等效电阻为

$$U_{oc} = \frac{2}{3} U_{CC}, \quad R_0 = 5 \parallel (5+5) \text{ k}\Omega = 3.33 \text{ k}\Omega \tag{5-30}$$

则对于第二级电路有

$$U_{+2} = \frac{2}{3} U_{CC} + \frac{\left(U_{O1} - \dfrac{2}{3} U_{CC} \right)}{R_v + R_0} R_0 \tag{5-31}$$

$$U_{-2} = \frac{U_{+2}}{2} \tag{5-32}$$

第二级的充放电时间计算与第一级的计算相同，仅参数不同而已。音响电路实现的是第一级低频振荡器对第二级高频振荡器的调谐，因此第二级的时间常数要比第一级小。音响电路的仿真结果与多谐振荡器的结果类似，请自行仿真并进行相关测量。

表 5-20　音响电路测试表格

计算值（U_{O1}）		测量值（U_{O1}）		计算值（U_{O2}）		测量值（U_{O2}）	
频率	周期	频率	周期	频率	周期	频率	周期
周期误差（U_{O1}）				周期误差（U_{O2}）			
频率误差（U_{O1}）				频率误差（U_{O2}）			

（2）单稳态触发器

单稳态触发器的典型应用为定时或者延时，以及分频等。下面以人工启动单稳态电路和五分频电路为例来进行相关仿真。

1）人工启动单稳态电路。人工启动单稳态仿真电路如图 5-69 所示，在充放电电容 C_1 两端并联一个按键开关，当按一次按键时，相当于给输入端 TRI 一个负脉冲。对于人工启动电路，当按键 S_1 没有按下，即 THR 和 TRI 端未接低电平时，U_{C1} 为高电平，使得 555 定时器内部的清零端为 0，置位端为 1，因此输出端 U_0 稳定在低电平。当按键 S_1 按下，THR 和 TRI 端接低电平时，555 定时器内部的清零端为 1，置位端为 0，输出端 U_0 变为高电平。人工启动单稳态电路仿真结果如图 5-70 所示，为按键时间任意及按键时长任意的三个输出脉冲波形图。这三个脉冲因按键时间任意所以脉冲上升沿开始时间任意，因按键时长任意所以波形宽度任意。

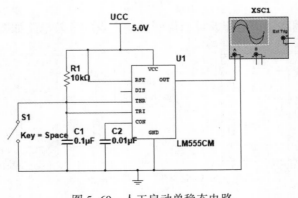

图 5-69　人工启动单稳态电路

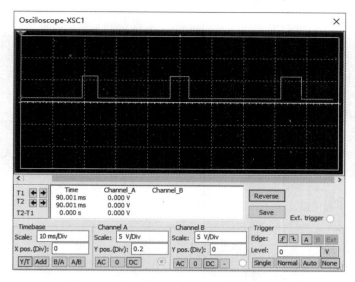

图 5-70 人工启动单稳态电路仿真波形图

2）分频器。分频器设计的关键是正确选择定时电路的时间常数 RC 与输出触发脉冲重复周期 T 的关系。如果分频次数为 n，则要求定时时间 t 在 nT 和 $(n-1)T$ 之间，即

$$(n-1)T < t_d (=1.1RC) < nT \tag{5-33}$$

例如，设触发信号的频率为 $1\,kHz$，如果进行五分频，则按照下式选择参数：

$$4ms < t_d < 5ms \tag{5-34}$$

如果取 t_d 为 $4.5\,ms$，当 $C = 0.1\,\mu F$ 时，则 $R = 40\,k\Omega$。

如图 5-71 所示是利用 555 定时器构成的五分频电路，其仿真结果如图 5-72 所示。分频电路 C_1 的充电时间较长，而放电时间很短，分别由式（5-16）和式（5-17）可得其精确时间。

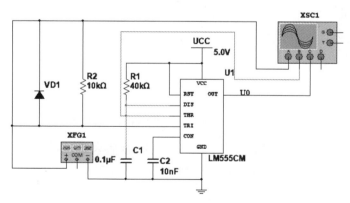

图 5-71 五分频电路

（3）双稳态电路

双稳态电压含有两个稳定的状态，555 定时器构成的双稳态电路典型应用有施密特触发器、RS 触发器及电平电测器等。

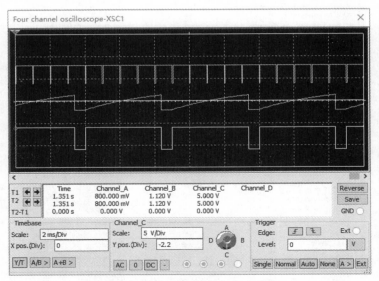

图 5-72　五分频电路仿真波形图

1）用 555 定时器构成施密特触发器。将 555 定时器的 *THR* 和 *TRI* 两个输入端连在一起作为信号输入端，如图 5-73 所示，即可得到施密特触发器。

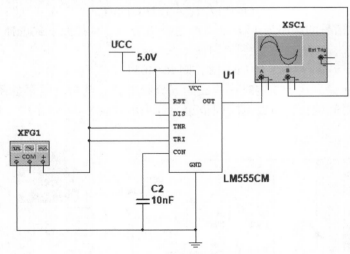

图 5-73　555 定时器构成的施密特触发器

由于 555 定时器两个比较器的参考电压不同，因而基本 RS 触发器的置 0 信号和置 1 信号必然发生在输入信号的不同电平。因此，输出电压由高电平变为低电平和由低电平变为高电平所对应的值也不相同，这样就形成了施密特的触发特性。

为提高比较器参考电压的稳定性，通常在 CON 端接有 0.01 μF 左右的滤波电容。

首先来分析输入电压（记为 U_I）从 0 逐渐升高的过程：当 $U_\text{I}<\dfrac{1}{3}U_\text{CC}$ 时，555 定时器内部 RS 触发器 $\overline{R}=1$，$\overline{S}=0$，故定时器输出为高电平；当 $\dfrac{1}{3}U_\text{CC}<U_\text{I}<\dfrac{2}{3}U_\text{CC}$ 时，555 定时器内部

RS 触发器 $\overline{R}=1$，$\overline{S}=1$，定时器输出保持高电平不变；当 $U_I > \dfrac{2}{3}U_{CC}$ 以后 555 定时器内部 RS 触发器 $\overline{R}=0$，$\overline{S}=1$，故定时器输出为高电平。因此，当输入电压从低到高变化时，其触发电压 $U_{T+} = \dfrac{2}{3}U_{CC}$。

接着，再分析 U_I 从高于 $U_{T+} = \dfrac{2}{3}U_{CC}$ 开始下降的过程：当 $\dfrac{1}{3}U_{CC} < U_I < \dfrac{2}{3}U_{CC}$ 时，555 定时器内部 RS 触发器 $\overline{R}=1$，$\overline{S}=1$，定时器输出保持高电平不变；当 $U_I < \dfrac{1}{3}U_{CC}$ 时，555 定时器内部 RS 触发器 $\overline{R}=1$，$\overline{S}=0$，故定时器输出为高电平。因此，当输入电压从高到低变化时，其触发电压 $U_{T-} = \dfrac{1}{3}U_{CC}$。由此得到电路的回差电压为

$$\Delta U = U_{T+} - U_{T-} = \frac{1}{3}U_{CC} \qquad (5\text{-}35)$$

图 5-74 是图 5-73 电路的电压传输特性，它是一个典型的反相输出施密特触发特性。

如果参考电压由外接的电压 U_{CO}（CON 端）供给，则不难看出这时 $U_{T+} = U_{CO}$，$U_{T-} = \dfrac{1}{2}U_{CO}$，输出回差电压为 $\Delta U = \dfrac{1}{2}U_{CO}$。通过改变 U_{CO} 值可以调节回差电压的大小。

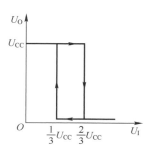

图 5-74　施密特触发器电路的电压传输特性

如图 5-75 所示为施密特触发器的仿真波形图，可以看出输入波形从低到高和从高到低的触发电压不同。

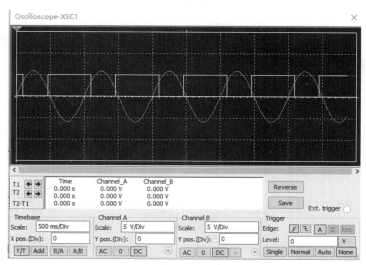

图 5-75　施密特触发器的仿真波形

2）555 构成的 RS 触发器。按图 5-76 接线，R（THR，6 引脚）、S（TRI，2 引脚）分别接电平开关，Q 接指示灯，分别拨动电平开关，使 R、S 分别为 0、1，1、0，1、1，观察

并填表 5-21 记录 Q 端的状态。

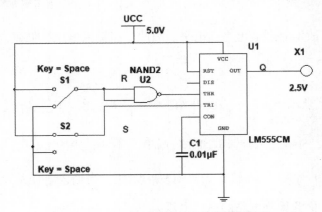

图 5-76　555 构成的 RS 触发器仿真电路

表 5-21　555 构成的 RS 触发器测试表格

R_D	S_D	Q	状态
0	0		
0	1		
1	0		
1	1		

3) 555 构成的电平检测器。按图 5-77 接线，先调节电位器 R_2，用数字万用表测量 555 第 5 引脚的电位，使它为 2.5 V，然后调节电位器 R_1，测量 U_0 由高电平变为低电平或低电平变为高电平时的 555 第 6 引脚的电位，将结果记录到表 5-22 中。

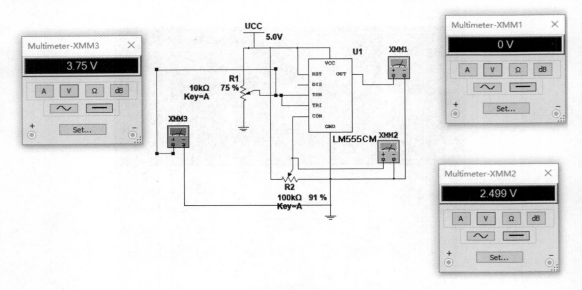

图 5-77　555 构成的电平检测仿真电路

表 5-22　555 构成的电平检测器测试表格

$U_\circ$							
U_6							

6. 思考题

1）单稳态电路、双稳态电路和无稳态电路各有什么特点？

2）如图 5-65 所示的波形产生电路，在此基础上能够产生正弦波吗？如可以，将如何修改，请给出设计仿真图并进行仿真。

3）如图 5-67 所示电路，如果将第一级的输出接到第二级的复位端，结果会怎样？

7. 实验报告要求

1）将仿真实验所测数据整理填入各表中，并将示波器观察到的波形粘贴到实验报告上。

2）写出实验总结及体会。

第6章 虚拟仿真综合实验

6.1 彩灯循环控制器的设计与仿真

1. 预习要求

1）复习数字电路的基础知识。

2）熟练掌握各种集成芯片的使用。

3）理解彩灯循环控制原理及实现，以及各子电路的实现。

2. 实验目的

1）灵活应用所学的数字电路理论知识，综合运用门电路、组合逻辑电路、时序逻辑电路等知识。

2）熟练查阅各种芯片的资料手册。

3）提高对数字电路的仿真、设计能力。

3. 实验原理

数字电路的基本理论知识、数字电路的分析方法及小规模数字电路的设计思路。

4. 实验仪器及设备

可以连接校园网的 PC。

5. 实验内容及步骤

（1）功能要求

1）采用一个半导体数码管作为控制器的显示器，能够自动地依次显示出数字 0、1、2、3、4、5、6、7、8、9（自然数列），1、3、5、7、9（奇数列），0、2、4、6、8（偶数列）和 0、1、2、3、4、5、6、7（八进制数列），然后又依次显示出自然数列、奇数列、偶数列和八进制数列……如此周而复始，不断循环。

2）打开电源时，控制器可自动清零，从接通电源时刻起，数码管最先显示出自然数列的 0，再显示出 1，然后按上述规律变化。

参考元器件：74HC160/74HC161、74HC153、NE555 等。

（2）设计总体思路以及系统框图

彩灯循环控制器的设计主要是通过计数器来实现的。其实质是要产生一系列的数列，包括自然数列、奇数列、偶数列及八进制计数序列，然后通过一个 7 段数码管显示出来。这些数列的生成均是通过不断给 74HC160 一个脉冲，使其从 0~9 计数并不断循环。再用另一片 74HC160 作为循环控制，把它设置成四循环计数器，不断输出 00~11。当其输出 00 时为自然数列输出，01 时为奇数列输出，10 时为偶数列输出，11 时为八进制计数器输出。数列的显示可通过 4 选 1 数据选择器 74HC153 和对数码管进行相应控制来实现。按照上述方法产生的奇、偶数列相邻两个数显示的时间是自然数列及八进制计数器的二倍，则要用 JK 触发器加 74HC153 对自然数列及八进制计数器的脉冲进行二分频，使得四种数列相邻两个数显示的时间相同。最后脉冲的产生是通过 555 电路组成多谐振荡器来产生的。设置脉冲频率为 2 Hz，这样经分频后在数码管上显示的数字为 1 s 变一下。彩灯循环控制器系统框图如 6-1 所示。

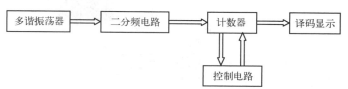

图 6-1　彩灯循环控制器系统框图

（3）单元电路模块的设计

1）数列的产生。

① 自然数列的产生设计原理及电路图。自然数列要求输出 0~9。用一片 74HC160，将其使能端 *ENP*、*ENT* 以及置位端 *LOAD* 和清零端 *CLR* 均置 1，不断给其脉冲，则 74HC160 的输出端显示 0~9 并不断循环。

自然数列的产生电路图如图 6-2 所示。

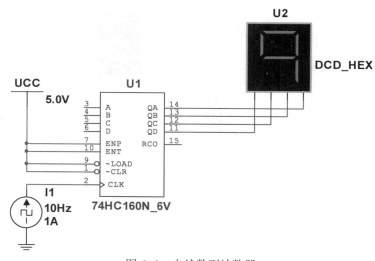

图 6-2　自然数列计数器

② 奇数列的产生设计原理及电路。奇数列要求输出 1、3、5、7、9。同样用一片 74HC160，将其使能端 *ENP*、*ENT* 以及置位端 *LOAD* 和清零端 *CLR* 均置 1，不断给其脉冲，不同的是给数码管的低位永远置 1，这样本来 74HC160 输出 0000、0001、0010、0011、0100、0101、0110、0111、1000、1001，但给数码管输入 0001、0001、0011、0011、0101、0101、0111、0111、1001、1001，则在数码管上显示 1、3、5、7、9。

奇数列的产生电路图如图 6-3 所示。

③ 偶数列的产生设计原理及电路。偶数列要求输出 0、2、4、6、8。同样用一片 74HC160，将其使能端 *ENP*、*ENT* 以及置位端 *LOAD* 和清零端 *CLR* 均置 1，不断给其脉冲，不同的是给数码管的低位永远置 0，这样本来 74HC160 输出 0000、0001、0010、0011、

0100、0101、0110、0111、1000、1001，但给数码管输入 0000、0000、0010、0010、0100、0100、0110、0110、1000、1000，则在数码管上显示 0、2、4、6、8。

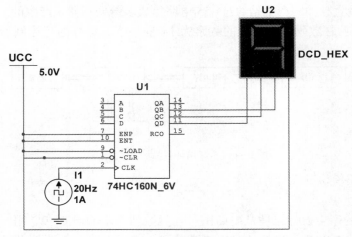

图 6-3　奇数列显示电路

偶数列的产生电路图如图 6-4 所示。

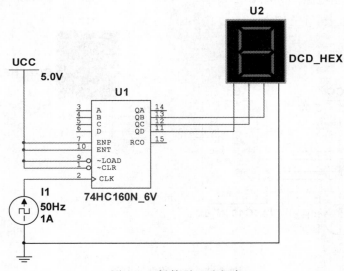

图 6-4　偶数列显示电路

④ 八进制计数器的产生设计原理及电路图。八进制计数器要求输出 0、1、2、3、4、5、6、7。用一片 74HC160，将其接成八进制计数器，由于 74HC160 为同步置数、异步清零，将使能端 *ENP*、*ENT* 以及置位端 *LOAD* 均置 1，输出端 Q_D 经非门后接 *CLR*，则当计数器计数到 1000 时，*CLR* 变为 0，计数器立刻清零。计数器输出 0000、0001、0010、0011、0100、0101、0110、0111，数码管显示 0、1、2、3、4、5、6、7。

八进制计数器的产生电路图如图 6-5 所示。

2）脉冲发生器的设计。所需要的秒脉冲发生器可以由一个集成的 555 定时器构成，当电源接通后，U_{CC} 通过 R_1、R_2 向电容充电。电容上得到电压按指数规律上升，当电容上的电

压上升到 $\frac{2}{3}U_{CC}$ 时，输电压 U_o 为零，电容放电。当电压下降到 $\frac{1}{3}U_{CC}$ 时，输出电平为高电平，电容放电结束。这样周而复始便形成了振荡。设计周期是 $0.5\,s$，频率是 $2\,Hz$。周期 T 可以由下面的公式可知：

$$T=(R_3+2R_2)C_1\ln 2 \tag{6-1}$$

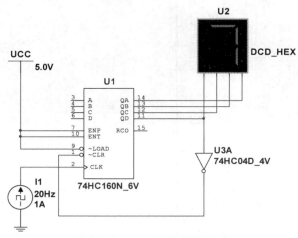

图 6-5　八进制计数器

脉冲发生器的电路图如图 6-6 所示，仿真结果如图 6-7 所示，根据指针 1 和指针 2 的横坐标差值（示波器面板上 T_2-T_1 结果的第一列）可以得出脉冲发生器的周期为 503.425 ms，满足要求。

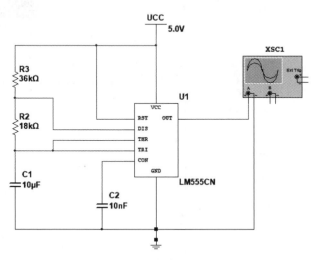

图 6-6　脉冲发生器

3）循环控制电路的设计。用另一片 74HC160 作为循环控制，把它设置成四循环计数器。将 74HC160 的使能端 *ENP*、*ENT* 以及清零端 *CLR* 均置 1，输出端 Q_A 和 Q_B 经与非门后接 *LOAD*，则当计数器计数到 0011 时，*LOAD* 变为 0，再来一个脉冲后，计数器置 0，按此规律不断输出 00~11。这里只是给出置数法设计计数器的例子，总体设计时，各种数列的计数器设计和控制循环的四进制计数器设计按设计思路综合考虑。当其输出 00 时为自然数列输出，01 时为奇数列输出，10 时为偶数列输出，11 时为八进制计数器输出。循环控制电路的电路图如图 6-8 所示。

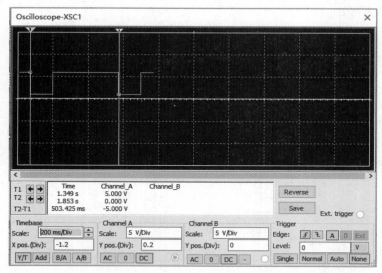

图 6-7　脉冲发生器仿真结果

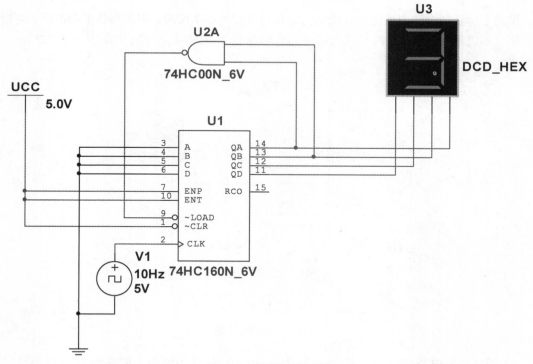

图 6-8　循环控制电路

4）二分频电路的设计。二分频电路是通过 JK 触发器实现的。将 JK 触发器的 J、K 连接在一起接高电平，并将使能端 PR、CLR 接高电平，则从 CLK 端输入一个频率的脉冲，从 Q

端输出的脉冲为输入的一半，从而实现二分频。二分频电路的电路图如图 6-9 所示，仿真结果如图 6-10 所示。

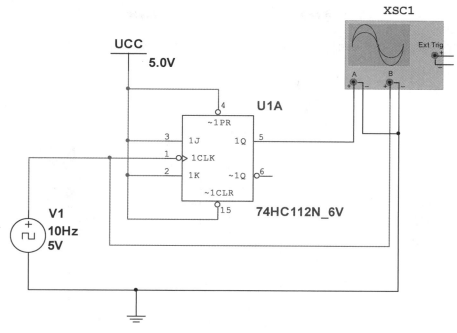

图 6-9　二分频电路

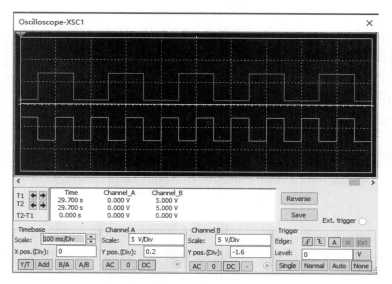

图 6-10　二分频电路仿真结果

（4）总电路图设计

现在各单元电路完成了，最后要把它们有效地联合起来工作，实现目的功能，电路图如图 6-11 所示，其中多谐振荡器产生的脉冲用信号发生器代替。

首先由 555 多谐振荡器（这里将 555 多谐振荡器用信号发生器代替，方便更加快速地调节频率）产生 2 Hz 的脉冲，经 JK 触发器 U_4 分频为 1 Hz，之后再接一数据选择器 U_3。U_3 的 A、B 引脚接控制循环的四进制计数器 U_1 的 Q_A、Q_B 端，1G、2G 端全接低电平，即一直可以完成数据选择功能，2C0、2C3 接分频器 U_4 的输出端 1 Hz 脉冲，2C1、2C2 接振荡器输出的 2 Hz 脉冲。这样当数码管显示自然数列与八进制计数器时，计数器 U_2 得到 1 Hz 脉冲，当数码管显示奇数列与偶数列时，计数器 U_2 得到 2 Hz 脉冲，保证四组数列每两个数显示间隔为 1 s。

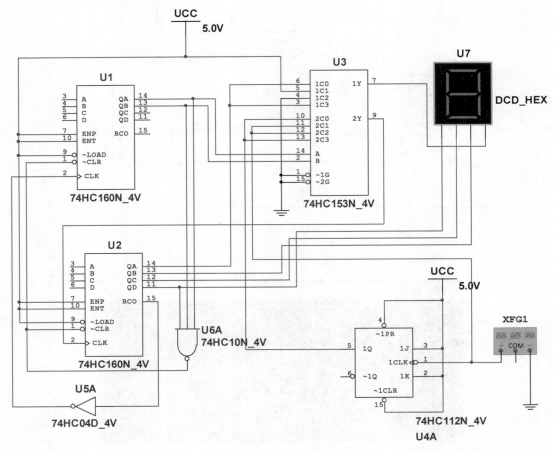

图 6-11　彩灯循环总电路图

U_1 不断从 0000~0011 循环，控制数码管输出自然数、奇数、偶数和八进制数列，U_2 在 U_1 为 0000、0001 和 0010 时从 0000 到 1001 不断计数，每当计数到 1001 时产生进位信号，使得 RCO 变为 1，当 U_2 下轮计数开始为 0000 时，RCO 又变为 0。如此，RCO 经过非门 U_5 后在 U_2 下一轮为 0000 时为 U_1 的 CLK 端产生一个上升沿，使得 U_1 再计数一次。当 U_1 计数到 0011，而 U_2 计数到 1000 时，与非门 U_6 输出为 0，为 U_1 和 U_2 提供清零信号，两个计数器重新开始新一轮循环。U_1 和 U_2 实质上组成了一个异步清零 38 进制计数器，也可以按照同步置数法将 U_1 和 U_2 设计成 38 进制计数器，请同学们自行设计并比较这两种方法的不同之处。

双 4 选 1 数据选择器 U_3 使计数器 U_2 得到的数列按照自然数列、奇数列、偶数列、八进制数字显示。U_3 的数据选择端 A、B 与 U_1 的 Q_A、Q_B 端相接,在 U_1 输出为 00 时,数据选择器 U_3 的 1C0 被选中,在 U_1 输出为 01 时,U_3 的 1C1 被选中,在 U_1 输出为 10 时,U_3 的 1C2 被选中,在 U_1 输出为 11 时,U_3 的 1C3 被选中。U_3 的 1C0 与 1C3 接 U_2 的 Q_A,1C1 接高电平,1C2 接地,输出 1Y 接数码管的最低位,这样当 U_1 为 00 和 11 时数码管 U_7 按照计数器 U_2 的计数规律分别显示自然数列和八进制数列,当 U_1 为 01 时因为 1C1 为高电平数码管 U_7 只能显示出奇数列,同理当 U_1 为 01 时因为 1C2 为低电平数码管 U_7 只能显示出偶数列。

6. 思考题

1)组合逻辑电路与时序逻辑电路的区别与联系是什么?

2)各部分是否还有其他设计方法?与此实验相比的优缺点是什么?

7. 实验报告要求

1)从设计要求出发,首先确定总体方案,然后细化系统总体方案,确定每个模块的电路方案,最终确定电路采用的具体芯片型号。

2)给出仿真结果。

3)写出设计总结及体会。

6.2 交通控制系统的设计与仿真

1. 预习要求

1)复习数字电路的基础知识。

2)熟练掌握各种集成芯片的使用。

3)理解交通控制的逻辑关系。

2. 实验目的

1)灵活应用所学的数字电路理论知识,综合运用门电路、组合逻辑电路、时序逻辑电路等知识。

2)熟练查阅各种芯片的资料手册。

3)提高对数字电路、模拟电路的仿真、设计能力。

3. 实验原理

交通信号灯控制电路的逻辑框图如图 6-12 所示。该系统的工作原理是,直流稳压电源提供 5 V 直流电压,为系统各个逻辑单元提供电源,保证整个系统的正常工作。当电源不工作时,计数器被清零,组合逻辑电路不工作,东西和南北方向的信号灯不显示。当电源正常工作时,秒脉冲产生电路的输出经分频后为计数器提供计数脉冲,计数器正常工作,通过组合逻辑电路决定东西、南北信号灯的绿、黄、红显示。某方向为绿灯和黄灯点亮期间,另一方向红灯点亮,可通过观察亮灯的情况形成有序的交通。信号灯点亮流程图如图 6-13 所示。

4. 实验仪器及设备

可以连接校园网的 PC。

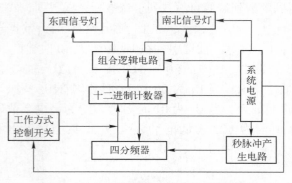

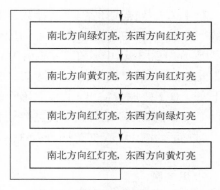

图 6-12　交通信号灯控制电路逻辑框图　　　　　图 6-13　信号指示灯点亮流程图

5. 实验内容及步骤

（1）电源模块

电源电路如图 6-14 所示，直流稳压电源由降压变压器、二极管整流、滤波电容和集成稳压芯片四部分组成。该电路通过变压器将 220 V 市电降压到交流 9 V，再通过整流桥整流、电容滤波和稳压块 7805 稳压得到 5 V 直流电压。直流稳压电源为整体电路提供直流电源，其输出电压值和输出电流值应满足整体电路的需要。

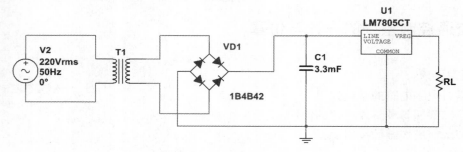

图 6-14　直流稳压电源电路

（2）秒脉冲发生模块

秒脉冲产生电路实际就是一个多谐振荡电路，可以使用定时器 555 和电阻、电容来实现。555 定时器组成的多谐振荡器如图 6-15 所示，其中振荡周期为 $T=(R_1+2R_2)C_1\ln 2$。电路图中 C_2 的作用是防止电磁干扰对振荡电路的影响，一般选 0.01 μF 的瓷片电容。振荡器的周期 $T=1$ s 时，选 $C_1=1$ μF，$R_1=560\,\Omega$，$R_2=434\,\Omega$，仿真时，电阻的阻值可以自行调整，实际中可以使用可调变阻器。本设计为了加快仿真速度，取 $R_2=7$ kΩ，可得到 10 ms 的周期信号。

（3）分频器模块

为了使整体电路工作步调一致，4 s 脉冲通过对周期为 1 s 的秒脉冲经分频获得，这就需要设计一个四分频器电路。分频电路的输出作为扭环形十二进制计数器的 CP 脉冲。本设计使用两个 D 触发器（74LS74）组成四分频器电路，74LS74 功能表见表 3-2，引脚图如图 3-2 所示。

图 6-16 为两个 D 触发器组成的四分频器。每级的反向输出端接本级的数据输入端，同时第一级的反向输出端接第二级的时钟信号端。

154

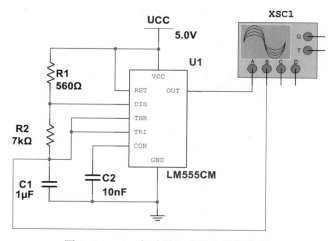

图 6-15　555 定时器组成的多谐振荡器

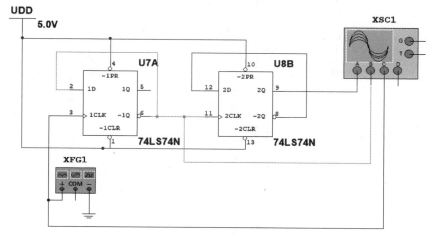

图 6-16　四分频电路

（4）计数模块

74LS164 是用 8 位串行输入并行输出的移位寄存器组成的扭环形十二进制计数器。数据通过两个输入端（A 或 B）之一串行输入；任一输入端可以用作高电平使能端，控制另一输入端的数据输入。两个输入端或者连接在一起，或者把不用的输入端接高电平，一定不要悬空。74LS164 具有异步清零、置数、计数和保持等功能，图 6-17 为其引脚排列和逻辑符号，逻辑功能见表 6-1。

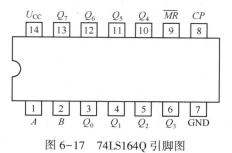

图 6-17　74LS164Q 引脚图

表 6-1　74LS164 的逻辑功能表

输　入			输　出							
清零	时钟	串入								
$\overline{R}_D$	CP	AB	Q_A	Q_B	Q_C	Q_D	Q_E	Q_F	Q_G	Q_H
0	×	× ×	0	0	0	0	0	0	0	0
1	×	× ×	Q_{A0}	Q_{B0}	Q_{C0}	Q_{D0}	Q_{E0}	Q_{F0}	Q_{G0}	Q_{H0}
1	↑	1 1	Q_{AN}	Q_{BN}	Q_{CN}	Q_{DN}	Q_{EN}	Q_{FN}	Q_{GN}	Q_{HN}
1	↑	0 ×	Q_{AN}	Q_{BN}	Q_{CN}	Q_{DN}	Q_{EN}	Q_{FN}	Q_{GN}	Q_{HN}
1	↑	× 0	Q_{AN}	Q_{BN}	Q_{CN}	Q_{DN}	Q_{EN}	Q_{FN}	Q_{GN}	Q_{HN}

用 74LS164 组成的十二进制扭环型计数器电路，其中秒脉冲为经四分频后得到 4 s 脉冲，将其作为十二进制计数器的 CP 脉冲。其电路如图 6-18 所示。

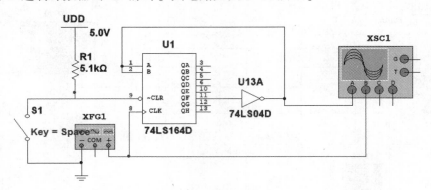

图 6-18　计数器电路图

（5）逻辑电路模块

逻辑控制电路是本设计的核心电路，由它控制交通信号灯按要求的方式点亮（一般经驱动电路去控制信号灯）。根据信号灯的点亮要求，将时序逻辑电路的输出作为组合逻辑电路的输入，而组合逻辑电路的输出作为信号灯的驱动电路。由点亮要求可以看出，控制电路有些输出是并行的：南北方向绿灯亮时，东西方向红灯亮；南北方向黄灯亮时，东西方向红灯亮；东西方向绿灯亮时，南北方向红灯亮；东西方向黄灯时，南北方向红灯亮亮。组合逻辑电路就是实现控制要求，将十二进制计数器作为组合逻辑电路的输入，而组合逻辑电路的输出去驱动东西和南北两个方向信号灯的各灯亮灭。组合逻辑电路的原理图如图 6-19 所示，真值表见表 6-2。表 6-2 中，NSG、NSY、NSR 分别表示南北方向的绿灯、黄灯和红灯，对应值为 1 时表示灯亮，对应值为 0 时表示灯灭；EWG、EWY、EWR 分别表示东西方向的绿灯、黄灯和红灯，对应值为 1 时表示灯亮，对应值为 0 时表示灯灭。

（6）交通控制系统的仿真与调试

按照原理图逐部分仿真，先仿真直流稳压电源的产生部分，然后仿真秒脉冲产生部分，最后是整体电路的仿真。直流稳压电源产生部分的仿真电路如图 6-20 所示，仿真结果如图 6-21 所示，可以看出，本模块实现了为系统提供 5 V 直流电源的功能。

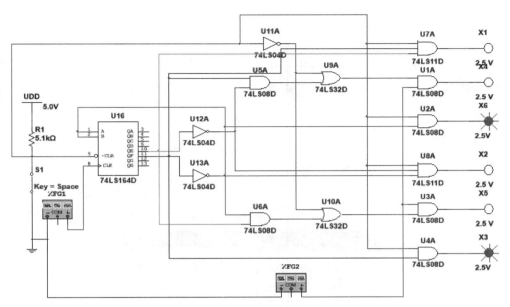

图 6-19 交通逻辑控制的组合逻辑电路

表 6-2 组合逻辑电路的真值表

计数器输入						南 北 信 号			东 西 信 号		
Q_A	Q_B	Q_C	Q_D	Q_E	Q_F	NSG	NSY	NSR	EWG	EWY	EWR
0	0	0	0	0	0	1	0	0	0	0	1
1	0	0	0	0	0	1	0	0	0	0	1
1	1	0	0	0	0	1	0	0	0	0	1
1	1	1	0	0	0	1	0	0	0	0	1
1	1	1	1	0	0	1	0	0	0	0	1
1	1	1	1	1	0	0	1	0	0	0	1
1	1	1	1	1	1	0	0	1	1	0	0
0	1	1	1	1	1	0	0	1	1	0	0
0	0	1	1	1	1	0	0	1	1	0	0
0	0	0	1	1	1	0	0	1	1	0	0
0	0	0	0	1	1	0	0	1	1	0	0
0	0	0	0	0	1	0	0	1	0	1	0
0	0	0	0	0	0	1	0	0	0	0	1

　　秒脉冲产生电路的仿真电路如图 6-15 所示，其仿真结果如图 6-22 所示，可以看出时钟脉冲周期为 10 ms。

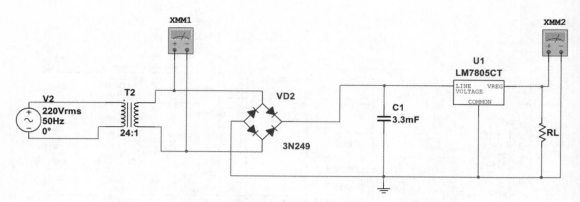

图 6-20　直流稳压电源产生部分仿真电路

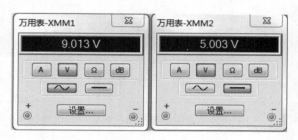

图 6-21　直流电源仿真结果

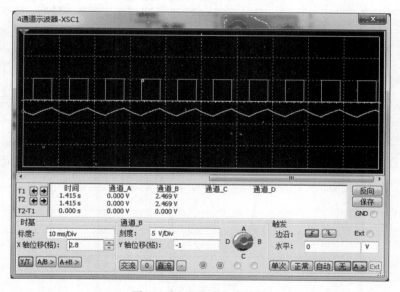

图 6-22　秒脉冲仿真结果

四分频电路的仿真电路如图 6-16 所示，其仿真结果为如图 6-23 所示，其波形从上至下分别为时钟脉冲信号、二分频输出和四分频输出，可见输出端频率变为输入端频率的 1/4。

十二进制计数器的仿真电路如图 6-18 所示，其仿真结果如图 6-24 所示，可见十二进制计数器功能正确。

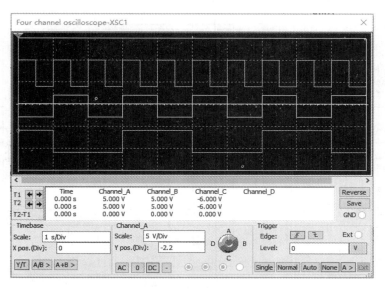

图 6-23 四分频电路仿真结果

最终，实现的交通信号灯控制电路的工作过程为，当信号灯正常工作时，由直流稳压电源提供 5 V 直流电压为其他子电路提供电源，555 定时器形成的多谐振荡器经四分频后为计数器提供时钟脉冲，计数器与组合逻辑电路结合决定南北及东西亮灯的情况，使某方向绿灯亮 20 s，然后黄灯亮 4 s，最后红灯点亮 24 s，并且在该方向为绿灯和黄灯点亮期间，另一方向红灯点亮。整体核心仿真电路如图 6-25 所示，其中模拟部分的输出直接用 5 V 电源代替，多谐振荡器输出用函数信号发生器代替。

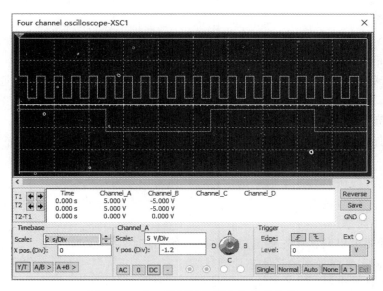

图 6-24 十二进制计数器电路仿真结果

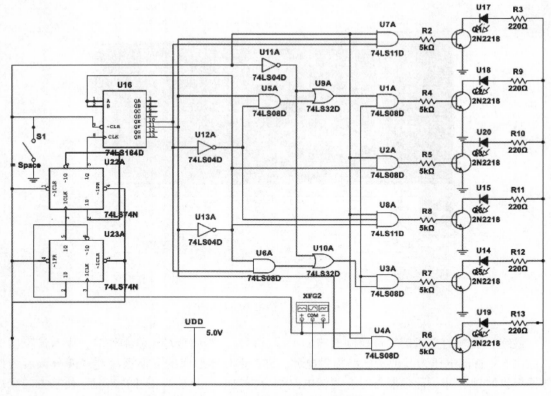

图 6-25　交通信号灯控制电路总图

本实验含有多个子电路，仿真调试时，建议按照以下步骤进行：

1）首先调试直流稳压电源。用电压表观察直流稳压电源的输出电压，确定电路连接及所用元器件是否正确，输出电压是否为 5 V。

2）调试 555 定时器。用示波器观察 555 定时器输出波形，确定 555 定时器是否正常工作，振荡频率是否正确。

3）调试分频器。用示波器观察分频器输出波形，确定信号频率是否为定时器的 1/4。

4）调试计数器电路。将双 D 触发器组成的四分频器电路产生的脉冲信号作为计数器的输入信号，观察计数器是否正常工作。

5）整体调试。各部分电路连接起来，观察交通信号灯控制电路是否正常工作。

6. 思考题

1）除了电源模块，其他子电路是否还有其他实现方法？

2）对于十字路口较为复杂的情况，需要加左转、右转指示灯，该如何实现？

7. 实验报告要求

1）从设计要求出发，首先确定总体方案，然后细化系统总体方案，确定每个模块的电路方案，最终确定电路采用的具体芯片型号。

2）给出仿真结果。

3）写出设计总结及体会。

6.3 二十四进制计数器的设计与仿真

1. 预习要求

1）复习数字电路的基础知识。

2）熟练掌握各种集成芯片的使用。

3）理解各种计数器实现方法，灵活应用计数器芯片的各控制端口。

2. 实验目的

1）灵活应用所学的数字电路理论知识，综合运用门电路、组合逻辑电路、时序逻辑电路等知识。

2）熟练查阅各种芯片的资料手册。

3）提高对数字电路的仿真、设计能力。

3. 实验原理

数字电路的基本理论知识、数字电路的分析方法及小规模数字电路的设计思路。

4. 实验仪器及设备

可以连接校园网的 PC。

5. 实验内容及步骤

计数器是数字电路中最常用的逻辑器件，种类繁多，一般利用触发器和门电路构成。常见的集成计数器为二进制和十进制计数器。其他进制的计数器，可利用现有的二进制或十进制计数器的清零端、预置数端、时钟脉冲端、使能端及进位端，必要时外加适当的门电路、多片计数器级联来实现。例如，4 位二进制计数器 74LS161 完成二十四进制计数器需要两片芯片级联完成。级联的方法有两种：一种是将 24 分解为 4×6（或者 2×12，3×8），然后用一个模 4 和一个模 6 计数器级联，实现二十四进制计数器；另一种将两片 74LS161 级联先完成 16×16＝256 进制计数器，然后利用清零法或预置数法实现二十四进制。下面利用这两种方法进行设计和仿真。

（1）级联法 $N = M_1 \times M_2$

计数器的级联是将多个集成计数器（如 M_1 进制、M_2 进制）串接起来，以获得计数容量更大的 $N = M_1 \times M_2$ 进制计数器。完成每个芯片的各自进制后，需要进行两片级联的操作。级联分为串行级联和并行级联两种，下面分别用这两种方式来实现二十四进制计数器的设计。

1）串行级联二十四进制计数器。如图 6-26 所示，图中 U_3 的输出 RCO 取非后接在 U_1 的 CLK 端上，这样当 U_3 的 RCO 在 $Q_D Q_C Q_B Q_A = 1111$ 输出一个高电平，其非为低电平，当 U_3 的下一个状态 $Q_D Q_C Q_B Q_A = 1010$（预置数）时 RCO 非变为高电平，相当于 U_1 的 CLK 出现一个上升沿，U_1 才计数一次。类似于十进制中的个位数计到 9，才进一个十位数的做法。U_1 和 U_3 的时钟波形图如图 6-27 所示。显然，本设计个位从 1010~1111 共 6 个状态，十位从 0000~0011 共 4 个状态，所以计数器一共有 24 个不同的状态，既完成了二十四进制计数功能。该设计两个芯片时钟脉冲不同，所以为串行方式，同时十位通过清零法实现，而个位通过预置数法来实现。

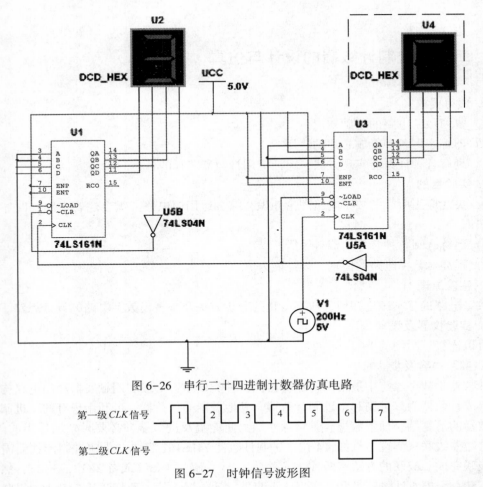

图 6-26 串行二十四进制计数器仿真电路

第一级 CLK 信号

第二级 CLK 信号

图 6-27 时钟信号波形图

2）并行级联二十四进制计数器。如图 6-28 所示电路两个芯片的时钟脉冲相同，所以也称为同步方式。该设计的个位 U_3 通过预置数法实现 0011～1000 六个不同状态的计数功能，十位通过清零法来实现 0000～0011 四个不同状态的计数功能，十位 ENT 通过个位的最高位 Q_D 直接来控制，整个电路完成了 24 个不同状态的计数功能。除了满足不同计数状态的计数功能，图 6-26 和图 6-28 所示电路还考虑了门电路的简单设计，如果采用常用的与非门实现非门功能，两种设计使用的四 2 输入与非门 74LS00 都不超过一片。

（2）整体清零/预置数法

1）整体清零法。采用异步清零法级联成 256 进制的二十四进制计数器仿真电路如图 6-29 所示。两片 74LS161 级联成 256 进制计数器时，低位片的进位输出端 RCO 反相后接高位片的时钟输入。由于是用清零法构成二十四进制计数器，置数控制端 LOAD 均接高电平。当十位片的输出为 $Q_D Q_C Q_B Q_A = 0001$，并且个位片的输出为 $Q_D Q_C Q_B Q_A = 1000$ 时，与非门的输出为 0，使两片 74LS161 立即清零，重新从 0 计数。启动 Multisim 的仿真开关后，右边数码管显示个位，从 0～F 循环显示；左边数码管显示十位从 0～1 循环显示；达到 23（十六进制的 17）后，数码管又从零开始计数，这证明它为二十四进制计数器。指示灯可以用来指示每片 74LS161 的 $Q_D Q_C Q_B Q_A$ 状态。

162

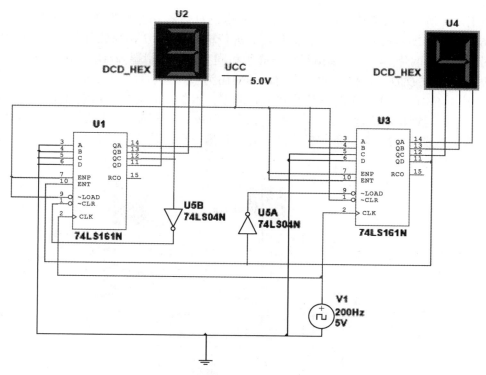

图 6-28 并行二十四进制计数器仿真电路

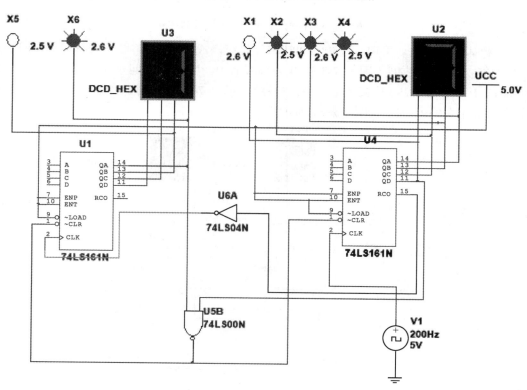

图 6-29 整体异步清零的二十四进制计数器

采用同步清零法级联成 256 进制的二十四进制计数器仿真电路如图 6-30 所示。两片 74LS163 级联成 256 进制计数器时，低位片的进位输出端 *RCO* 接高位片的 *ENP* 和 *ENT*，因为是同步清零，两片 74LS163 的时钟信号必须相同。置数控制端 *LOAD* 均接高电平，当十位片的输出为 $Q_D Q_C Q_B Q_A = 0001$，并且个位片的输出为 $Q_D Q_C Q_B Q_A = 0111$ 时，与非门的输出为 0，使两片 74LS163 在下一个时钟脉冲到来时清零，重新从 0 计数。启动 Multisim 的仿真开关后，右边数码管显示个位，从 0~F 循环显示；左边数码管显示十位从 0~1 循环显示；达到 23（十六进制的 17）后，数码管又从零开始计数。同步清零法设计的二十四进制计数器不含不稳定状态。

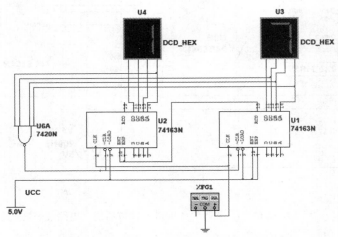

图 6-30　整体同步清零的二十四进制计数器

2）整体预置数法。采用两片 74LS290 芯片先级联成 100 进制，二十四进制只能通过置数 09 才能实现置数功能。因为 74LS290 为异步置 9，所以二十四进制的置 9 状态应该为 00110011（每片 74LS290 连接成十进制计数器），而且 74LS290 置 9 功能需要高电平，因此设计需要 3 个 2 输入与门，如图 6-31 所示。

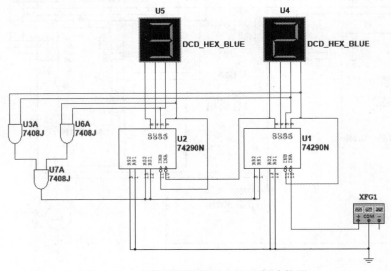

图 6-31　整体预置数的二十四进制计数器

6. 思考题

1) 试着用示波器观察时钟脉冲信号和输出波形，验证实验的正确性。

2) 除此本实验的列举方法，请再给出两种不同控制方式的二十四进制计数器的设计，试画出其原理图并加以实现。

3) 比较各实现方法的优缺点。

7. 实验报告要求

1) 给出仿真结果。

2) 写出设计总结及体会。

6.4 多路抢答器的设计与仿真

1. 预习要求

1) 复习数字电路的基础知识。

2) 熟练掌握各种集成芯片的使用。

3) 理解抢答规则，以及实现电路的逻辑关系。

2. 实验目的

1) 灵活应用所学的数字电路理论知识，综合运用门电路、组合逻辑电路和时序逻辑电路电路等知识。

2) 熟练查阅各种芯片的资料手册。

3) 提高对数字电路的仿真、设计能力。

3. 实验原理

分析多路抢答器的设计要求，电路实现可采用单片机控制方式，也可采用数字电路控制方式。考虑到用 Multisim 进行仿真设计，本系统电路选用数字控制方式。并根据设计要求，按单元电路来分析电路的工作原理。

多路抢答器实现选手的按键抢答功能，电路应有开关输入电路。

电路能显示参赛选手的序号，因此电路应能区分每个选手的输入开关序号，可选用编码器电路实现，并配备 LED 数码显示电路。

电路具有抢答功能，因此系统应设计封锁电路，一旦检测到有按键输入，立即将其他各路输入封锁。

电路数码显示和语音提示可由主持人轻触按钮解除，因此系统应设计清除电路，为下一次抢答做准备。

考虑到系统采用数字控制方式，其控制器为时序电路，因此系统应有时钟发生电路，以产生系统所需要的时钟信号，时钟信号的频率可根据系统的分辨率确定。

电路还需要语音提示电路和信号指示电路。

按以上分析，可设计多路抢答器的原理框图如图 6-32 所示。

如图 6-32 所示，控制电路接收抢答输入信号，产生对应的信号灯驱动信号以及声音提示信号。抢答输入的开关信号经编码电路编码后，变成对应的代码，经数码显示电路显示出来。封锁电路通过检测抢答输入信号，将其他输入信号封锁，同时封锁编码电路，以防止编码显示其他输入信号。信号解除电路由主持人通过解除按钮，将数码显示清零并将显示的指示灯熄灭。声音提示电路对所有的抢答输入均起作用，一旦有抢答输入，声音提示电路通过蜂鸣器发出一定频率的声音。信号灯驱动电路根据控制电路的输入产生对应抢答开关的驱动信号。

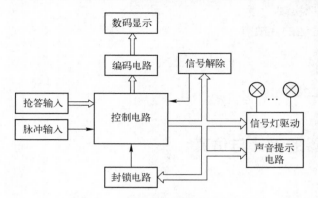

图 6-32　多路抢答器的原理框图

4. 实验仪器及设备

可以连接校园网的 PC。

5. 实验内容及步骤

在 Multisim 环境中设计多路抢答器，包括单元电路设计和总体电路设计。单元电路包括控制电路、封锁电路、编码电路、报警电路和指示灯驱动电路等部分。待单元电路设计完成以后，将单元电路连接可得总体电路。

（1）单元电路设计

1）控制电路设计。考虑到参赛选手有按键输入以后，多路抢答器要通过对应的指示灯显示，而且要保留显示状态，直到主持人清除为止，另外还要将其他选手的输入信号封锁。所以，系统的控制电路选用触发器可完成以上功能，控制电路如图 6-33 所示。

如图 6-33 所示电路共选用 8 个 D 触发器，其 8 个输入端可供 8 个参赛选手使用，通过按键 $S_1 \sim S_8$ 实现选手按键。触发器的异步输入信号 $1PR$ 设为高电平，使该信号输入无效；异步输入信号 $1CLR$ 接清除按键的输出信号，当主持人按清除按键时，$1CLR$ 为低电平，使输出清零，通过按键 S_0 来实现清零。触发器的 CLK 信号接封锁电路的输出，当抢答器有选手抢答输入以后，封锁电路立将 CLK 置 1，将系统的时钟脉冲封锁，此时触发器的 CLK 信号输入端无时钟输入，实现了封锁功能，这部分通过按键 S_9 选择与波形发生器连接或者与高电平连接。每个触发器的同相输出端分别接 8 个指示灯，反向输出端分别接封锁电路的 8 个输入端。图中所示为不加封锁电路时，当 S_3、S_4、S_5、S_8 按键为 1 时控制电路的输出情况。

2）封锁电路。封锁电路的功能是在有抢答输入的情况下，将其他的抢答输入信号封锁。封锁电路如图 6-34 所示。当任意一个输入按键按下时，封锁电路输出为 1，送入控制电路，将 D 触发器的时钟信号置 1，其他输出信号不再起作用。

如图 6-34 所示的封锁电路采用与门电路构成，一旦有抢答输入，则 $S_1 \sim S_8$ 这 8 个信号中，有 1 个为低电平，电路最后的非门输入为低电平，将时钟信号 $CLOCK$ 封锁，封锁电路的输出 CLK 始终为高电平，这样就封锁了控制电路的时钟输入，使其他抢答信号无法进入。

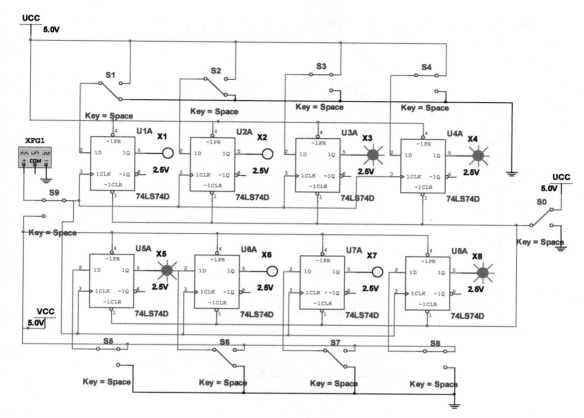

图 6-33　控制电路

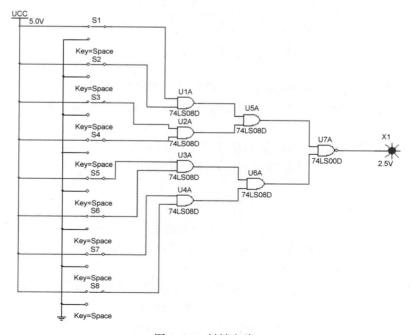

图 6-34　封锁电路

3）编码电路。编码电路选用优先编码器 74LS147，可满足 8 路抢答信号的编码要求。其输出为反变量，经反相器反相后接数码管显示。编码器 74LS147 的功能表见表 6-3，引脚图如图 6-35 所示，仿真电路如图 6-36 所示。

表 6-3　74LS147 功能表

输　入							输　出						
I_9	I_8	I_7	I_6	I_5	I_4	I_3	I_2	I_1	I_0	D	C	B	A
1	1	1	1	1	1	1	1	1	1	1	1	1	1
0	×	×	×	×	×	×	×	×	×	0	1	1	0
1	0	×	×	×	×	×	×	×	×	0	1	1	1
1	1	0	×	×	×	×	×	×	×	1	0	0	0
1	1	1	0	×	×	×	×	×	×	1	0	0	1
1	1	1	1	0	×	×	×	×	×	1	0	1	0
1	1	1	1	1	0	×	×	×	×	1	0	1	1
1	1	1	1	1	1	0	×	×	×	1	1	0	0
1	1	1	1	1	1	1	0	×	×	1	1	0	1
1	1	1	1	1	1	1	1	0	×	1	1	1	0
1	1	1	1	1	1	1	1	1	0	1	1	1	1

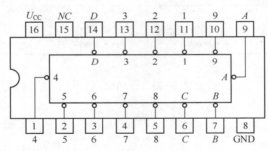

图 6-35　74LS147 引脚图

4）报警驱动电路。报警驱动电路由门电路构成，电路的功能是将抢答输入的信号变成报警信号。报警信号驱动电路图与封锁电路图相同，即封锁电路的输出同时可驱动报警器进行报警。

5）显示驱动电路。显示驱动电路的功能是将控制电路的输出转换为指示灯驱动信号。电路由 8 个反相器构成，一旦有抢答输入，则控制电路的对应输出为低电平，经反相器以后变为高电平，驱动对应的指示灯发光。

（2）仿真和仿真分析

1）总体电路。总体电路设计是将所有单元电路模块：控制电路、封锁电路、编码电路、报警驱动电路和显示驱动电路等模块连接在一起，外接输入开关、输出指示灯、报警指示灯和显示数码管。多路抢答器的总体电路请自行画出。

2）仿真分析。单击“运行”按钮，可观测仿真结果。电路能完成多路抢答输入、抢答指示、数码显示、报警指示以及主持人信号解除等功能。

3）仿真说明。报警电路直接用指示灯代替，实际语音报警电路设计见数字钟整点报时电路。

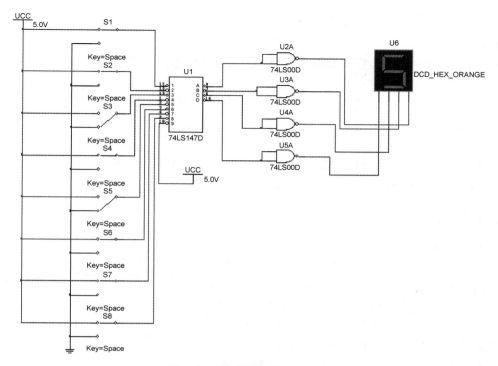

图 6-36　编码电路及显示电路

在进行总体电路设计时，因版面有限，脉冲产生电路直接用元件库中的脉冲源代替。这样可适当简化电路设计并提高设计效率。

电路对参赛选手的动作先后有很强的分辨力，此功能由封锁电路的传输延迟时间和系统脉冲源频率决定，因封锁电路的传输延迟时间比系统脉冲周期要小很多，因此，多路抢答器可在很短的时间内将后抢答信号封锁。

6. 思考题

1）除了参考电路，还有其他可行性实现电路吗？如有，请给出电路图并仿真实现。

2）如果抢答人数超过 8 人，该如何修改电路？

7. 实验报告要求

1）从设计要求出发，首先确定总体方案，然后细化系统总体方案，确定每个模块的电路方案，最终确定电路采用的具体芯片型号。

2）给出仿真结果。

3）写出设计总结及体会。

6.5　多功能数字钟的设计与仿真

1. 预习要求

1）复习数字电路的基础知识。

2）熟练掌握各种集成芯片的使用。

3）理解计时、调节时间的原则及实现方法。

2. 实验目的

1）灵活应用所学的数字电路理论知识，综合运用门电路、组合逻辑电路和时序逻辑电路等知识。

2）熟练查阅各种芯片的资料手册。

3）提高对数字电路的仿真、设计能力。

3. 实验原理

数字电路的基本理论知识、数字电路的分析方法及小规模数字电路的设计思路。

4. 实验仪器及设备

可以连接校园网的 PC。

5. 实验内容及步骤

（1）数字电子钟结构

数字电子钟结构电路是一个典型的数字电路系统，它由直流稳压电源。秒脉冲发生器，时、分、秒计数器以及计时和显示电路组成，结构框图如图 6-37 所示。其工作原理：振荡器产生稳定的分频脉冲信号，作为数字钟的时间基准，经过分频器的分频输出标准秒脉冲。秒计数器满 60 后向分计数器进位，分计数器满 60 后向小时计数器进位，小时计数器按照"24 进 1 或 12 进 1"规律计数。计数器的输出分别由译码器送显示器显示。

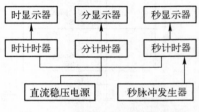

图 6-37　数字电子钟结构框图

（2）时钟电路

时钟电路即 24/12 进制递增计数器的设计。

由两片 74160 组成的能实现十二进制和二十四进制的同步递增计数器，如图 6-38 所示。图中个位与十位计数器均接成十进制计数形式，采用同步级联复位方式。选择十进制的输出端和个位计数器的输出端通过与非门控制两片计数器的清零端，当计数器的输出端状态为 00100100，立即译码反馈清零，实现二十四进制递增计数；若选择十位计数器的输出端与个位计数器的输出端经与非门控制两片计数器的清零端，当计数器的状态为 00010010 时，立即反馈清零，实现十二进制递增计数。敲击空格键可实现十二进制与二十四进制递增计数器的转换。

（3）秒/分电路

根据计数器 74160 的功能真值表，利用两片 74160 组成的同步六十进制递增计数器如图 6-39 所示，其中个位计数器（U_2）接成十进制形式。十位计数器（U_1）选择 Q_C 与 Q_B 做成反馈端，经与非门（U3A）输出控制清零端（CLR），接成六进制计数形式。个位与十位计数器的进位之间采用同步级联复位方式，将个位计数器的十位输出控制端（RCO）接至十位计数器的计数控制端（ENT），完成个位对十位计数器的进位控制。将十位计数器的 Q_C、Q_A 端和个位计数器的 RCO 端经过与门 U5A 和 U4A 后输出，作为六十进制的进位输出脉冲信号。当计数器计数状态为 59 时，U4A 输出端输出高电平，在同步级联方式下，允许高位计数器计数。电路创建完成后，进行仿真实验时，利用信号源库中的 1 kHz 方波信号作为计数器的时钟脉冲源。秒脉冲与分钟计数均由六十进制递增计数器来完成，可以采用完全相同的设计。

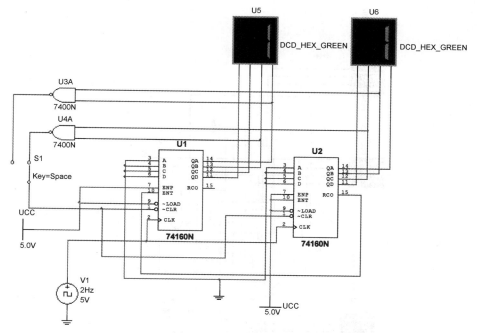

图 6-38　24/12 时钟电路

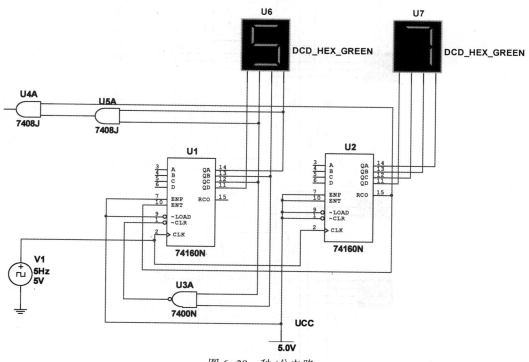

图 6-39　秒/分电路

（4）数字电子钟系统的组成

利用六十进制和 24/12 进制递增计数器子电路构成的数字电子系统如图 6-40 所示。在数字电子钟电路中，由两个六十进制同步递增计数器分别构成秒计时器和分计时器，级联后

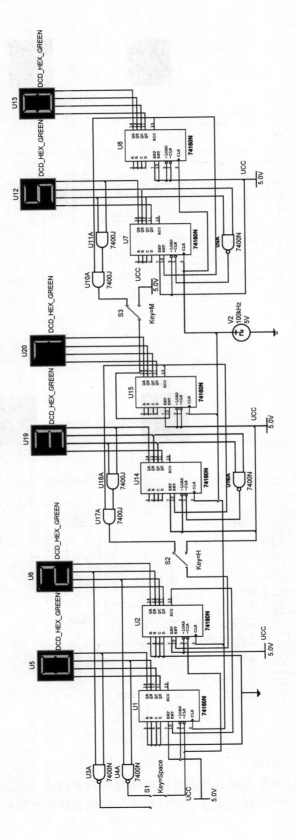

图6-40 数字电子钟系统图

完成秒、分计时，由 24/12 进制同步递增计数器实现小时计数。秒、分、时计数器之间采用同步级联方式。开关［Q］可实现十二进制与二十四进制递增计数器的转换。敲击 H 和 M 键，可控制开关［H］和［M］将秒脉冲直接引入时、分计数器，实现时计数器和分计数器的校正。

6. 思考题

1）如果增加星期、年、月、日显示功能，该如何实现？

2）怎样实现闹钟功能？

7. 实验报告要求

1）从设计要求出发，首先确定总体方案，然后细化系统总体方案，确定每个模块的电路方案，最终确定电路采用的具体芯片型号。

2）给出仿真结果。

3）写出设计总结及体会。

第三部分　FPGA 原理及 VHDL 应用程序设计

第 7 章　VHDL 语言及程序设计基础

7.1　VHDL 对象、操作符、数据类型

通过本章内容学习需要了解以下几点：

1）VHDL 的基本类型。

2）如何在 VHDL 中定义类型。

3）VHDL 的信号定义。

4）如何在 VHDL 中对信号赋值。

5）VHDL 中的操作符。

7.1.1　对象 Object

1. 对象的定义及应用

VHDL 中的对象主要有常量（Constant）、变量（Variable）和信号（Signal）。常量在程序中不可以被赋值；Variable 在程序中可以被赋值（用 "：=" 赋值），赋值后立即变化为新值；信号在程序中可以被赋值（用 "<=" 赋值），但不立即更新，当进程挂起后，才开始更新。常量、变量和信号的使用如下：

```
variable      x,y:integer;    ——定义了整数型的变量对象 x,y。
constant      vcc:real;       ——定义了实数型的常量对象 vcc。
signal        clk,reset:bit;  ——定义了位类型的信号对象 clk,reset。
```

注意：variable 只能定义在 process 和 subprogram（包括 function 和 procedure）中，不可定义在其外部。signal 不能定义在 process 和 subprogram（包括 function 和 procedure）中，只可定义在其外部。

2. 对象的属性

类似于其他面向对象的编程语言如 VB、VC、DELPHI，对象的属性用法格式：对象'属

性。例如，clk'event——表明信号 clk 的 event 属性。

Signal 对象的常用属性如下。

event：返回 boolean 值，信号发生变化时返回。

truelast_value：返回信号发生此次变化前的值。

last_event：返回上一次信号发生变化到现在变化的间隔时间。

delayed[（时延值）]：使信号产生固定时间的延时并返回。

stable[（时延值）]。

返回 boolean，信号在规定时间内没有变化返回。

truetransaction：返回 bit 类型，信号每发生一次变化，返回值翻转一次。

例 7-1：

A<=B'delayed(10 ns)；　——B 延时 10 ns 后赋给 A。

if(B'Stable(10 ns))；　　——判断 B 在 10 ns 内是否发生变化。

属性应用：信号的 event 和 last_value 属性经常用来确定信号的边沿。

例 7-2：判断 clk 的上升沿语句

if((clk'event)and(clk='1') and(clk'last_value='0'))then

判断 clk 的下降沿语句

if((clk'event)and(clk='0') and(clk'last_value='1'))then

…

7.1.2　VHDL 的基本类型

在 VHDL 语言中，主要有以下 10 种基本类型。

1) bit（位）：'0' 和 '1'。

2) bit-Vector（位矢量）：例如，"00110"。

3) Boolean："true" 和 "false"。

4) time：例如，1 μs、100 ms，3 s。

5) character：例如，'a'、'n'、'1'、'0'。

6) string：例如，"sdfsd"、"my design"。

7) integer：32 位；例如，1、234、-2134234。

8) real：范围-1.0E38～+1.0E38；例如，1.0、2.834、3.14（Constant）、0.0。

9) natural 自然数和 positive 正整数。

10) senveritylevel（常和 assert 语句配合使用），包含 note、warning、error、failure。

以上 10 种类型是 VHDL 中的标准类型，在编程中可以直接使用。使用这 10 种以外的类型，需要自行定义或指明所引用的 Library（库）和 Package（包）集合。与其他的计算机语言一样，VHDL 语言中对象需要先声明在使用，声明格式如下。

合法的声明：

Singnal　Z_BUS:bit_vector(3 downto 0)；

Singnal　C_BUS:bit_vector(1 to 4)；

不合法的声明：

> Signal Z_BUS :bit_vector(0 downto 3);
>
> Singnal　C_BUS:bit_vector(3 to 0);

1. VHDL 的基本类型和赋值

例 7-3：

> Signal A,B,Z ;bit;
>
> Signal X_INT;integer;
>
> Z<=A;

例 7-4：

> Signal Z_BUS :bit_vector(3 downto 0);
>
> Singnal　C_BUS:bit_vector(0 to 3);
>
> Z_BUS<= C_BUS;

等同于

> Z_BUS[0]<= C_BUS[0];
>
> Z_BUS[1]<= C_BUS[1];
>
> Z_BUS[2]<= C_BUS[2];
>
> Z_BUS[3]<= C_BUS[3];

例 7-5：

> Signal Z_BUS :bit_vector(0 downto 3);
>
> Singnal　C_BUS:bit_vector(3 to 0);

合法：Z_BUS[3 downtown 0]<= "0000";

非法：C_BUS[0 to 4]<= Z_BUS[3 downtown 1]

> Z_BUS[0 to2]<= "11";

例 7-6：集合操作

> Signal Z_BUS :bit_vector(3 downto 0);
>
> Signal　A,B,C,D :bit;
>
> Z_BUS<=(A,B,C,D);

等同于

> Z_BUS[3]<= A;
>
> Z_BUS[2]<=B;
>
> Z_BUS[1]<= C;
>
> Z_BUS[0]<= D;

2. 在 VHDL 中定义自己的类型

1) 通用格式：TYPE 类型名 IS 数据类型定义。

2) 用户可以定义的数据类型有枚举类型 enumberated、整数型 integer、实数型 real、数组类型 array、纪录类型 record、时间类型 time、文件类型 file 和存取类型 access。

3）枚举类型 enumberated，格式如下：

type 数据类型名 is(元素,元素…);

例 7-7：

type week is (sun,mon,tue,thu,fri,sat);
type std_logic is ('1','0','x','z');

4）整数型 integer 和实数型 real，格式如下：

type 数据类型名 is 数据类型定义约束范围;

例 7-8：

type week is integer range 1 to 7;
type current is real range −1E4 to 1E4;

5）数组类型 array，格式如下：

type 数据类型名 is array 范围 of 元数据类型名;

例 7-9：

typeweekisarray (1 to 7) of integer;
typedeweekisarray (1 to 7) of week;

7.1.3　VHDL 中的操作符

（1）VHDL 中的操作符类型

1）逻辑操作符有 and，nand，nor，or，xor，not。

例 7-10：

signal A_BUS,B_BUS,Z_BUS:std_logic_vector(3 downto 0)
Z_BUS<= A_BUS and B_BUS; 等同于按位与
Z_BUS<= A_BUS or B_BUS;　等同于按位或
Z_BUS<= A_BUS xor B_BUS; 等同于按位异或
Z_BUS<= not　A_BUS;　　　等同于按位取反

2）关系运算符有小于（<）、小于或等于（<=）、大于（>）、大于或等于（>=）、等于（=）、不等于（/=）。

3）数学运算符有加（+）、减（−）、乘（*）、除（/）、绝对值（abs）、求模（mod）、求余（rem）。

注意：上述运算符应用于 integer、real、time 类型，不能用于 vector（如果希望用于 vec-tor，可以使用库 IEEE 的 std_logic_unsigned 包，它对算术运算符进行了扩展）。

（2）VHDL 中的操作符应用要点

1）VHDL 属于强类型，不同类型之间不能进行运算和赋值，可以进行数据类型转换。

2）vector 不表示 number。

3）array 不表示 number。

7.2 VHDL 语法基础

7.2.1 顺序语句

VHDL 有两种类型语句：顺序语句和并行语句（并发语句）。其中顺序语句的执行（指仿真执行）顺序与它们的书写顺序基本是一致的；并行语句的执行是同步进行的，或者说是并行运行，其执行方式与书写的顺序无关。

顺序语句又分两种情况：一种是真正的顺序语句；另一种具有顺序语句与并行语句的双重特性，被放在进程、块、子程序之内是顺序语句，被放在进程、块、子程序之外是并行语句。

1. IF 语句

语句结构如下：

```
IF 条件句    THEN
顺序语句；
｛ELSIF 条件句    THEN
顺序语句｝；
［ELSE
顺序语句］；
END    IF；
```

IF 语句是一种条件语句，根据语句中所设置的一种或多种条件，有选择地执行指定的顺序语句。其条件值是布尔型（TRUE 或 FALSE）。当条件为真时，执行 THEN 后顺序语句，当条件全为假时，会执行 ELSE 后顺序语句或结束语句 END IF。

2. CASE 语句

语句结构如下：

```
CASE 表达式    IS
WHEN    选择值    =>顺序语句；
WHEN    选择值    =>顺序语句；
                ...
［WHEN    OTHERS    =>顺序语句；］
END    CASE；
```

其中符号"=>"相当于 THEN，执行时，首先计算表达式的值，然后将该值与 WHEN 中的选择值进行比较，相同则执行对应的顺序语句，否则执行 OTHERS 后的顺序语句或结束语句 END   CASE。

注：语句中的选择值必须列举穷尽，又不能重复。当选择值不能列举穷尽时，语句

WHEN   OTHERS   =>顺序语句，通常不能缺省。

例 7-11：用 CASE 语句描述 4 选 1 多路选择器，如图 7-1 所示。

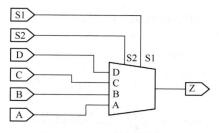

图 7-1   CASE 语句结构图

```
LIBRARY    IEEE；
USE    IEEE. STD_LOGIC_1164. ALL；
ENTITY    MUX41    IS
    PORT(S1,S2：IN    STD_LOGIC；
        A,B,C,D：IN    STD_LOGIC；
    Z：OUT    STD_LOGIC)；
    END    ENTITY    MUX41；
ARCHITECTURE    ART    OF    MUX41    IS
SIGNA    S:STD_LOGIC_VECTOR(1    DOWNTO    0)；
BEGIN
S<=S1 & S2；
    PROCESS(S,A,B,C,D) IS
    BEGIN
        CASE    S    IS
            WHEN    "00"=>Z<=A；
            WHEN    "01"=>Z<=B；
            WHEN    "10"=>Z<=C；
            WHEN    "11"=>Z<=D；
            WHEN    OTHERS    =>Z<='X'；
        END    CASE；
    END PROCESS；
END    ARCHITECTURE    ART；
```

3. LOOP 语句

LOOP 语句就是循环语句，它可以使所包含的一组顺序语句被循环执行，其执行次数可由设定的循环参数决定，循环的方式由 NEXT 和 EXIT 语句来控制。

（1）FOR-LOOP 语句

［标号］:FOR   循环变量   IN   循环次数范围   LOOP
    顺序语句
    END   LOOP ［标号］；

循环变量的值在每一次循环中都会发生变化；循环次数范围表示循环变量在循环过程中

的取值范围，显然 FOR 模式的循环次数是明确的。

例 7-12：利用 LOOP 语句中的循环变量简化同类顺序语句的表达式的使用。

```
SIGNA   A,B,C:STD_LOGIC_VECTOR(1 TO 3);
…
FOR  N  IN  1  TO  3  LOOP
    A(N)<=B(N)   AND   C(N);
END   LOOP;
```

说明：此段程序等效于顺序执行以下三个信号赋值操作。

```
A(1)<=B(1) AND C(1);
A(2)<=B(2) AND C(2);
A(3)<=B(3) AND C(3);
```

（2）WHILE-LOOP 语句

```
[标号]:WHILE   循环控制条件 LOOP
      顺序语句
END   LOOP [标号];
```

循环控制条件为真执行顺序语句；为假则结束循环。显然 WHILE 模式的循环次数是未知的。

例 7-13：WHILE-LOOP 语句的使用。

```
SHIFT1: PROCESS(INPUTX) IS
     VARIABLE   N: POSITIVE:=1;
     BEGIN
         L1: WHILE  N<=8   LOOP
                 ——这里的"<="是小于或等于的意思
         OUTPUTX(N)<=INPUTX(N+8);
         N:=N+1;
     END  LOOP  L1;
END  PROCESS  SHIFT1;
```

说明：在 WHILE-LOOP 语句的顺序语句中增加了一条循环次数的计算语句，用于循环语句的控制。在循环执行中，当 N 的值等于 9 时将跳出循环。

（3）NEXT- LOOP 语句

```
NEXT  [LOOP  标号]  [WHEN  条件表达式];
```

NEXT 语句是对 LOOP 语句做有条件或无条件的转向控制。分以下四种控制。

1）单独 NEXT 时，跳到本循环 LOOP 语句开始处。

2）NEXT [LOOP 标号]，跳转到指定的 LOOP 标号处。

3）NEXT [WHEN 条件]，条件值=TRUE，跳到本循环 LOOP 语句开始处；条件值=FALSE，不执行 NEXT，继续向下执行。

4）全不缺省时，条件值=TRUE，跳到指定的 LOOP 标号处（注意：并不一定是本循环语句的 LOOP 标号）；条件值=FALSE，不执行 NEXT，继续向下执行。

例 7-14：

```
…
L1：FOR  CNT  IN  1 TO  8  LOOP
S1：A（CNT）：=‘0’；
NEXT  WHEN  （B=C）；
S2 ：A（CNT+8）：=‘0’；
END  LOOP  L1；
```

4. 空操作语句（NULL）

空操作语句（NULL）不完成任何操作，它唯一的功能就是使逻辑运行流程跨入下一步语句的执行。NULL 常用于 CASE 语句中，为满足所有可能的条件，利用 NULL 来表示所余的不用条件下的操作行为。

例 7-15：在 CASE 语句中，NULL 用于排除一些不用的条件。

```
CASE  OPCODE  IS
WHEN  “001”=>  TMP ：= REGA  AND  REGB；
WHEN  “101”=>  TMP ：= REGA  OR  REGB；
WHEN  “110”=>  TMP ：= NOT  REGA；
WHEN OTHERS =>  NULL；
END  CASE；
```

7.2.2 并行语句

相对于传统的软件描述语言，并行语句结构是 VHDL 特色。在 VHDL 中，并行语句具有多种语句格式，各种并行语句在结构体中的执行是同步进行的（并行运行），其执行方式与书写的顺序无关。在执行中，并行语句之间可以有信息往来，也可以互为独立、互不相关、异步运行（如多时钟情况）。

并行语句在结构体中的使用格式如下：

```
ARCHITECTURE 结构体名 OF 实体名 IS
说明语句；
BEGIN
并行语句；
END ARCHITECTURE 结构体名；
```

结构体中各种并行语句模块如图 7-2 所示。每一语句模块都可以独立异步运行，模块之间是并行运行，并通过信号来交换信息。在实际编程中这些语句不必同时存在。

1. 变量赋值语句

```
目标变量名：=表达式；
```

注意：变量赋值用“：=”符号，两边数据类型必须一致。

2. 信号代入语句（并行信号赋值语句）

其赋值目标必须是信号，信号赋值语句其所有可读入信号是隐性的，任何信号的变化都会启动语句的赋值操作。并行信号赋值语句有三种形式：简单信号赋值语句、条件信号赋值语句和选择信号赋值语句。

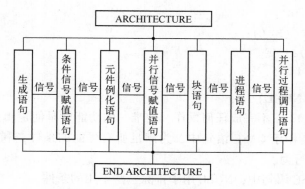

图 7-2　结构体中并行语句模块

（1）简单信号赋值语句

　　　　信号赋值目标<=表达式；

注意：信号赋值用"<="符号，两边数据类型的一致。

例 7-16：

```
ARCHITECTURE    ART    OF    XHFZ    IS
    SIGNAL    S1：STD_LOGIC;
BEGIN
    OUTPUT 1<= A AND B;
    OUTPUT 2<= C+D;
B1：BLOCK
    SIGNAL    E, F, G, H：STD_LOGIC;
    BEGIN
        G<=E    OR    F;
        H<=E    XOR    F;
    END BLOCK B1;
    S1<=G;
END ARCHITECTURE    ART
```

（2）条件信号赋值语句

　　　　信号赋值目标<=表达式 1　　　　WHEN 条件 1　　　　ELSE
　　　　表达式 2　　　　WHEN 条件 2　　　　ELSE
　　　　表达式 3　　　　WHEN 条件 3　　　　ELSE
　　　　表达式 n　　　　WHEN 条件 n　　　　ELSE
　　　　表达式 n+1；

根据赋值条件的书写顺序逐项测定，一旦发现赋值条件为真（TRUE），便将对应的表

182

达式的值赋给目标，否则将最后一个表达式的值赋给目标。

例 7-17：

```
…
Z<= A  WHEN  P1='1'  ELSE
B  WHEN  P2='0'  ELSE
C；
```

（3）选择信号赋值语句

```
WITH 选择表达式  SELECT
信号赋值目标<=  表达式 1       WHEN 选择值 1
     表达式 2       WHEN 选择值 2
      …
     表达式 n       WHEN 选择值 n；
          ［表达式 n+1  WHEN OTHERS；］
```

每当选择表达式的值发生变化时，将其值与各子句中的选择值做比较，比较结果相等的子句获得赋值资格。注意该语句不能在进程中使用，不允许有条件重叠现象，也不允许存在条件涵盖不全的情况，否则最后一句不能缺省。

例 7-18：图 7-3 是一个简化的指令译码器。对应于由 A、B、C 三个位构成的不同指令码，由 DATA1 和 DATA2 输入的两个值将进行不同的逻辑操作，并将结果从 DATAOUT 输出。

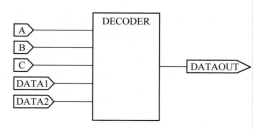

图 7-3 指令译码器框图

```
LIBRARY   IEEE；
USE   IEEE. STD_LOGIC_1164. ALL；
ENTITY   DECODER   IS
PORT(A,B,C:IN   STD_LOGIC；
 DATA1,DATA2: IN   STD_LOGIC；
      DATAOUT:OUT   STD_LOGIC)；
END   DECODER；
ARCHITECTURE   ART   OF   DECODER   IS
    SIGNAL INSTRUCTION:STD_LOGIC_VECTOR(2   DOWNTO   0)；
    BEGIN
    INSTRUCTION<=C&B&A；
    WITH   INSTRUCTION   SELECT
    DATAOUT<=  DATA1   AND   DATA2       WHEN "000"
```

DATA1　OR　DATA2　　　WHEN "001"

　　　　　　　　DATA1　NAND　DATA2　　　WHEN "010"

　　　　　　　　DATA1　NOR　DATA2　　　WHEN "011"

　　　　　　　　DATA1　XOR　DATA2　　　WHEN "100"

　　　　　　　　DATA1　NXOR　DATA2　　　WHEN "101"

　　　　　　'Z'　WHEN　OTHERS；——当不满足条件时,输出呈高阻态

END　ARCHITECTURE　ART；

3. 进程

（1）进程语句（PROCESS）

　　［进程标号：］PROCESS［（敏感信号参数表）］［IS］

　　　　［进程说明部分］

　　BEGIN

　　　　顺序描述语句

　　END　PROCESS［进程标号：］；

（2）PROCESS 各部分使用说明

1）敏感信号参数表：所谓的敏感信号是指其值发生改变时，会引起进程中语句执行的那些信号。敏感信号参数表就是由一个或多个敏感信号组成的。敏感信号的作用就是重新激活进程。

2）进程说明部分：定义本进程所需的一些局部量，如变量、常数、数据类型、属性和子程序等，但不允许在进程中定义信号和共享变量。

3）顺序描述语句：进程中的顺序语句部分是不可缺的，其作用是描述硬件的行为。

4）PROCESS 语句特点：进程结构内部的所有语句都是顺序执行的；多进程之间是并行执行的，并可访问结构体或实体中所定义的信号；进程启动有两种方式，一种是由敏感信号来触发，另一种也可以用 WAIT 语句等待一个触发条件的成立；信号敏感表和 WAIT 语句不能共同存在于一个进程之中；各进程之间的通信由信号来传递。

例 **7-19**：含敏感信号表的进程语句。

　　SIGNA L　CNT4：INTEGER RANGE 0 TO 15；

　　　…

　　PROCESS(CLK,CLEAR,STOP) IS

　　　——该进程定义了 3 个敏感信号 CLK、CLEAR、STOP

　　BEGIN

　　　——当其中任何一个改变时,都将启动进程的运行

　　　　　IF CLEAR = '0' THEN

　　　　　　　CNT4< = 0；

　　　　　ELSIF CLK' EVENT AND CLK = '1' THEN

　　——如果遇到时钟上升沿,则…

　　　　　　IF STOP = '0' THEN

　　　　　　——如果 STOP 为低电平,则进行加法计数,否则停止计数

　　　　　　　CNT4< = CNT4+1；

　　　　　　END IF；

END IF；

END PROCESS；

4. WAIT 语句

WAIT   ——无限等待

WAIT ON 信号表   ——敏感信号量变化

WAIT UNTIL 条件表达式   ——表达式成立时进程启动

WAIT FOR 时间表达式   ——时间到,进程启动

当遇到 WAIT 时，运行程序将被挂起（暂停运行），只有满足 WAIT 中设置的结束挂起条件后，才会继续运行程序。单独 WAIT 表示永远挂起。WAIT ON 信号表，称为敏感信号等待语句。表中的敏感信号发生变化时，结束挂起，再次启动进程。WAIT UNTIL 条件表达式属条件等待。当表达式中信号发生改变，并且为 TRUE 时，结束挂起，执行 WAIT 之后的语句。此格式可被综合器综合，其他格式只能在仿真器中使用。进程中使用了 WAIT 语句后，经综合就会产生时序逻辑电路。

注：VHDL 规定，已列出敏感量的进程中不能使用 WAIT 语句。

例 7-20：WAIT ON S1, S2；——S1, S2 是敏感信号，其中任一信号发生变化时（如由 0 变或由 1 变 0），就结束挂起，执行 WAIT 之后的语句。

例 7-21：WAIT UNTIL 语句的三种表达方式：

① WAIT UNTI 信号＝VALUE。

② WAIT UNTI 信号' EVENT AND 信号＝VALUE。

③ WAIT UNTI NOT 信号' STABLE AND 信号＝VALUE。

注：其中 EVENT 和 STABLE 是预定义的信号检测属性函数。

5. 块语句（BLOCK）

BLOCK 的应用可使结构体层次鲜明，结构明确。利用 BLOCK 语句可以将结构体中的并行语句划分成多个并列方式的 BLOCK，每一个 BLOCK 都像一个独立的设计实体，具有自己的类属参数说明和界面端口，以及与外部环境的衔接描述。

块标号：BLOCK［（块保护表达式）］

    接口说明

    类属说明

BEGIN

    并行语句

    END BLOCK［块标号］；

6. BLOCK 各部分使用说明

（1）块保护表达式

当表达式值＝TRUE 时，块中驱动源起作用；当表达式值＝FALSE 时，块中驱动源失去作用。

（2）接口说明和类属说明

类似于实体的定义部分，接口说明和类属说明主要是对 BLOCK 的接口设置以及与外界信号的连接状况加以说明，通常由 PORT、GENERIC、PORT MAP、GENERIC MAP 等保留

字引出的语句来说明；这两个说明的适用范围仅限于当前 BLOCK，对块外不透明，但对于嵌套于内层的 BLOCK 是透明的。并行语句可包含结构体中的任何并行语句。

例 7-22：

```
...
ENTITY GAT IS
    GENERIC(L_TIME:TIME;S_TIME:TIME);        ——类属说明
    PORT (B1,B2,B3:INOUT BIT);               ——结构体全局端口定义
END ENTITY GAT;
ARCHITECTURE ART OF GAT IS
    SIGNA  A1:BIT;                           ——结构体全局信号 A1 定义
BEGIN
BLK1:BLOCK IS                                ——块定义,块标号名是 BLK1
GENERIC (GB1,GB2:TIME);                      ——定义块中的局部类属参量
GENERIC MAP (GB1=>L-TIME,GB2=>S-TIME);       ——局部端口参量设定
PORT (PB1:IN BIT;PB2:INOUT BIT);             ——块结构中局部端口定义
POTR MAP(PB1=>B1,PB2=>A1);                   ——块结构端口连接说明
CONSTANT DELAY:TIME:= 1 ms;                  ——局部常数定义
SIGNA  S1:BIT;                               ——局部信号定义
BEGIN
S1<=PB1 AFTER DELAY;
PB2<=S1 AFTER GB1;
 ...
END BLOCK BLK1;
END ARCHITECTURE ART;
```

例 7-23： 三重嵌套块的程序，从此例能很清晰地了解关于块中数据对象的可视性规则。

```
...
B1:BLOCK                       ——定义块 B1
    SIGNAL  S:BIT;             ——在 B1 块中定义 S
    BEGIN
S<=A  AND  B;                  ——向 B1 中的 S 赋值
    B2:BLOCK                   ——定义块 B2,套于 B1 块中
        SIGNAL  S:BIT;         ——定义 B2 块中的信号 S
        BEGIN
    S<=C  AND  D;              ——向 B2 中的 S 赋值
        B3:BLOCK
            BEGIN
        Z<=S;                  ——此 S 来自 B2 块
            END  BLOCK  B3;
    END  BLOCK  B2;
    Y<=S;                      ——此 S 来自 B1 块
END  BLOCK  B1;
```

此例是对嵌套块的语法现象做一些说明，它实际描述的是两个相互独立的 2 输入与门。

7. 函数和函数调用

（1）函数语句（FUNCTION）

    FUNCTION 函数名(参数表)RETURN 数据类型 IS
       [说明部分]
    BEGIN
       顺序语句
    END FUNCTION 函数名;

参数表用于定义输入值，只能是信号或常量，并且无须指定工作模式。RETURN 数据类型指的是返回值数据类型。说明部分是对函数体内的用到的数据类型、常量、变量等做局部说明。顺序语句用以完成规定算法或各种转换等，函数被调用时，执行的就是这部分语句。

（2）函数调用

函数调用与过程调用相似，差异是函数的参量只能是输入值，并且返回一个指定数据类型的值。

例 7-24：

```
ENTITY FUNC IS
    PORT(A:IN BIT_VECTOR(0 TO 2);
     M:OUT BIT_VECTOR(0 TO 2));
END FUNC1;
ARCHITECTURE ART OF FUNC IS
    FUNCTION SAM(X,Y,Z:BIT)RETURN BIT IS
    BEGIN
    RETURN(X AND Y)OR Z;
    END FUNCTION SAM;
    BEGIN
    PROCESS(A)
    BEGIN
    M(0)<=SAM(A(0),A(1),A(2));
    M(1)<=SAM(A(2),A(0),A(1));
    M(2)<=SAM(A(1),A(2),A(0));
    END PROCESS;
END ART;
```

8. 返回语句（RETURN）

    RETURN[表达式];

返回语句只能用于子程序（过程、函数）中，结束子程序的执行。RETURN 格式，只能用于过程，只是结束过程，不返回任何值。RETURN[表达式]格式，只能用于函数，必须返回一个值。表达式提供函数返回值。函数至少含一个返回语句，也可以拥有多个返回语句，但调用时只能有一个返回语句将值带出。

例 7-25：

```
FUNCTION  OPT(A,B,OPT:STD_LOGIC) RETURN STD_LOGIC  IS
BEGIN
    IF(OPR='1')THEN
        RETURU(A   AND   B);
    ELSE
        RETURN(A   OR   B);
    END   IF;
END   FUNCTION   OPR;
```

说明：此函数功能是，当 OPR 为高电平时，返回（A AND B）的值；当 OPR 为低电平时，返回（A OR B）的值，电路结构如图 7-4 所示。

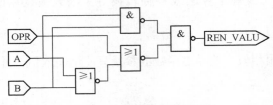

图 7-4　函数 OPT 的电路结构

9. 元件调用语句（COMPONENT）

```
COMPONENT 元件名
[GENERIC(类属表)]
PORT(元件端口名表)
END COMPONENT;
```

该语句可用于 ARCHITECTURE、PACKAGE、BLOCK 的说明部分。元件调用语句又称为元件定义语句，其作用是对设计实体进行封装，只留出界面的接口（芯片的引脚）。元件名就是封装芯片的名字。在该语句中间可以有 GENERIC 语句和 PORT 语句，GENERIC 语句用于该元件参数的代入或赋值，PORT 语句用于该元件的输入、输出端口信号的规定。元件端口名表列出对外通信的各端口名（芯片的各引脚名）。

10. 端口映射语句（PORT MAP）

```
标号名:元件名　PORT　MAP([元件端口名=>]连接实体端口名,…);
```

端口映射语句的作用是为元件配上指定的插座。标号名就是插座名，元件名是由 COMPONENT 语句定义的；PORT MAP 是端口映射的意思。其中的元件端口名是指芯片的引脚；连接实体端口名是指插座的引脚；符号"=>"表示两脚相连。端口映射的表达方式有两种：一种是名字关联方式，另一种是位置关联方式。在元件的调用过程中，COMPONENT 语句和 PORT MAP 语句都必须存在。

11. 参数传递和参数映射语句

（1）参数传递语句（GENERIC）

```
GENERIC(常数名:数据类型[:设定值];
常数名:数据类型[:设定值]);
```

（2）参数映射语句（GENERIC MAP）

标号名:元件名 GENERIC MAP(实参1,实参2,…,实参N);

GENERIC MAP 的作用就是参数映射，其中的标号名和元件名与 PORT MAP 中的含义一样，实参1，实参2，…，实参N 指的是实际参数值，映射的表达方式采用位置关联方式。

例 7-26：设计图 7-5 示的 VHDL 描述程序。

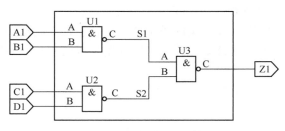

图 7-5　两级与非门设计框图

方法：首先完成一个 2 输入与非门的设计，然后用 COMPONENT 语句和 PORT MAP 语句对该元件进行调用。

步骤一：2 输入与非门的设计。

```
LIBRARY  IEEE；
USE  IEEE. STD_LOGIC_1164. ALL；
ENTITY ND2 IS
    PORT(A,B:IN  STD_LOGIC；
              C:OUT  STD_LOGIC)；
END  ND2；
ARCHITECTURE  ARTND2  OF  ND2  IS
    BEGIN
    C<=A  NAND  B；
END ARCHITECTURE  ARTND2；
```

步骤二：元件调用。

```
LIBRARY  IEEE；
USE  IEEE. STD_LOGIC_1164. ALL；
ENTITY  ORD41  IS
    PORT(A1,B1,C1,D1:IN  STD_LOGIC；
              Z1:OUT  STD_LOGIC)；
END  ORD41；
ARCHITECTURE  ARTORD41  OF  ORD41  IS
    COMPONENT  ND2              ——元件定义
        PORT(A,B:IN  STD_LOGIC；
              C:OUT  STD_LOGIC)；
    END COMPONENT；
SIGNAL  S1,S2: STD_LOGIC；
```

```
BEGIN
    U1:ND2   PORT   MAP(A1,B1,S1);          ——位置关联方式
    U2:ND2   PORT   MAP(A=>C1,C => S2,B => D1);
                                            ——名字关联方式
    U3:ND2   PORT   MAP(S1,S2,C => Z1);     ——混合关联方式
END ARCHITECTURE   ARTORD41;
```

12. 生成语句（GENERATE）

生成语句可以简化有规则设计结构的逻辑描述，有一种复制作用。在设计中，只要根据某些条件，设定好某一元件或设计单元，就可以利用生成语句复制一组完全相同的并行元件或设计单元电路结构。

生成语句格式有以下两种形式。

形式1：

```
[标号:] FOR 循环变量 IN 取值范围 GENERATE
    [说明]
    [BEGIN]
        并行语句
END   GENERATE [标号];
```

形式2：

```
[标号:] IF 条件 GENERATE
[说明]
[BEGIN]
        并行语句
END   GENERATE [标号];
```

这两种语句格式都是由如下四部分组成。

1）生成方式：有 FOR 语句结构或 IF 语句结构，用于规定并行语句的复制方式。

2）说明部分：这部分包括对元件数据类型、子程序和数据对象做一些局部说明。

3）并行语句：这部分是用来"COPY"的基本单元，主要包括元件、进程语句、块语句、并行过程调用语句、并行信号赋值语句，甚至生成语句。

4）标号：生成语句中的标号并不是必需的，但如果在嵌套生成语句结构中就是很重要的。

例 7-27：用生成语句产生 8 个相同的电路块，如图 7-6 所示。

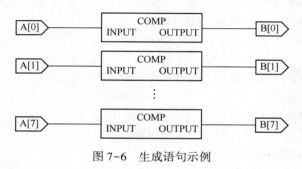

图 7-6 生成语句示例

```
...
COMPONENT   COMP
PORT(X:IN   STD_LOGIC;Y:OUT   STD_LOGIC);
END   COMPONENT;
SIGNAL   A,B: STD_LOGIC_VECTOR(0 TO 7);
...
GEN:FOR   I   IN A'RANGE   GENERATE
BEGIN
U1:COMP   PORT   MAP(X=>A(I),Y=>B(I));
END   GENERATE   GEN;
...
```

第 8 章　组合电路实验

8.1　原理图输入实验

1. 预习要求

1）复习计数器 7390 芯片的基本原理，预习 Quartus 软件中关于原理图设计的相关基础知识（包括工程建立、文件添加、元器件导入、导线连接及网络标号添加等内容）。

2）阅读实验指导书，理解实验原理，了解实验步骤。

3）在虚拟仿真实验平台上完成实验前预习及仿真内容。

4）完成下列填空题。

① 基于 EDA 软件的 FPGA 设计流程：_____->功能仿真->综合->适配->时序仿真->_____->硬件测试。

② VHDL 语言是一种机构化的设计语言，一个设计实体包括_____和_____两部分。

③ 网络名的作用：_____。添加网络名方法：_____。

2. 实验目的

1）掌握采用 Quartus 软件进行原理图设计的基本流程。

2）掌握功能和时序仿真的方法。

3）掌握元器件的导入导出、端口定义及命名技巧；掌握网络名的添加方法。

3. 实验原理及步骤

1）设计电路原理图，其核心元件之一是含有时钟使能及进位扩展输出的十进制计数器。为此实验选用一个双十进制计数器 74390 和其他一些辅助元件来完成。电路原理图如图 8-1 所示。图中 74390 连接成两个独立的十进制计数器，时钟信号 *CLK* 通过一个与门进入 74390 的计数器 1 的时钟输入端 1*CLKA*，与门的另一端由计数使能信号 *ENB* 控制：当 *ENB* = '1' 时允许计数；当 *ENB* = '0' 时禁止计数。计数器 1 的 4 位输出 $q[3]$、$q[2]$、$q[1]$ 和 $q[0]$ 并成总线表达方式即 $q[3..0]$，由图 8-1 左下角的 output 输出端口向外输出计数值，同时由一个 4 输入与门和两个反相器构成进位信号，进入第 2 个计数器的时钟输入端 2*CLKA*。

第 2 个计数器的 4 位计数输出是 $q[7]$、$q[6]$、$q[5]$ 和 $q[4]$，总线输出信号是 $q[7..4]$。这两个计数器的总的进位信号（即可用于扩展输出的进位信号）由一个 6 输入与门和两个反相器产生，由 *COUT* 输出。*CLR* 是计数器的清零信号。

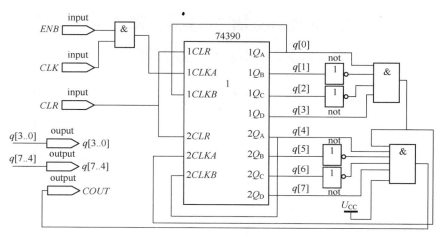

图 8-1　原理图输入实验电路

2）打开 Quartus Ⅱ 软件，建立一个新的工程。

① 单击菜单 "File" → "New Project Wizard…" 命令。

② 输入工程的路径、工程名以及顶层实体名，如图 8-2 所示。

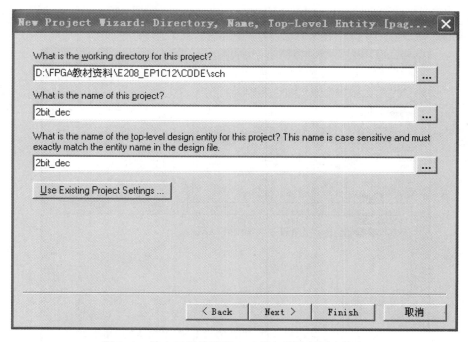

图 8-2　输入工程的路径、工程名以及顶层实体名

③ 单击 "Next>" 按钮，出现如图 8-3 所示的窗口。

由于建立的是一个空的项目，还没有包含已有设计文件，单击 "Next>" 继续。

④ 设置元器件信息，如图 8-4 所示。

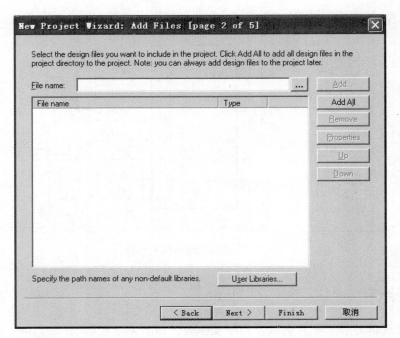

图 8-3 添加文件

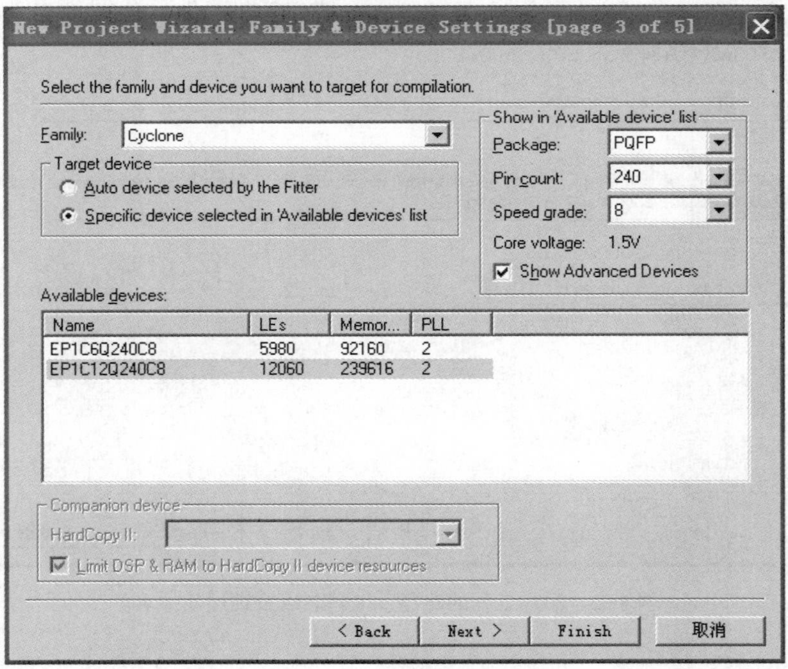

图 8-4 设置元器件信息

⑤ 单击 "Next>" 按钮, 指定第三方工具, 如图 8-5 所示。

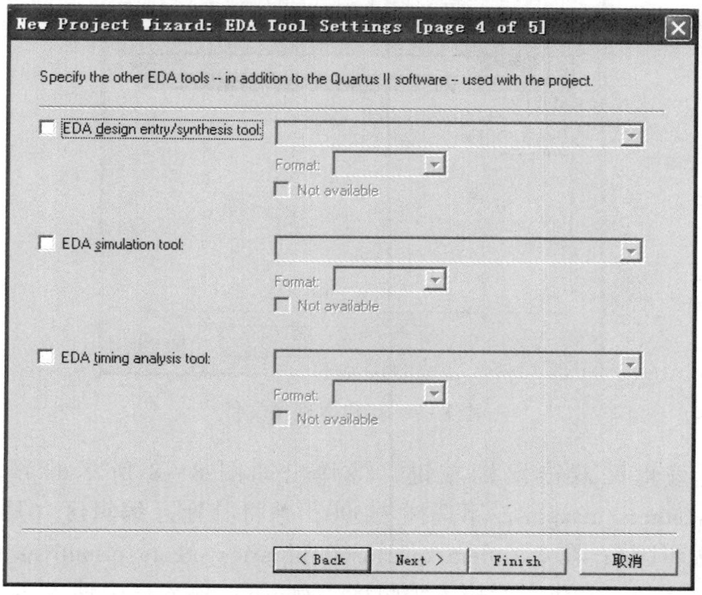

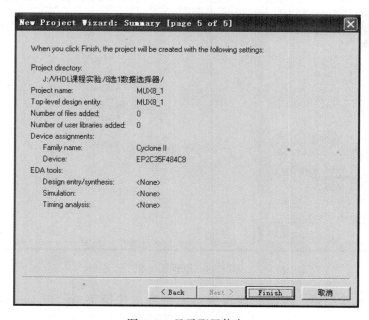

图 8-5　指定 1 第三方工具

这里不指定第三方 EDA 工具, 单击 "Next>" 后结束工程建立, 会弹出工程配置信息统计界面, 配置信息如图 8-6 所示。

图 8-6　显示配置信息

3) 编辑图形文件。

① 单击菜单 "File" → "New" 命令, 新建一个原理图文件并保存, 如图 8-7 所示。

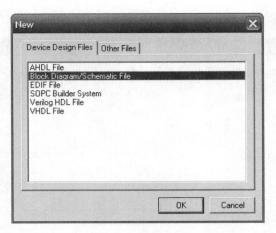

图 8-7　新建原理图文件

② 在原理图编辑区双击鼠标左键，将弹出如图 8-8 所示的界面。在 c:/altera/ quartus60/libraries/others/maxplus2/下选择 74390，并将其拖入编辑区（用鼠标左键按住元 件，移动鼠标至编辑区）；在 c:/altera/quartus60/libraries/others/primitives/pin 选择输入端口 input 和输出端口 output，并将它们拖入编辑区，在 name 输入框中输入 and4、and6，查找 4 输入和 6 输入与非门，并分别把它们拖到编辑区，按图 8-1 摆放。按同样方法输入 not，查 找到非门并将其拖入至编辑区，按图 8-1 连接设置网络标号。

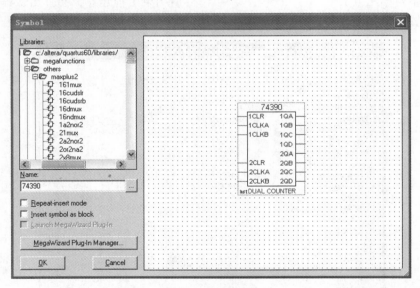

图 8-8　原理图编辑

在原理图输入方式中，若需总线连接可右击弹出快捷菜单，选 Option 选项中的 Line Style 即可；若在某线上加网络标号，也应该在该线某处单击使其变成红色，然后键入标 号名称，标有相同网络标号的线段可视作连接线段，以避免直接连接，可使版面整洁， 如图 8-1 所示。例如，一根 8 位的总线 $q[7..0]$ 分为两个 4 芯的总线，可表示为 $q[3..0]$ 和 $q[7..4]$。

4）建立仿真矢量波形文件。

① 单击菜单 "File" → "New" 命令，在弹出的对话框中选择 Other Files 选项卡中的 "Vector Waveform File" 选项，打开矢量波形文件编辑窗口，如图 8-9、图 8-10 所示。

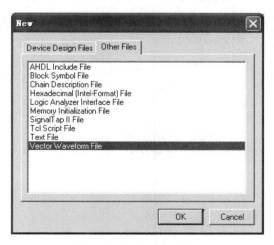

图 8-9　波形文件添加

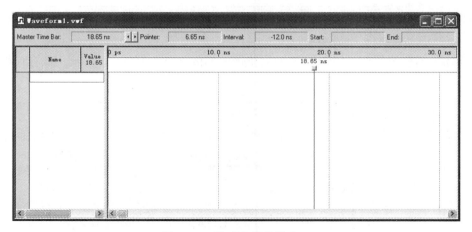

图 8-10　波形文件编辑窗口

② 双击窗口左边空白区域，打开 Insert Node or Bus 对话框，如图 8-11 所示。

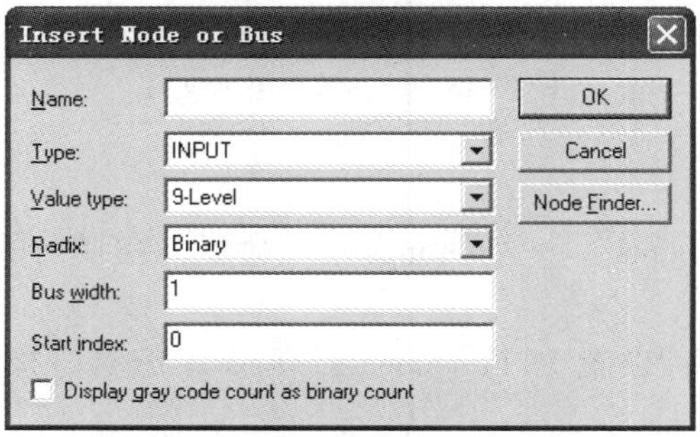

图 8-11　Insert Node or Bus 对话框

③ 单击 "Node Finder…" 按钮，弹出图 8-12 所示的对话框，选择 Filter 下拉列表中的 "Pins：all"，并单击 "List" 按钮以列出所有的端口，通过 ">>" 按钮把这些端口加入右面的窗口中，单击 "OK" 完成端口的添加。

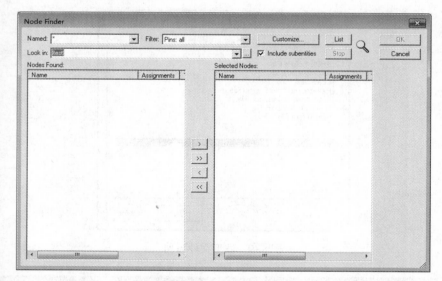

图 8-12　Node Finder 对话框

④ 为输入引脚添加驱动波形，添加完驱动波形的文件如图 8-13 所示，保存后即可进行仿真。

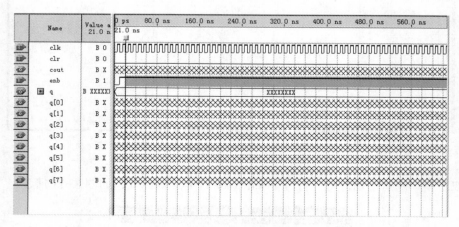

图 8-13　仿真波形输入文件

5）进行功能仿真。

① 单击菜单 "Assignments" → "Settings…" 命令，在弹出的对话框中进行如图 8-14 所示的设置。

其中，Simulation mode 设置为 Functional，即功能仿真。指定仿真波形文件后单击 "OK" 完成设置。

② 单击菜单 "Processing" → "Generate Functional Simulation Netlist" 命令以获得功能

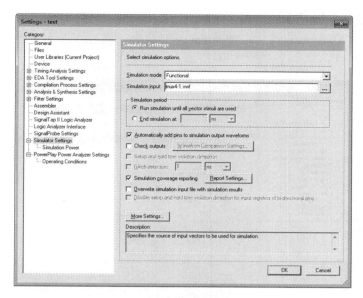

图 8-14　功能仿真设置

仿真网络表。

③ 单击菜单"Processing"→"Start Simulation"命令，进入仿真页面，如图 8-15 所示。

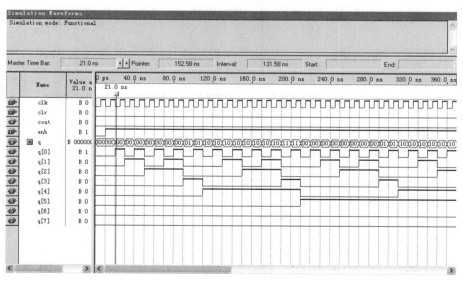

图 8-15　功能仿真

由波形图 8-15 可知，图 8-1 电路的功能完全符合原设计要求：当 *CLK* 输入时钟信号时，*CLR* 信号具有清零功能，当 *ENB* 为高电平时允许计数，低电平时禁止计数；当低 4 位计数器计到 9 时向高 4 位计数器进位，另外由于图 8-15 中没有显示高 4 位计数器计到 9，故看不到计数的进位信号。

6）进行时序仿真。如果功能仿真无误，则可进入时序仿真，时序仿真是增加了相关延迟的仿真,是最接近实际情况的仿真。

① 单击菜单"Assignments"→"Settings…"命令,在弹出的对话框中进行如图8-16所示的设置。

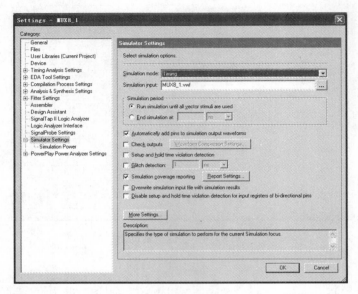

图8-16 时序仿真设置

其中,Simulation mode设置为Timing,即时序仿真。指定仿真波形文件后单击"OK"完成设置。

② 单击菜单"Processing"→"Start Simulation"命令,进入仿真页面,如图8-17所示。

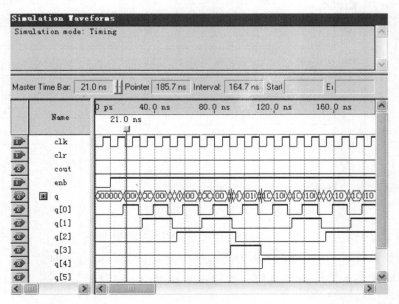

图8-17 时序仿真

如果在时序上也没有问题，就可以进入下载工作了。

7）元器件的下载。

① 配置元器件引脚。单击菜单"Assignments"→"Assignment Editor"命令，打开引脚分配编辑框，如图8-18所示。

	To	Assignment Name	Value	Enabled	
1	clk	Location	PIN_CLK0	Yes	
2	clr	Location	PIN_41	Yes	
3	cout	Location	PIN_62	Yes	
4	enb	Location	PIN_42	Yes	
5	q[0]	Location	PIN_58	Yes	
6	q[1]	Location	PIN_57	Yes	
7	q[2]	Location	PIN_56	Yes	
8	q[3]	Location	PIN_55	Yes	
9	q[4]	Location	PIN_54	Yes	
10	q[5]	Location	PIN_53	Yes	
11	q[6]	Location	PIN_50	Yes	
12	q[7]	Location	PIN_49	Yes	
13	q	Location		Yes	
14	<<new>>	<<new>>			

图 8-18　引脚分配编辑框

图中，为每一个端口都指定了元器件的引脚，在引脚指定过程中需要参照开发系统所给的I/O端口映射表，通过查看开发平台上每个I/O元器件附近的I/O编号，在映射表中找到相应的引脚名，填入图8-18所示的对话框即可。

② 连接下载线。通过USB-blaster下载电缆连接PC和开发平台，如果首次使用下载电缆，此时操作系统会提示安装驱动程序，此USB设备的驱动位于Quartus Ⅱ安装目录中的\drivers\usb-blaster中。

4. 实验注意事项

1）输入文件名不能使用汉字或关键字、非法字符。

2）注意文件在编译链接时的路径。

3）注意引脚分配需与对应的FPGA芯片相匹配。

4）注意网络标号中单芯线和总线标识的区别。

5. 实验设备

1）DICE-E208 EDA开发实验箱，1套。

2）装有Quartus Ⅱ EDA软件的计算机，1台。

3）函数发生器，1台。

4）示波器，1台。

6. 引脚配置实例

功能：输入为两个1位BCD码形式表示的十进制数$op1$和$op2$，输出为用BCD码表示的和$result$，最高位表示进位信号。引脚配置实例见表8-1。

表 8-1 引脚配置实例

输出端口	配置引脚	功能引脚	备 注
CLR	41	K1	复位
ENB	42	K2	计数使能
CLK	$CLK0$	8 Hz	时钟
$q[7]$	49	L1	计数输出
$q[6]$	50	L2	计数输出
$q[5]$	53	L3	计数输出
$q[4]$	54	L4	计数输出
$q[3]$	55	L5	计数输出
$q[2]$	56	L6	计数输出
$q[1]$	57	L7	计数输出
$q[0]$	58	L8	计数输出

7. 实验思考

1）能否用原理图的方法设计一个频率计?

2）功能仿真和时序仿真图有何不同，请解释原因。

8.2 门电路实验

1. 预习要求

1）复习数字电路基础中基本门电路知识；预习 Quartus 软件中关于 VHDL 文本设计的相关基础知识（包括工程建立、文件添加、仿真、引脚配置及下载测试等内容）。

2）预习 VHDL 语法中关于行为建模的知识。

3）预习 VHDL 语法中关于如何建立一个实体的知识，掌握如何描述一个结构体及在建立实体和结构体时应该注意的问题。

4）完成下列填空题。

① VHDL 中的对象主要有常量（Constant）、变量（Variable）和_____。

② 在 VHDL 语言中，信号对象（Signal）用_____赋值；变量（Variable）用_____赋值。

③ 进程中的信号赋值语句，其信号更新是在进程的_____（开始阶段、赋值后立即、最后阶段）完成的。

2. 实验目的

1）掌握基本门电路的设计方法。

2）掌握 VHDL 语言中实体、结构体及进程的设计方法。

3）掌握 case 语句描述方法。

3. 实验设备

1）装有 QuartusⅡ EDA 软件的计算机，1 台。

2）DICE-E208 EDA 实验箱，1 套。

4. 实验要求

1）用按键 K1、K2 作为与非门输入，LED 灯 L1 作为与非门输出显示（输入设置如图 8-1 所示）。

2）用按键 K5、K6 作为或非门输入，LED 灯 L12 作为或非门输出显示（输入设置如图 8-1 所示）。

开关键功能设置如图 8-19 所示。

图 8-19　开关键功能设置

5. 实验原理

（1）2 输入与非门设计

2 输入与非门的逻辑方程为

$$y = a \,\&\, b$$

2 输入与非门的逻辑符号如图 8-20 所示，真值表见表 8-2。

表 8-2　2 输入与非门真值表

a	b	y
0	0	1
0	1	1
1	0	1
1	1	0

（2）2 输入或非门设计

2 输入或非门的逻辑方程为

$$y = /(a + b)$$

2 输入或非门的逻辑符号如图 8-21 所示，真值表见表 8-3。

图 8-20　2 输入与非门逻辑符号　　　　图 8-21　2 输入或非门逻辑符合

表 8-3　2 输入或非门真值表

a	b	y
0	0	1
0	1	0
1	0	0
1	1	0

6. 实验步骤

由于与非门和或非门实验步骤类似，下面以与非门为例说明本实验的操作步骤。

1) 打开 Quartus Ⅱ 软件，建立一个新的工程。

① 单击菜单 "File" → "New Project Wizard…" 命令。

② 输入工程的路径、工程名以及顶层实体名，如图 8-22 所示。

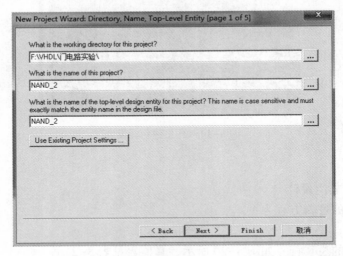

图 8-22　输入工程的路径、工程名以及顶层实体名

③ 单击 "Next>" 按钮，出现如图 8-23 所示的窗口。

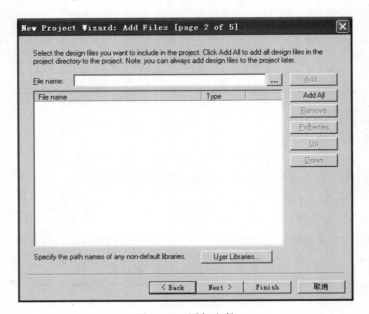

图 8-23　添加文件

由于建立的是一个空的项目，所以没有包含已有文件，单击 "Next>" 继续。

④ 设置元器件信息，如图 8-24 所示。

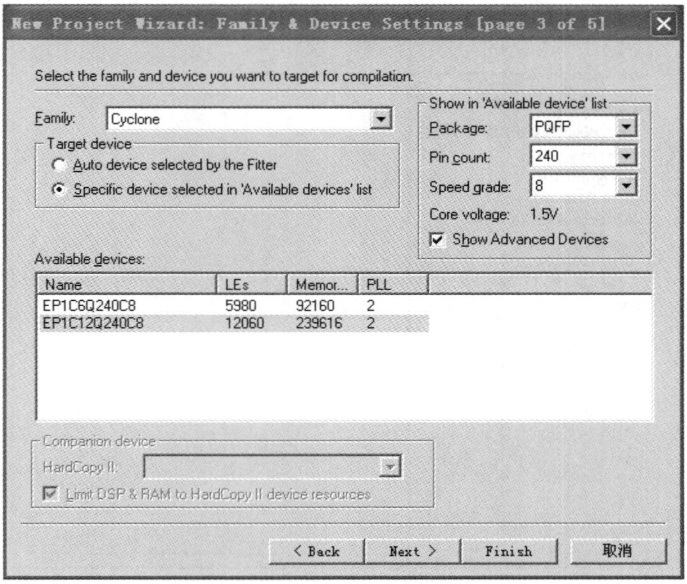

图 8-24　设置元器件信息

⑤ 单击 "Next>" 按钮, 指定第三方工具, 如图 8-25 所示。

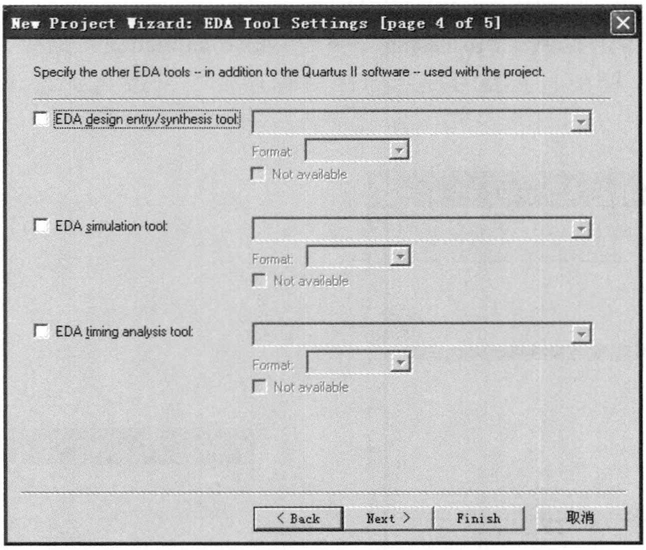

图 8-25　指定第三方工具

这里不指定第三方 EDA 工具, 单击 "Next>" 后结束工程建立。配置信息如图 8-26 所示。

2) 建立 VHDL 文件。

① 单击菜单 "File" → "New" 命令, 选择弹出窗口中的 "VHDL File" 选项, 单击 "OK" 按钮以建立打开空的 VHDL 文件, 注意此文件并没有在硬盘中保存, 如图 8-27 所示。

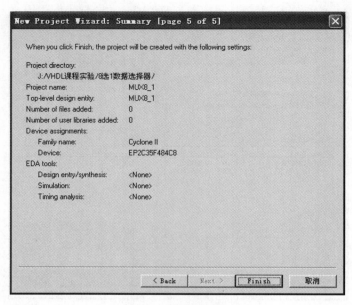

图 8-26　显示配置信息

② 在编辑窗口中输入 VHDL 源文件名并保存，注意实体名、文件名必须和建立工程时所设定的顶层实体名相同。

3）编译工程。单击菜单 "Processing" → "Start Compilation" 命令开始编译，编译过程中可能会显示若干出错消息，参考提示原因对程序进行修改直到编译完全成功为止，如图 8-28 所示。

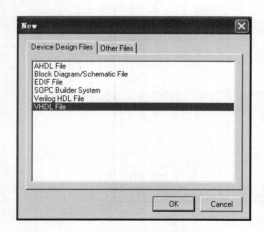

图 8-27　VHDL 文件添加

图 8-28　编译成功

4）建立仿真矢量波形文件。

① 单击菜单 "File" → "New" 命令，在弹出的对话框中选择 Other Files 选项卡中的 "Vector Waveform File" 选项，打开矢量波形文件编辑窗口，如图 8-29、图 8-30 所示。

② 双击窗口左边空白区域，打开 Insert Node or Bus 对话框，如图 8-31 所示。

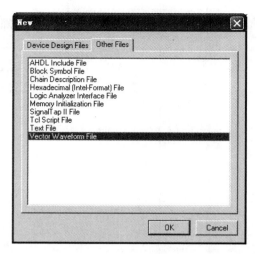

图 8-29　波形文件添加

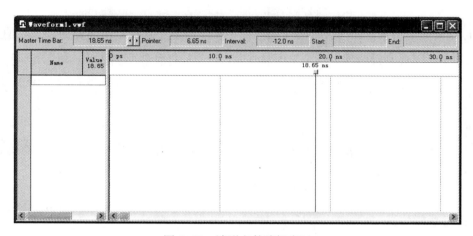

图 8-30　波形文件编辑窗口

Insert Node or Bus 对话框

Name:		OK
Type:	INPUT	Cancel
Value type:	9-Level	Node Finder...
Radix:	Binary	
Bus width:	1	
Start index:	0	

☐ Display gray code count as binary count

图 8-31　Insert Node or Bus 对话框

③ 单击"Node Finder…"按钮，打开如图 8-32 所示的对话框，选择 Filter 下拉列表中的"Pins：all"，并单击"List"按钮以列出所有的端口，通过"＞＞"按钮把这些端口加入右面的窗口中，单击"OK"完成端口的添加。

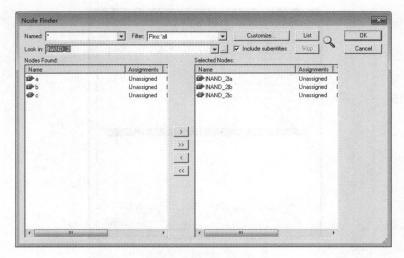

图 8-32　添加端口

④ 回到波形编辑窗口，对所有输入端口设置输入波形，具体可以通过左边的工具栏，或通过对信号单击鼠标右键的弹出式菜单中完成操作，最后保存此波形文件，如图 8-33 所示。

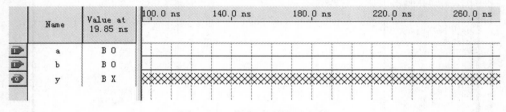

图 8-33　仿真波形输入文件

5）进行功能仿真。

① 单击菜单"Assignments"→"Settings…"命令，在弹出的对话框中进行如图 8-34 所示的设置。

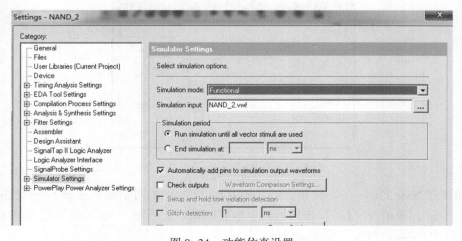

图 8-34　功能仿真设置

其中，Simulation mode 设置为 Functional，即功能仿真。指定仿真波形文件后单击"OK"完成设置。

② 单击菜单"Processing"→"Generate Functional Simulation Netlist"命令以获得功能仿真网络表。

③ 单击菜单"Processing"→"Start Simulation"命令，进入仿真页面，如图 8-35 所示。

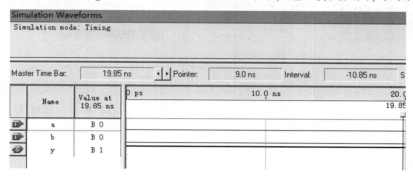

图 8-35　功能仿真

注：此仿真中不包含延迟信息。根据仿真结果可以修改程序以期达到实验要求。

6）进行时序仿真。如果功能仿真无误，则可进入时序仿真，时序仿真是增加了相关延迟的仿真，是最接近实际情况的仿真。

① 单击菜单"Assignments"→"Settings…"命令，在弹出的对话框中进行如图 8-36 所示的设置。

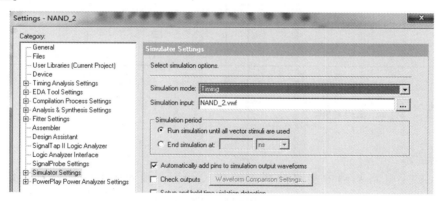

图 8-36　时序仿真设置

其中，Simulation mode 设置为 Timing，即时序仿真。指定仿真波形文件后单击"OK"完成设置。

② 单击菜单"Processing"→"Start Simulation"，进入仿真页面，如图 8-37 所示。

	Name	Value at 19.85 ns	380.0 ns	420.0 ns	460.0 ns	500.0 ns
	a	B 0				
	b	B 0				
	y	B 1				

图 8-37　时序仿真

如果在时序上也没有问题，就可以进入下载工作了。

7）元器件的下载。

① 配置元器件引脚。单击菜单"Assignments"→"Assignment Editor"命令，打开引脚分配编辑框，如图 8-38 所示。

	From	To	Assignment Name	Value	Enabled	
1		a	Location	PIN_41	Yes	
2		b	Location	PIN_42	Yes	
3		y	Location	PIN_49	Yes	

图 8-38　引脚分配编辑框

图中，为每一个端口都指定了元器件的引脚，在引脚指定过程中需要参照开发系统所给的 I/O 端口映射表，通过开发平台上每个 I/O 元器件附近的 I/O 编号，在映射表中找到相应的引脚名，填入图 8-38 的对话框即可。

② 连接下载线。

通过 USB-blaster 下载电缆连接 PC 和开发平台，如果首次使用下载电缆，此时操作系统会提示安装驱动程序，此 USB 设备的驱动位于 Quartus Ⅱ 安装目录中的 \drivers\usb-blaster 中。

7. 引脚配置实例

与非门引脚配置实例见表 8-4。

表 8-4　与非门引脚配置实例

输出端口	配置引脚	功能引脚	备　注
a	41	K1	与非门输入
b	42	K2	
y	49	L1	输出

8.3　4 选 1 数据选择器

1. 预习要求

1）复习数字电路基础中多路选择器的相关知识；预习 VHDL 硬件描述语言中关于 CASE 语句、条件语句语法相关内容，预习 Quartus 软件中功能仿真、时序仿真及如何建立仿真网表的相关内容。

2）阅读实验指导书，理解实验原理，了解实验步骤。

3）在虚拟仿真实验平台上完成实验前预习及仿真内容。

4）完成下列填空题。

① CASE 语句中，对于条件语句的表达，如 when "00" =>c<='1';…，当描述默认情况时，其描述语句用 when _____，并以_____作为 CASE 语句的结束标志。

② VHDL 语言规定，一个实体可有几个结构体，但到底选择哪个结构体与之对应，要通过_____进行相应的配置。

③ 在 Quartus 中默认的可以使用 10 种基本数据类型，但若使用 std_logic、std_logic_

vector 等数据类型，需要引用扩展库中的包，调用语句_____。

2. 实验目的

1）设计一个 4 选 1 的数据选择器，掌握 Quartus Ⅱ 软件的使用方法以及硬件编程下载的基本技能。

2）掌握库的调用方法；掌握端口说明及结构体描述方法。

3）掌握进程的设计方法。

3. 实验设备

1）装有 Quartus Ⅱ EDA 软件的计算机，1 台。

2）DICE-E208 EDA 实验箱，1 套。

4. 实验要求

1）编写 VHDL 语言代码，实现一个 4 选 1 数据选择器，要求有 4 位数据输入端、1 位数据输出端、2 位地址输入信号选择端和 1 位输出使能端。首先在 Quartus Ⅱ 上进行功能和时序仿真，然后通过元器件及其端口配置下载程序到 DICE-E208 EDA 实验箱中。

如图 8-39 所示，$d_0 \sim d_3$ 为数据输入端；g 为使能端，高电平有效；$a[1..0]$ 为地址输入端；y 为输出端。

注：要求非使能或者无效地址状态时，y 输出 0。

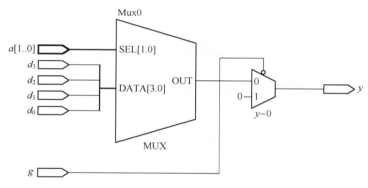

图 8-39　RTL 视图

在硬件实现中，要求用实验平台的拨码开关（K1~K4）实现 4 位输入信号（$d_0 \sim d_3$），用实验平台开关 K5、K6 实现地址输入，开关 K7 实现使能信号输入，如图 8-40 所示。

2）输出显示可采用 LED 发光二极管 L1~L12 中的任意一个，本实验选 L1 作为数据显示。

图 8-40　开关键功能设置

5. 实验步骤

（1）建立工程

参照 8.2 节内容建立工程，工程名自拟，为工程添加 .vhd 文件，保存后编写代码。

（2）编译综合

编译代码，综合适配，直至代码无误。

（3）仿真

建立功能网络表，为工程添加仿真文件，为仿真文件添加仿真变量，分别进行功能仿真和时序仿真，如图 8-41、图 8-42、图 8-43 所示。

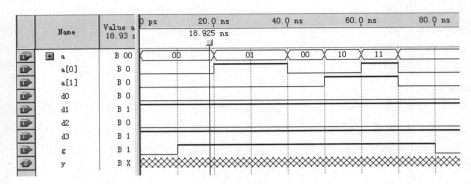

图 8-41　仿真波形输入文件

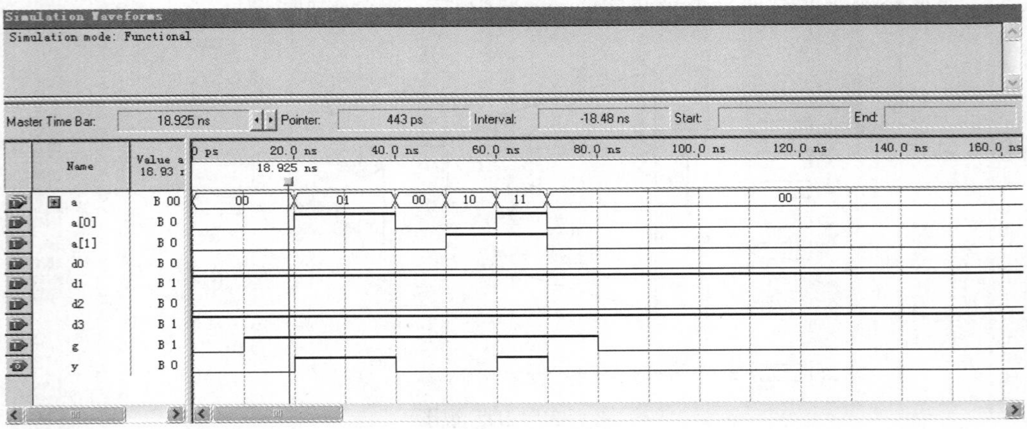

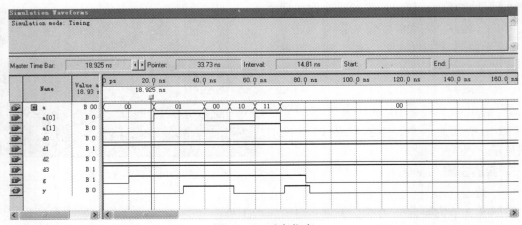

图 8-42　功能仿真

图 8-43　时序仿真

注：此仿真中不包含延迟信息。根据仿真结果可以修改程序以期达到实验要求。

（4）元器件的下载

通过 USB-blaster 下载电缆连接 PC 和开发平台，将 .sof 文件下载到实验箱中验证结果是否正确，如图 8-44 所示。

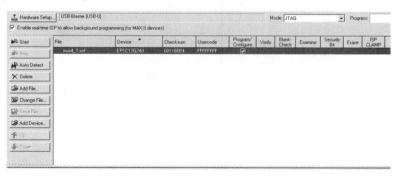

图 8-44　编程下载

通过对话框中的 Hardware Setup 按钮，选择下载设备：USB-blaster。参照图 8-44 所示的选项，单击"Start"按钮完成下载。

6. 实验结果

图 8-45、图 8-46、图 8-47 是对参考代码的编译下载后的部分图例。图 8-45 中，键 7 输入高电平，数据选择器输出使能。4 位输入数据 $d_3 \sim d_0$ 分别是 1、0、1、0，此时地址信号 $a[1..0]$ 为"01"，选通 d_1，L1 输出（灯亮）指示 d_1 为高电平。

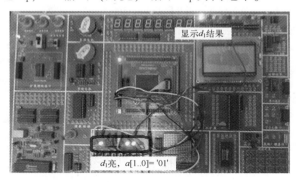

图 8-45　$a[1..0]$ = "01"

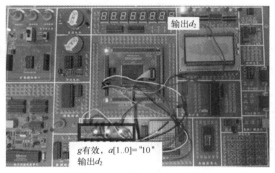

图 8-46　$a[1..0]$ = "10"

图 8-46 中，地址信号 $a[1..0]$ 为 "10"，选通 d_2，L1 输出（灯灭）指示 d_2 为低电平。

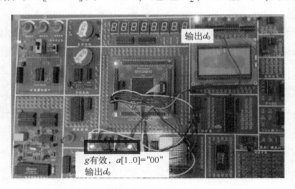

图 8-47 $a[1..0]=$ "00"

图 8-47 中，地址信号 $a[1..0]$ 为 "00"，选通 d_0，L1 输出（灯灭）指示 d_0 为低电平。

7. 注意事项

1）实体名、文件名必须和建立工程时所设定的顶层实体名相同。

2）引脚分配要准确。

3）下载线连接需可靠，如未能找到 USB-blaster，可将其重新连接。

8. 思考题

1）本设计实现了 4 通道 1 位数据选择器，如果其他多通道数据选择该如何设计？

2）本实验采用行为描述法设计，能否采用其他方法进行设计？

9. 引脚配置实例

4 选 1 数据选择器引脚配置实例见表 8-5。

表 8-5　4 选 1 数据选择器引脚配置实例

输出端口	配置引脚	功能引脚	备　注
$a[0]$	46	K6	选择端子
$a[1]$	45	K5	选择端子
d_0	44	K4	输入端子 0
d_1	43	K3	输入端子 1
d_2	42	K2	输入端子 2
d_3	41	K1	输入端子 3
g	47	K7	使能
y	49	L1	输出
a			

8.4　BCD 码加法器

1. 预习要求

1）复习 BCD 码加法器的基本原理；预习 VHDL 语言中条件语句、运算操作符的知识，

214

了解各运算操作符在包中的定义，如何调用该包。

2）阅读实验指导书，理解实验原理，了解实验步骤。

3）在虚拟仿真实验平台上完成实验前预习及仿真内容。

4）完成下列填空题。

① VHDL 语言规定，bit（位）型对象、字符型对象（character）在书写时用_____引号；bit-vector（位矢量）、boolean 类型对象（true 和 false）、字符串类型（string）对象在书写时用_____引号。

② VHDL 可执行语句末尾用_____结束，注释语句用_____开头。

2. 实验目的

1）熟练掌握用 VHDL 语言的行为描述及构造体描述设计组合电路。

2）初步掌握十进制加法的设计。

3）掌握 VHDL 语言中矢量定义方法。

3. 实验原理

BCD 码是一种二进制代码表达的十进制数。BCD 码与 4 位二进制代码关系见表 8-6，从表中可以看到，0~9 时，BCD 码与 4 位二进制码相同；从 10~15 后，BCD 码等于 4 位二进制码加 "0110"。这个关系构成了 4 位二进制码与 BCD 码的转换关系，同时也是用 4 位二进制加法器实现 BCD 码加法的算法基础。

设计 BCD 码加法器首先要将两个 BCD 码输入二进制加法器相加，得到的和数是一个二进制数，然后通过表 8-6 将 4 位二进制码转换成 BCD 码。

表 8-6　码制转换表

十 进 制 数	BCD 码	4 位二进制码	十六进制数
0	00000	00000	0
1	00001	00001	1
2	00010	00010	2
3	00011	00011	3
4	00100	00100	4
5	00101	00101	5
6	00110	00110	6
7	00111	00111	7
8	01000	01000	8
9	01001	01001	9
10	10000	01010	A
11	10001	01011	B
12	10010	01100	C
13	10011	01101	D
14	10100	01110	E
15	10101	01111	F
16	10110	10000	10
17	10111	10001	11
18	11000	10010	12
19	11001	10011	13
20	00000	10100	14

4. 实验内容及步骤

1) 用 VHDL 语言的行为描述方式设计 BCD 码加法器；设置两个加数，每个加数为 4 位 BCD 码，用实验箱上的拨码开关 K1~K4 输入加数，用开关 K5~K8 输入被加数，用 LED 灯 L1~L5 显示和 sum，用 LED 灯 L9~L12 表示和 sum 所处的区间段。

当 $0 \leqslant sum < 5$ 时，L9 亮；当 $5 \leqslant sum < 10$ 时，L10 亮；当 $10 \leqslant sum < 15$ 时，L11 亮；当 $15 \leqslant sum < 20$ 时，L12 亮；当 $20 \leqslant sum$ 时，L9~L12 全部亮。

2) 参照 8.2 节门电路实验建立工程，向工程中加入编程文件 .vhd 并编写代码。编译调试直至没有错误。

3) 参照 8.2 节门电路实验所述建立仿真矢量波形文件并输入驱动波形，建立仿真功能网络表后进行功能仿真，如图 8-48 所示。此仿真波形没有延时信息。工程的时序仿真如图 8-49 所示，此时的仿真波形含有时序信息。

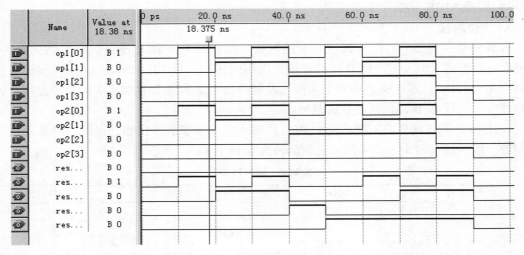

图 8-48　功能仿真

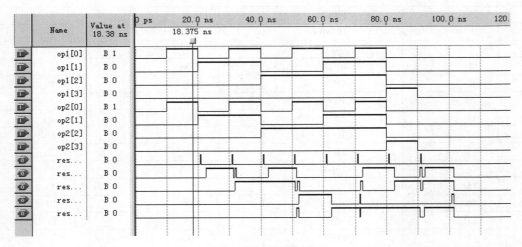

图 8-49　时序仿真

216

5. 设计提示

1) 用 VHDL 语言的构造体描述方式设计时，加"6"校正电路实现真值表的设计。

2) 用 VHDL 语言的行为描述方式设计时，要用条件语言判断两个 BCD 码数相加后是否大于 9，当大于 9 时，采取加"6"校正。.

6. 实验报告要求

1) 叙述所设计的 BCD 码加法器电路工作原理。

2) 写出用 VHDL 语言的构造体描述方式设计 BCD 码加法器的各模块源文件。

3) 写出用 VHDL 语言的行为描述方式设计 BCD 码加法器的源文件。

7. 引脚配置实例

功能：输入为两个 1 位 BCD 码形式表示的十进制数 $op1$ 和 $op2$，输出为用 BCD 码表示的和 $result$，最高位表示进位信号，见表 8-7。

表 8-7　BCD 码加法器引脚配置实例

输出端口	配置引脚	功能引脚	备　　注
$op1[3]$	41	K1	加数 1
$op1[2]$	42	K2	
$op1[1]$	43	K3	
$op1[0]$	44	K4	
$op2[3]$	45	K5	加数 2
$op2[2]$	46	K6	
$op1[1]$	47	K7	
$op0[0]$	48	K8	
$result[4]$	57	L1	和
$result[3]$	58	L2	
$result[2]$	59	L3	
$result[1]$	60	L4	
$result[0]$	61	L5	
$range0-5$	62	L9	$0 \leqslant sum < 5$
$range5-10$	63	L10	$5 \leqslant sum < 10$
$range10-15$	64	L11	$10 \leqslant sum < 15$
$range15-20$	65	L12	$15 \leqslant sum < 20$
$range\_20$	66	L9~12	$20 \leqslant sum$

8.5　8 线-3 线编码器实验

1. 预习要求

1) 复习编码器的基础知识，预习 IF 语句的使用方法。

2) 阅读实验指导书，理解实验原理，了解实验步骤。

3）在虚拟仿真实验平台上完成实验前预习及仿真内容。

4）完成下列填空题。

① 变量对象（Variable）和信号（Signal）对象的使用区别是_____。

② bit 类型和 std_logic 类型的数值状态分别是_____和_____。

2. 实验目的

1）熟练掌握用 VHDL 语言实现编码器设计方法。

2）掌握多级条件语句（IF）使用方法。

3）掌握行为描述的设计方法。

3. 实验设备

1）装有 Quartus Ⅱ EDA 软件的计算机，1 台。

2）DICE-E208 EDA 实验箱，1 套。

4. 实验要求

用 K1～K8 作为编码器输入 $D_0 \sim D_7$（由于实验箱输入键不够，将使能输入 EIN、EON 和 GSN 在代码中设置），LED 灯 L1～L3 为输出 $Q_2 \sim Q_0$，L4 为 GS 输出，L5 为 E_0 输出。

5. 实验原理

编码器可将 2^N 个分离的信息代码以 N 个二进制码来表示。编码器常应用于影音压缩或通信方面，以达到精简传输量的目的。可以将编码器看成压缩电路，译码器看成解压缩电路。传送数据前先用编码器压缩数据后再传送出去，在接收端则由译码器将数据解压缩，还原为原来的数据。这样，在传送过程中，就可以以 N 个数码来代替 2^N 个数码的数据量，以提升传输效率。

编码器又分为普通编码器和优先级编码器。优先级编码器常用于中断的优先级控制，如图 8-50 所示，74LS148 是一个 8 位输入、3 位二进制码输出的优先级编码器，表 8-8 为其真值表。当某一个输入有效时，就可以输出一个对应的 3 位二进制编码。另外，当同时有几个输入有效时，将输出优先级最高的那个输入所对应的二进制编码。

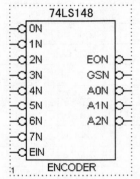

图 8-50 8 线-3 线编码器 74LS148 引脚图

表 8-8 8 线-3 线优先编码器真值表

E_1	D_0	D_1	D_2	D_3	D_4	D_5	D_6	D_7	Q_2	Q_1	Q_0	GS	E_0
1	×	×	×	×	×	×	×	×	1	1	1	1	1
0	1	1	1	1	1	1	1	1	1	1	1	1	0
0	×	×	×	×	×	×	×	0	0	0	0	0	1
0	×	×	×	×	×	×	0	1	0	0	1	0	1
0	×	×	×	×	×	0	1	1	0	1	0	0	1
0	×	×	×	×	0	1	1	1	0	1	1	0	1
0	×	×	×	0	1	1	1	1	1	0	0	0	1
0	×	×	0	1	1	1	1	1	1	0	1	0	1
0	×	0	1	1	1	1	1	1	1	1	0	0	1
0	0	1	1	1	1	1	1	1	1	1	1	0	1

6. 实验步骤

（1）建立工程

参照 8.2 节内容建立工程，工程名自拟，为工程添加 .vhd 文件，保存后编写代码。

（2）编译综合

编译代码，综合适配，直至代码无误。

（3）仿真

建立功能网络表，为工程添加仿真文件，为仿真文件添加仿真变量，分别进行功能仿真和时序仿真。

（4）引脚配置

（5）元器件的下载

连接实验箱，采用 JTAG 下载器将程序下载到 FPGA 中，观察实验现象。

7. 思考题

如何设计一个 16 线-4 线编码器？

8. 引脚配置实例

8 线-3 线编码器引脚配置实例见表 8-9。

表 8-9 8 线-3 线编码器引脚配置实例

输出端口	配置引脚	功能引脚	备注
D_0	41	K1	输入
D_1	42	K2	
D_2	43	K3	
D_3	44	K4	
D_4	45	K5	
D_5	46	K6	
D_6	47	K7	
D_7	48	K8	
Q_2	49	L_1	编码输出
Q_1	50	L2	
Q_0	51	L3	
GS	52	L4	使能输出
E_0	53	L5	

8.6 触发器

1. 预习要求

1）复习触发器的基础知识（包括基本 RS 触发器、JK 触发器、D 触发器和 T 触发器）。

2）阅读实验指导书，理解实验原理，了解实验步骤。

3）在虚拟仿真实验平台上完成实验前预习及仿真内容。

4）完成下列填空题。

① 设 D_0 为'1'，D_1 为'0'，D_2 为'0'，D_3 为'1'，则 $D_3 \& D_2 \& D_1 \& D_0$ 的结果为_____。

② 一个基本的 VHDL 程序包括_____和_____两部分。

2. 实验目的

1）理解触发器的概念并重点掌握基本 RS 触发器、D 触发起、JK 触发器及 T 触发器的 VHDL 语言程序设计。

2）掌握同步/异步、复位/置位的具体方法；设计 RS、JK、D、T 四种触发器，掌握异步复位，置位的方法以及四种触发功能的实现方法，掌握 Quartus Ⅱ 软件的使用方法以及 DICE-E208 EDA 实验箱中的输入输出引脚配置方法。

3. 实验设备

1）装有 Quartus Ⅱ EDA 软件的计算机，1 台。

2）DICE-E208 EDA 实验箱，1 套。

4. 实验要求

通过 VHDL 编程，实现 RS、JK、D、T 四种触发器，要求四种触发器同时在开发平台上实现，并共享置位、复位端，JK、D、T 三种触发器共享时钟信号端，具体接口如图 8-51 所示。

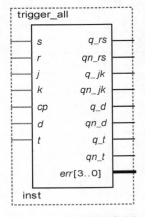

① s：所有触发器的置位输入端，低电平有效。

② r：所有触发器的复位输入端，低电平有效。

③ j：JK 触发器的 J 控制输入端。

④ k：JK 触发器的 K 控制输入端。

⑤ cp：时钟信号。

⑥ d：D 触发器数据输入端。

⑦ t：T 触发器控制端。

⑧ q_rs、qn_rs：RS 触发器状态输出端。

图 8-51 触发器逻辑图

⑨ q_jk、qn_jk：JK 触发器状态输出端。

⑩ q_d、qn_d：D 触发器状态输出端。

⑪ q_t、qn_t：T 触发器状态输出端。

⑫ $err[3..0]$：无效状态显示输出端。

四种触发器真值表见表 8-10。

表 8-10　RS、JK、D、T 触发器真值表

异步置位复位		RS 触发器		JK 触发器					D 触发器				T 触发器				无效显示
r	s	q_rs	qn_rs	cp	j	k	q_jk	qn_jk	cp	d	q_d	qn_d	cp	t	q_t	qn_t	err
0	0	1	1	×	×	×	1	1	×	×	1	1	×	×	1	1	1111

220

异步置位复位		RS 触发器		JK 触发器					D 触发器				T 触发器				无效显示
r	s	q_rs	qn_rs	cp	j	k	q_jk	qn_jk	cp	d	q_d	qn_d	cp	t	q_t	qn_t	err
0	1	0	1	×	×	×	0	1	×	×	0	1	×	×	0	1	0000
1	0	1	0	×	×	×	1	0	×	×	1	0	×	×	1	0	0000
1	1	保持	保持	↑	0	0	保持	保持	↑	0	0	1	↑	0	保持	保持	0000
1	1	保持	保持	↑	0	1	0	1	↑	1	1	0	↑	1	翻转	翻转	0000
1	1	保持	保持	↑	1	0	1	0	—	—	—	—	—	—	—	—	0000
1	1	保持	保持	↑	1	1	翻转	翻转	—	—	—	—	—	—	—	—	0000

首先在 Quartus Ⅱ 上进行功能和时序仿真，之后通过元器件及其端口配置下载程序到 DICE-E208 EDA 实验箱中。在硬件实现中有如下要求：

1）用拨动开关实现触发器的输入信号（r、s、t、j、k、d、cp）：在 L1~L12 显示各触发器的输出及无效状态标志 $err[3..1]$，如图 8-52 所示。

图 8-52　开关键设置

2）用 L1~L12 阵列实现状态输出的显示，如图 8-53 所示。

图 8-53　L1~L12 阵列

注：要求用 L1、L2 分别显示 D 触发器的 q_d 和 qn_d；用 L3、L4 分别显示 JK 触发器的 q_j 和 qn_k；用 L5、L6 分别显示 RS 触发器的 q_rs 和 qn_rs；用 L7、L8 分别显示 T 触发器的 q_t 和 qn_t；用 L9~L12 同时显示无效状态 $err[3..1]$。

5. 实验步骤

1）打开 Quartus Ⅱ 软件，建立一个新的工程。

① 单击菜单 "File" → "New Project Wizard…" 命令。

② 输入工程的路径、工程名以及顶层实体名，如图 8-54 所示。

③ 单击 "Next>" 按钮，出现如图 8-55 所示的窗口。

由于建立的是一个空的项目，所以没有包含已有文件，单击 "Next>" 按钮继续。

④ 设置元器件信息，如图 8-56 所示。

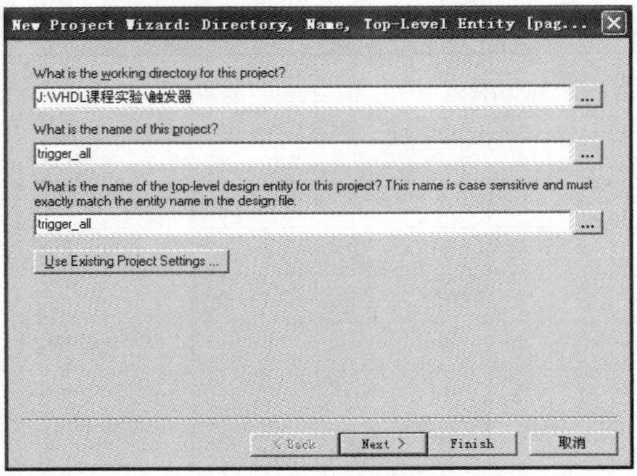

图 8-54　输入工程的路径、工程名以及顶层实体名

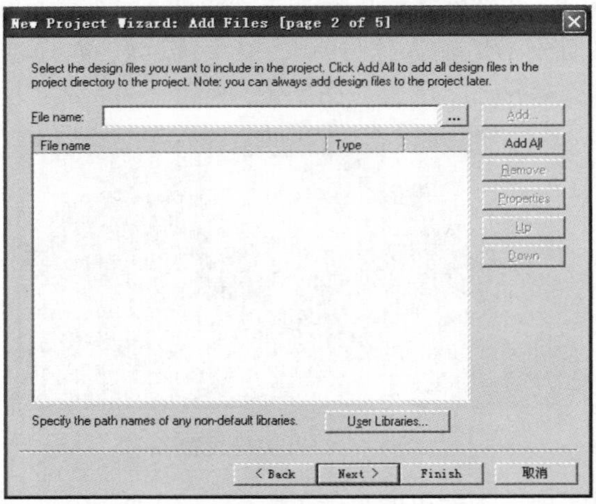

图 8-55　添加文件

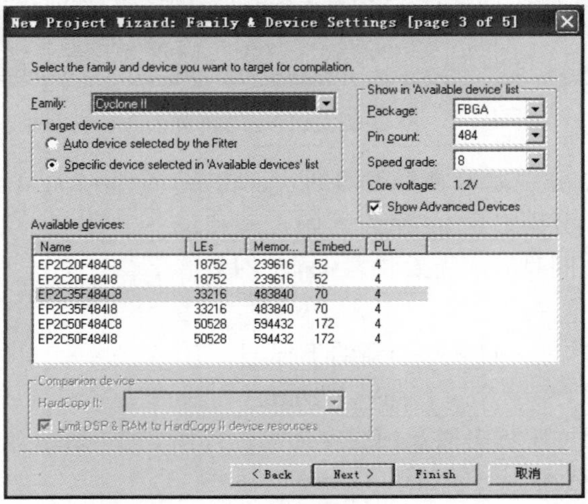

图 8-56　设置元器件信息

⑤ 单击"Next>"按钮，指定第三方工具，如图 8-57 所示。

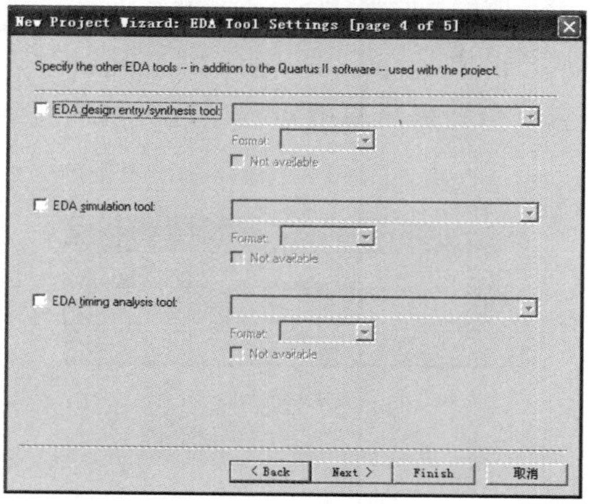

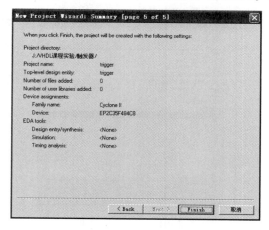

图 8-57　指定第三方工具

这里不指定第三方 EDA 工具，单击"Next>"后结束工程建立。配置信息如图 8-58 所示。

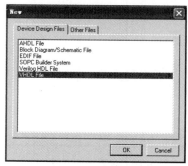

图 8-58　显示配置信息

2）建立 VHDL 文件。

① 单击菜单"File"→"New"命令，选择弹出窗口中的"VHDL File"选项，单击"OK"按钮以建立打开空的 VHDL 文件，注意此文件并没有在硬盘中保存，如图 8-59 所示。

图 8-59　VHDL 文件添加

② 在编辑窗口中输入 VHDL 源文件并保存，注意实体名、文件名必须和建立工程时所设定的顶层实体名相同。

③ 编译工程。单击菜单"Processing"→"Start Compilation"命令开始编译，编译过程中可能会显示若干出错消息，参考提示原因对程序进行修改直到编译完全成功为止，如图 8-60 所示。

图 8-60   编译成功

3）建立仿真矢量波形文件。

① 单击菜单"File"→"New"命令，在弹出的对话框中选择 Other Files 选项卡中的"Vector Waveform File"选项，打开矢量波形文件编辑窗口，如图 8-61、图 8-62 所示。

图 8-61   波形文件添加

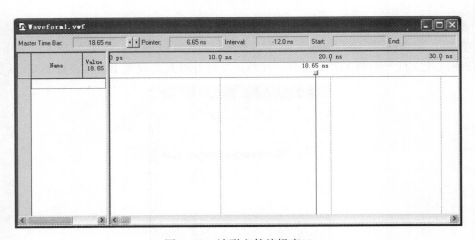

图 8-62   波形文件编辑窗口

224

② 双击窗口左边空白区域，打开 Insert Node or Bus 对话框，如图 8-63 所示。

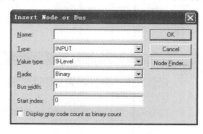

图 8-63 Insert Node or Bus 对话框

③ 单击 "Node Finder…" 按钮，打开如图 8-64 所示的对话框，选择 Filter 下拉列表中的 "Pins：all"，并单击 List 按钮以列出所有的端口，通过 ">>" 按钮把这些端口加入右面的窗口中，单击 "OK" 完成端口的添加。

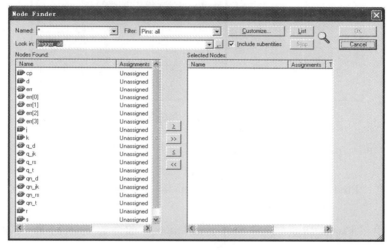

图 8-64 添加端口

④ 回到波形编辑窗口，对所有输入端口设置输入波形，具体可以通过左边的工具栏，或通过对信号单击鼠标右键的弹出式菜单中完成操作，最后保存次波形文件，如图 8-65 所示。

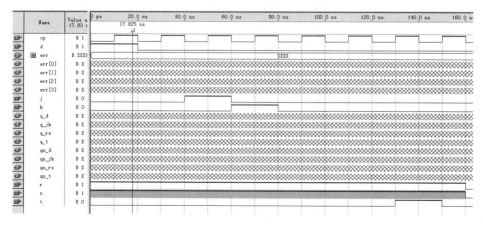

图 8-65 输入波形设置

225

4）进行功能仿真。

① 单击菜单"Assignments"→"Settings…"命令，在弹出的对话框中进行如图 8-66 所示的设置。

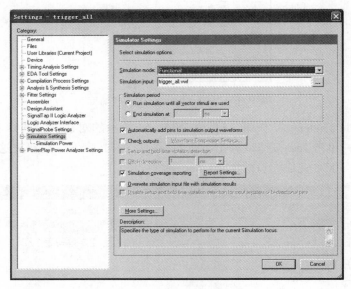

图 8-66　功能仿真设置

其中，Simulation mode 设置为 Functional，即功能仿真。指定仿真波形文件后单击"OK"完成设置。

② 单击菜单"Processing"→"Generate Functional Simulation Netlist"命令以获得功能仿真网络表。

③ 单击菜单"Processing"→"Start Simulation"命令，进入仿真页面，如图 8-67 所示。

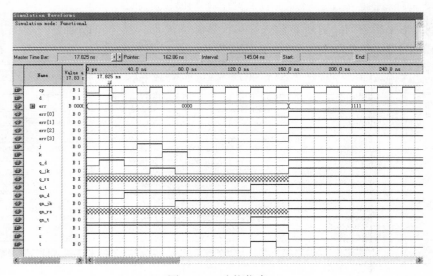

图 8-67　功能仿真

注：此仿真中不包含延迟信息。根据仿真结果可以修改程序以期达到实验要求。

5）进行时序仿真。如果功能仿真无误，则可进入时序仿真，时序仿真是增加了相关延迟的仿真，是最接近实际情况的仿真。

① 单击菜单"Assignments"→"Settings…"命令，在弹出的对话框中进行如图 8-68 所示的设置。

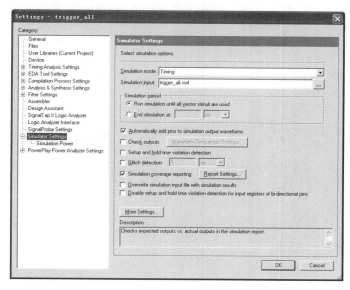

图 8-68　时序仿真设置

其中，Simulation mode 设置为 Timing，即时序仿真。指定仿真波形文件后单击"OK"完成设置。

② 单击菜单"Processing"→"Start Simulation"进入仿真页面，如图 8-69 所示。

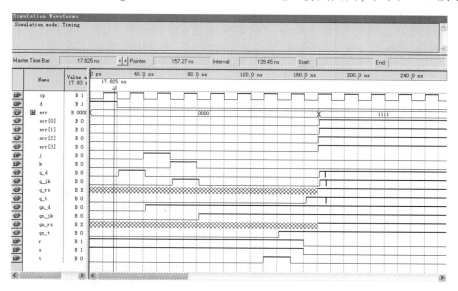

图 8-69　时序仿真

如果在时序上也没有问题，就可以进入下载工作了。

6）元器件的下载。

① 指定元器件引脚。单击菜单"Assignments"→"Assignment Editor"命令，打开引脚分配编辑框，如图 8-70 所示。

	From	To	Assignment Name	Value	Enabled
1		cp	Location	PIN_48	Yes
2		d	Location	PIN_41	Yes
3		j	Location	PIN_42	Yes
4		k	Location	PIN_43	Yes
5		q_d	Location	PIN_49	Yes
6		q_jk	Location	PIN_53	Yes
7		q_rs	Location	PIN_55	Yes
8		q_t	Location	PIN_57	Yes
9		qn_d	Location	PIN_50	Yes
10		qn_jk	Location	PIN_54	Yes
11		qn_rs	Location	PIN_56	Yes
12		qn_t	Location	PIN_58	Yes
13		r	Location	PIN_44	Yes
14		s	Location	PIN_45	Yes
15		t	Location	PIN_46	Yes
16		err[0]	Location	PIN_59	Yes
17		err[1]	Location	PIN_60	Yes
18		err[2]	Location	PIN_61	Yes
19		err[3]	Location	PIN_62	Yes
20		err	Location		Yes
21	<<new>>	<<new>>	<<new>>		

图 8-70　引脚分配编辑框

图中，为每一个端口都指定了元器件的引脚，在引脚指定过程中需要参照开发系统所给的 I/O 端口映射表，通过开发平台上每个 I/O 元器件附近的 I/O 编号，在映射表中找到相应的引脚名，填入图 8-70 所示的对话框即可。

② 连接下载线。通过 USB-blaster 下载电缆连接 PC 和开发平台，如果首次使用下载电缆，此时操作系统会提示安装驱动程序，此 USB 设备的驱动位于 Quartus Ⅱ 安装目录中的 \drivers\usb-blaster 中。如图 8-71 所示。

图 8-71　JTAT 下载

③ 单击菜单"Tool"→"Programmer"命令打开下载窗口，如图 8-72 所示。

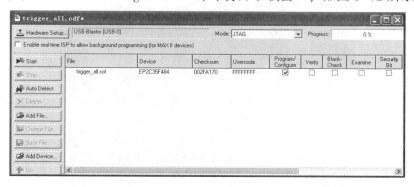

图 8-72　下载界面

通过对话框中的"Hardware Setup"按钮，选择下载设备：USB-blaster。参照图 8-72 所示的选项，单击"Start"完成下载。

6. 实验结果

图 8-73~图 8-77 分别是对参考代码的编译下载后的部分图例。

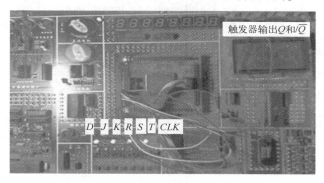

图 8-73　输入输出资源配置

图 8-73 中，按键 K1 为 D 触发器输入，K2、K3 为 JK 触发器输入，K4、K5 为 RS 触发器输入，K6 为 T 触发器输入，K8 为时钟输入 CP；L1、L2 为 D 触发器的 Q 和 $\overline{Q}$，L3、L4 为 JK 触发器的 Q 和 $\overline{Q}$，L5、L6 为 RS 触发器的 Q 和 $\overline{Q}$，L7、L8 为 T 触发器的 Q 和 $\overline{Q}$，L9~L12 为触发器的无效状态 $err[3..0]$ 的四个输出端。

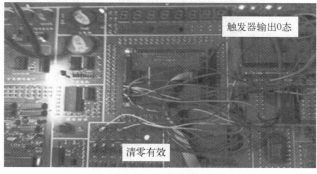

图 8-74　异步清零

图 8-74 中，通过异步清零方式（$r=0$，$s=1$），四个触发器的输出都为 0。

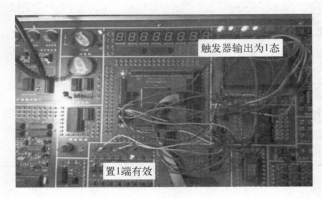

图 8-75　置"1"状态

图 8-75 中，通过异步清零方式（$r=1$，$s=0$），四个触发器都处于状态 1。

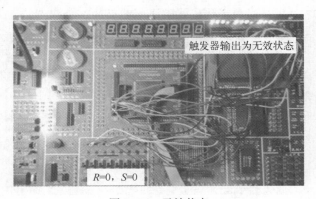

图 8-76　无效状态

图 8-76 中，当 r、s 端同时为 0 时，触发器处于无效状态，触发器所有的输出为高电平，对应 L9~L12 被点亮以表示此无效状态。

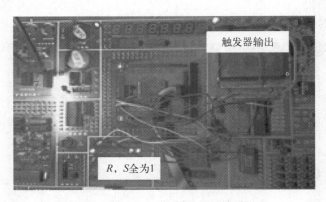

图 8-77　T、JK 和 D 显示结果

图8-77中，当 r、s 端同时为高电平时，可以通过 cp 端（按键8）来改变 T、JK 和 D 触发器的状态，RS 触发器的状态由前一有效状态决定。图8-77是其中的一个截图。

7. 注意事项

1）实体名、文件名必须和建立工程时所设定的顶层实体名相同。

2）采用模式4的输入方式。

3）分配引脚要准确。

4）下载线需连接可靠，如未能找到 USB-blaster，可将其重新连接。

8. 引脚配置实例

触发器引脚配置实例见表8-11。

表 8-11　触发器引脚配置实例

输出端口	配置引脚	功能引脚	备　注
cp	48	K8	时钟
d	41	K1	D 输入
j	42	K2	JK 输入
k	43	K3	JK 输入
q_d	49	L1	D 输出
q_jk	53	L3	JK 输出
q_rs	55	L5	RS 输出
q_t	57	L7	T 输出
qn_d	50	L2	D 输出
qn_jk	54	L4	JK 输出
qn_rs	56	L6	RS 输出
qn_t	58	L8	T 输出
r	44	K4	RS 输入
s	45	K5	RS 输入
t	46	K6	T 输入
$err[0]$	59	L9	错误
$err[1]$	60	L10	错误
$err[2]$	61	L11	错误
$err[3]$	62	L12	错误

8.7　5人表决器

1. 预习要求

1）复习 VHDL 语言中循环语句的使用方法，理解循环语句在进程中执行过程。

2）阅读实验指导书，理解实验原理，了解实验步骤。

3）在虚拟仿真实验平台上完成实验前预习及仿真内容。

4）完成下列填空题。

① 在 VHDL 语言设计库中，不需要显式调用说明而默认调用的库有＿＿＿＿＿＿＿和＿＿＿＿＿＿。

② 在构造子结构体中，＿＿＿＿＿＿＿内部描述语句是并行的，在该子结构体语句中有一种特殊的控制方式为＿＿＿＿＿＿。

③ 常见的 VHDL 语言描述方式有＿＿＿＿＿＿＿、＿＿＿＿＿＿＿、＿＿＿＿＿＿＿。

2. 实验目的

1）掌握行为描述电路设计方法。

2）设计一个 5 人表决器，掌握异步清零以及锁存器的工作机制，掌握 Quartus Ⅱ 软件的使用方法以及 DICE-E208 EDA 实验箱中的输入/输出模式配置方法。

3. 实验设备

1）装有 Quartus Ⅱ EDA 软件的计算机，1 台。

2）DICE-E208 EDA 型 SOPC 开发平台，1 套。

4. 实验要求

1）通过 VHDL 编程，实现一个 5 人表决器，要求有 5 个表决输入端、1 个清零端、1 个锁存端及表决结果显示端，具体接口说明如图 8-78 所示。

① *v_in*：表决信号输入端，高电平为赞成，低电平为反对。

② *lock*：判决锁存信号，上升沿表决结束，锁存表决输入信号，并计算输出表决信息。

③ *clr*：清零信号，高电平有效，进入新的一次表决过程。

④ *v_over*：表决结束信号，高电平有效，清零信号有效后，此信号为低电平。

⑤ *v_out*：对应显示每个表决信号的状态。

⑥ *led_agr*：判决结果为赞成时有效。

⑦ *led_opp*：判决结果为反对时有效。

首先在 Quartus Ⅱ 上进行功能和时序仿真，之后通过元器件及其端口配置下载程序到 SOPC 开发平

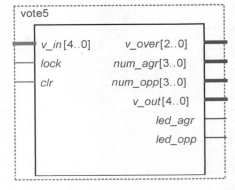

图 8-78 表决器模块

台中。在硬件实现中，要求用实验平台的拨动开关实现 5 人表决的输入信号（*v_in*），如图 8-79 所示。

图 8-79 输入资源配置

注：要求使用最右面 5 个开关作为输入。

2）用实验平台的按键实现清零（*clr*）和锁存（*lock*）信号。

3）用实验平台的 LED 发光阵列实现表决结果和每人的表决信号，如图 8-80 所示。

要求 L1 显示判决赞成（*led_agr*）信号，L12 显示判决反对（*led_opp*）信号；L4、L5、L6、L7、L8 显示 5 人的表决信号。

图 8-80　输出显示

功能具体要求：当系统启动后，*clr* 置为有效，此时所有的输出显示为 0，为下一次表决做好准备；将 *clr* 置为无效，*lock* 也置为无效，表决开始，表决人投票，此时 L4~L8 显示当前 5 个表决人的表决状态，将 *lock* 置为有效，则 L1 或 L12 将显示表决结果，L1 亮表决通过，L12 亮表决未通过。

5. 实验步骤

参照 8.2 节门电路实验建立工程，向工程中加入编程文件 .vhd。编译调试直至没有错误；参照 8.2 节所述建立仿真矢量波形文件并输入驱动波形，如图 8-81 所示，建立仿真功能网络表后进行功能仿真，如图 8-82 所示。此仿真波形没有延时信息。工程的时序仿真如图 8-83 所示，此时的仿真波形含有时序信息。引脚配置如图 8-84 所示。编程下载器如图 8-85 所示。

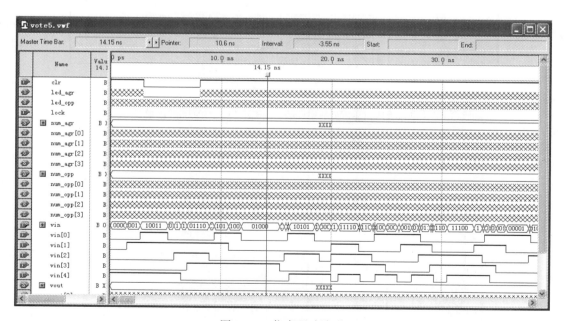

图 8-81　仿真驱动波形

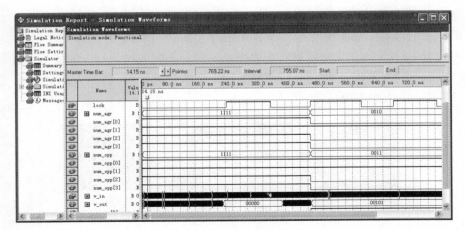

图 8-82　功能仿真

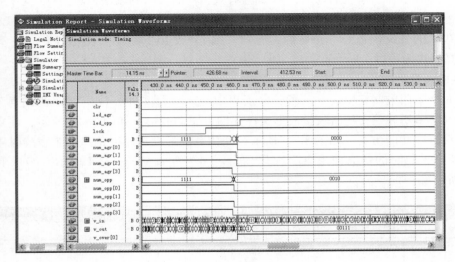

图 8-83　时序仿真

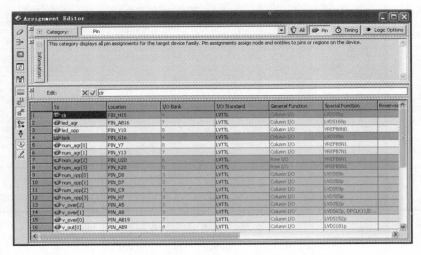

图 8-84　引脚配置界面

图 8-85　编程下载器

6. 实验结果

图 8-86、图 8-87 分别是对参考代码编译下载后的部分图例。

1）初始状态中，*clr* 有效后，所有的输出显示 LED 都不亮。当 *clr* 置为无效态可进行表决。

2）锁存按键被按下后，分别显示同意和反对票数。L4~L8 输出 2:3，表示有 2 人同意，3 人反对，L8 被点亮表示表决结果为"反对"。一旦锁存键（*lock*）被按下，表示本次表决已完成，此时改变表决输入 *v-in* 也是无效的，只有 *clr* 有效后方可进入下一次的表决。

图 8-86　反对

3）锁存按键再次被按下后，分别显示同意和反对票数的输出为 3:2，表示有 3 人同意，2 人反对，LED1 被点亮表示表决结果为"赞成"。

图 8-87　赞成

7. 注意事项

1）实体名、文件名必须和建立工程时所设定的顶层实体名相同。

2）采用模式 4 的输入方式。

3）分配引脚要准确。

4）下载线需连接可靠，如未能找到 USB-blaster，可将其重新连接。

8. 思考题

仿真结果中出现大量毛刺，如何解决？

9. 引脚配置实例

1）功能：参加表决者 5 人，同意者过半则表决通过。

2）41~48 接 K1~K8；49 接 L1；62 接 L12；55~59 接 $v\_out[4]$~$v\_out[0]$。

3）操作运行：K1 接复位端 clr；K2 接锁存 $lock$；K4~K8 代表 5 个表决者；$v\_out[0]$-$v\_out[4]$ 表示投票人投票状态，同意时将开关设为高电平，否则置为低；表决通过时 L1 灯亮，不通过则 L12 灯亮。

5 人表决器引脚配置实例见表 8-12。

表 8-12　5 人表决器引脚配置实例

输出端口	配置引脚	功能引脚	备　注
$v\_in[4]$	48	K8	投票人 4
$v\_in[3]$	47	K7	投票人 3
$v\_in[2]$	46	K6	投票人 2
$v\_in[1]$	45	K5	投票人 1
$v\_in[0]$	44	K4	投票人 0
$lock$	42	K2	锁存

输 出 端 口	配 置 引 脚	功 能 引 脚	备　注
clr	41	K1	复位
v_out[4]	55	L4	投票人 4 状态
v_out[3]	56	L5	投票人 3 状态
v_out[2]	57	L6	投票人 2 状态
v_out[1]	58	L7	投票人 1 状态
v_out[0]	59	L8	投票人 0 状态
led_agr	49	L1	赞成
led_opp	62	L12	反对

8.8　格雷码变换电路

1. 预习要求

1）复习 VHDL 语言中关于 CASE 语句的论述，注意 CASE 语句和 IF 语句的异同点。

2）阅读实验指导书，理解实验原理，了解实验步骤。

3）在虚拟仿真实验平台上完成实验前预习及仿真内容。

4）完成下列填空题。

① COMPONENT 语句中有时可以作为_____描述方式的标志。

② 一个完整的 VHDL 语言程序通常包含_____、_____、_____、_____和_____5 个部分。

2. 实验目的

1）用组合电路设计 4 位格雷码/二进制变换电路。

2）了解进程内部 CASE 语句的使用及用 VHDL 语言设计门级电路的方法。

3. 实验原理

用 VHDL 语言描述 4 位格雷码/二进制码变换电路有两种设计方法，即方程输入法和状态方程输入法。

（1）方程输入法

4 位格雷码/二进制码的转换表见表 8-13。由此转换表（真值表）可以求得每个输出方程为。

$$B_3 = G_3$$
$$B_2 = !G_3 G_2 + G_3 !G_2$$
$$B_1 = !G_3 !G_2 G_1 + !G_3 G_2 !G_1 + G_3 !G_2 !G_1 + G_3 G_2 G_1$$
$$B_0 = !G_3 !G_2 !G_1 G_0 + !G_3 !G_2 G_1 !G_0 + !G_3 G_2 G_1 G_0 + !G_3 G_2 !G_1 !G_0$$
$$+ G_3 G_2 !G_1 G_0 + G_3 G_2 G_1 !G_0 + G_3 !G_2 G_1 G_0 + G_3 !G_2 !G_1 !G_0$$

考虑实验时观察方便，每个输出均受一个 *EN* 信号控制，当 *EN* = 0 时，4 个输出为 0；当

$EN=1$ 时，4 个输出由上式决定。

表 8-13　4 位格雷码/二进制码转换表

G_3	G_2	G_1	G_0	B_3	B_2	B_1	B_0
0	0	0	0	0	0	0	0
0	0	0	1	0	0	0	1
0	0	1	1	0	0	1	0
0	0	1	0	0	0	1	1
0	1	1	0	0	1	0	0
0	1	1	1	0	1	0	1
0	1	0	1	0	1	1	0
0	1	0	0	0	1	1	1
1	1	0	0	1	0	0	0
1	1	0	1	1	0	0	1
1	1	1	1	1	0	1	0
1	1	1	0	1	0	1	1
1	0	1	0	1	1	0	0
1	0	1	1	1	1	0	1
1	0	0	1	1	1	1	0
1	0	0	0	1	1	1	1

（2）状态方程输入法

利用 CASE 语句、IF 的多选择控制语句、条件信号代入语句或选择信号代入语句都可以实现，只要条件和结果状态相一致即可得到逻辑综合的结果。

4. 实验内容

1）参照 8.2 节内容建立工程，为工程添加 .vhd 文件，用 VHDL 语言设计采用输入方程的方法设计 4 位格雷码/二进制码变换器，编译调试直至无误，生成功能网络表。

2）为工程添加仿真波形文件（参照 8.2 节），分别进行功能仿真和时序仿真，仿真实例如图 8-88 和图 8-89 所示。

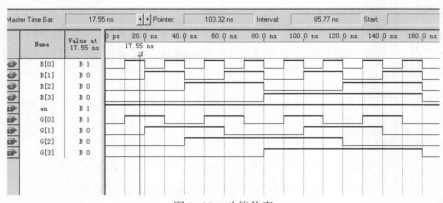

图 8-88　功能仿真

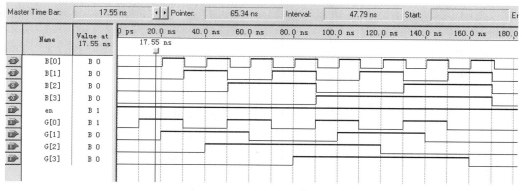

图 8-89　时序仿真

3）配置引脚并下载验证之，引脚配置实例如图 8-90 所示。

	From	To	Assignment Name	Value	Enabled
1		G[1]	Location	PIN_43	Yes
2		G[2]	Location	PIN_42	Yes
3		G[3]	Location	PIN_41	Yes
4		B[0]	Location	PIN_48	Yes
5		B[1]	Location	PIN_47	Yes
6		B[2]	Location	PIN_46	Yes
7		B[3]	Location	PIN_45	Yes
8		en	Location	PIN_49	Yes
9			Location	PIN_1	Yes
10			Location	PIN_2	Yes
11			Location	PIN_3	Yes
12			Location	PIN_4	Yes
13			Location	PIN_5	Yes
14			Location	PIN_6	Yes
15			Location	PIN_7	Yes

图 8-90　引脚配置实例

5. 思考题

1）CASE 语句能否在进程外部使用？IF 语句呢？

2）比较一下两种描述方式的难易程度，体会 VHDL 语言行为级描述的优点。

6. 实验报告要求

1）写出两种设计方法的源文件。

2）写出心得体会。

7. 引脚配置实例

1）功能：输入为 4 位格雷码，输出为 4 位二进制码。

2）49 接 K8；41～44 接 K1～K4；45～48 接 L1～L4。

3）操作运行：K1～K4 分别对应输入二进制码的高位到低位；L1～L4 分别对应格雷码输出的高位到低位；K8 为使能端，高电平时变换电路有效。

8.9　4 位并行乘法器

1. 预习要求

1）复习 VHDL 语言中有关组件部分的论述，掌握组件的说明、定义及调用的相关知识；预习 VHDL 语言中有关并行语句的论述，注意并行语句和进程语句的区别，领会可编程逻辑设计中并行执行的思想。

2）阅读实验指导书，理解实验原理，了解实验步骤。

3）在虚拟仿真实验平台上完成实验前预习及仿真内容。

4）完成下列填空题。

① 在一个实体的端口方向说明时，输入用_____表示，输出用_____表示，输入输出用_____表示。

② VHDL 的对象和客体包括_____、_____和_____。

2. 实验目的

1）用组合电路设计 4 位并行乘法器。

2）了解并行乘法器的原理。

3）掌握调用自定义实体的方法。

3. 实验原理

4 位乘法器有多种实现方案，根据乘法器的运算原理，使部分乘积项对齐相加的方法（通常称并行法）是最典型的算法之一。这种算法可用组合电路实现。其特点是设计思路简单直观、电路运算速度快，缺点是使用元器件较多。

（1）并行乘法的算法

下面从乘法算式来分析这种算法。如图 8-91 所示，其中，M_4、M_3、M_2、M_1 是被乘数，也可以用 M 表示；N_4、N_3、N_2、N_1 是乘数，也可以用 N 表示。

$$
\begin{array}{r}
1101 \\
\times)\quad 1011 \\
\hline
1011 \quad\text{——}M\times N_1 \\
+)\quad 0000 \quad\text{——}M\times N_2 \\
\hline
0101 \quad\text{——部分乘积之和} \\
+)\quad 1011 \quad\text{——}M\times N_3 \\
\hline
1101 \quad\text{——部分乘积之和} \\
+)\quad 1011 \quad\text{——}M\times N_4 \\
\hline
10001111
\end{array}
$$

图 8-91　并行乘法器原理图

从以上乘法算式中可以看到，乘数 N 中的每一位都要与被乘数 M 相乘，获得不同的积，如 $M\times N_1$、$M\times N_2$、…。位积之间以及位积与部分乘法之和相加时需按高低位对齐，并行相加，才能得到正确结果。

（2）并行乘法电路原理

并行乘法电路完全是根据以上算法而设计的。其电路框图如图 8-92 所示。图中 XB0、XB1、XB2、XB3 是乘数 B 的第 12 位与被乘数 A 相乘的 1×4 bit 乘法器。三个加法器是将 1×4 bit 乘法器的积作为被加数 A，前一级加法器的和作为加数 B，相加后得到新的部分积，通过三级加法器的累加最终得到乘积 $P(P_7、P_6、P_5、P_4、P_3、P_2、P_1)$。

4. 实验内容

1）用 VHDL 语言或原理图输入法设计 4 位乘法器。

2）设计乘法器功能模块及 4 位加法器功能模块。

3）锁定引脚，并下载。

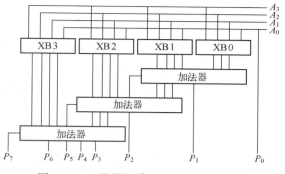

图 8-92　4 位并行乘法器运算电路框图

5. 设计提示

1）先读懂并行乘法器的算法和电路原理。

2）使用模块化设计方法。

6. 实验报告要求

1）叙述所设计的 4 位乘法器电路工作原理。

2）写出各模块源文件。

3）写出心得体会。

7. 引脚配置实例

1）功能：输入为两个 4 位二进制数 A 和 B，输出为 8 位积 *result*。

2）41～48 接 K1～K8；57～64 接 L1～L8。

3）操作运行：K1～K4 对应二进制乘数 A 的高位到低位。K5～K8 对应二进制被乘数 B 的高位到低位。L1～L8 对应积 *result* 的高位到低位。

8.10　4 位移位乘法器

1. 预习要求

1）预习乘法器的相关基础知识及 VHDL 中有关变量对象和信号对象的论述，注意变量和信号的说明位置的区别及在进程中执行的过程，思考在移位操作中应该采用哪种对象更合理。

2）阅读实验指导书，理解实验原理，了解实验步骤。

3）在虚拟仿真实验平台上完成实验前预习及仿真内容。

4）完成下列填空题。

① 请列出三个 VHDL 语言基本的数据类型_____、_____、_____。

② 信号的代入通常用_____；变量的代入用_____。

2. 实验目的

1）学会用层次化设计方法进行逻辑设计。

2）设计一个 4 位乘法器。

3. 实验原理

4 位二进制乘法采用移位相加的方法，如图 8-93 所示。即用乘数的各位数码，从高位开始依次与被乘数相乘，每相乘一次得到的积称为部分积，将第一次得到的部分积左移一位，并与第二次得到的部分积相加，将相加结果左移一位再与第三次得到的部分积相加，再将相加结果左移一位与第四次得到的部分积相加，如此循环操作直到所有的部分积都被加过一次。

$$
\begin{array}{r}
1101 \\
\times \quad 1001 \\
\hline
\end{array}
$$

	1101	N_3 与被乘数相乘的部分积
	11010	部分积左移一位
+	0000	N_2 与被乘数相乘的部分积
	11010	两个部分积之和
	110100	部分积之和左移一位
+	0000	N_1 与被乘数相乘的部分积
	110100	与前面部分积之和相加
	1101000	部分积之和左移一位
+	1101	N_0 与被乘数相乘的部分积
	01110101	与前面部分积之和相加

图 8-93　移位乘法器原理图

4. 实验内容及步骤

1）画出完整原理图。

2）用 VHDL 语言设计电路中的每一基本模块。

3）锁定引脚并下载验证结果。

4）实验步骤：参照 8.2 节内容建立工程，向工程中加入编程文件 .vhd，编译调试直至没有错误。参照 8.2 节内容所述建立仿真矢量波形文件并输入驱动波形，建立仿真功能网络表后进行功能仿真，此仿真波形没有延时信息。工程的时序仿真波形含有时序信息。

5. 实验报告要求

1）画出原理图。

2）编写各模块的源程序。

3）叙述电路工作原理。

4）写出心得体会。

6. 操作提示

1）功能：输入两个 4 位二进制数 A 和 B，输出为 8 位积 *result*。

2）41~48 接 K1~K8；57~64 接 L1~L8；49 接单脉冲（可接 1 Hz）；*CLK0* 接 1 kHz。

3）操作运行：K1~K4 分别对应二进制乘数 A 的高位到低位；K5~K8 分别对应二进制被乘数 B 的高位到低位；L1~L8 分别对应结果输出 *result* 的高位到低位。

4）单步脉冲：发出一个脉冲后输出运算结果。

8.11　3线-8线译码器实验

1. 预习要求

1）复习编码器的基础知识，预习 CASE 语句的使用方法。

2）阅读实验指导书，理解实验原理，了解实验步骤。

3）在虚拟仿真实验平台上完成实验前预习及仿真内容。

4）完成下列填空题。

① 变量对象（Variable）和信号（Signal）对象的使用区别是_____。

② bit 类型和 std_logic 类型的数值状态分别是_____和_____。

2. 实验目的

1）熟练掌握用 VHDL 语言实现译码器设计方法。

2）掌握 CASE 语句使用方法。

3）掌握数据流描述的设计方法。

3. 实验设备

1）装有 Quartus II EDA 软件的计算机，1 台。

2）DICE-E208 EDA 实验箱，1 套。

4. 实验要求

用 K1～K3 作为译码器输入，K4 为使能端 G_1，K5 为 G_{2A} 使能端，K6 为 G_{2B} 使能端；L1～L8 为译码输出 $Y_0 \sim Y_7$。

5. 实验原理

3 线-8 线译码器电路与编码器功能相反，输入变量为 3 个 $D_0 \sim D_2$，输出变量有 8 个，即 $Y_0 \sim Y_7$，对输入变量译码，就能确定输出端 $Y_0 \sim Y_7$ 变为有效（低电平），从而达到译码的目的。

3 线-8 线译码器的真值表见表 8-14。

表 8-14　3 线-8 线译码器真值表

选 通 输 入			二 进 制 输 入			译 码 输 出							
G_1	G_{2A}	G_{2B}	D_0	D_1	D_2	Y_0	Y_1	Y_2	Y_3	Y_4	Y_5	Y_6	Y_7
×	1	×	×	×	×	1	1	1	1	1	1	1	1
×	×	1	×	×	×	1	1	1	1	1	1	1	1
0	×	×	×	×	×	1	1	1	1	1	1	1	1
1	0	0	0	0	0	0	1	1	1	1	1	1	1
1	0	0	0	0	1	1	0	1	1	1	1	1	1
1	0	0	0	1	0	1	1	0	1	1	1	1	1
1	0	0	0	1	1	1	1	1	0	1	1	1	1
1	0	0	1	0	0	1	1	1	1	0	1	1	1
1	0	0	1	0	1	1	1	1	1	1	0	1	1
1	0	0	1	1	0	1	1	1	1	1	1	0	1
1	0	0	1	1	1	1	1	1	1	1	1	1	0

6. 实验步骤

（1）建立工程

参照 8.2 节内容建立工程，工程名自拟，为工程添加 .vhd 文件，保存后编写代码。

（2）编译综合

编译代码，综合适配，直至代码无误。

（3）仿真

建立功能网络表，为工程添加仿真文件，为仿真文件添加仿真波形，分别进行功能仿真和时序仿真。

（4）引脚配置

7. 思考题

如何设计 4 线-16 线译码器？

8. 引脚配置实例

3 线-8 线译码器引脚配置实例见表 8-15。

表 8-15　3 线-8 线译码器引脚配置实例

输 出 端 口	配 置 引 脚	功 能 引 脚	备　注
D_0	41	K1	输入
D_1	42	K2	
D_2	43	K3	
G_1	44	K4	
G_{2A}	45	K5	
G_{2B}	46	K6	
Y_0	49	L1	译码输出
Y_1	50	L2	
Y_2	51	L3	
Y_3	52	L4	
Y_4	53	L5	
Y_5	54	L6	
Y_6	55	L7	
Y_7	56	L8	

第9章 时序电路实验

9.1 分频器及锁相环实验

1. 预习要求

1）复习 VHDL 中 IF 语句的使用；复习对象属性的相关知识及时钟上升沿的表示方法；复习锁相环的相关知识。

2）阅读实验指导书，理解实验原理，了解实验步骤。

3）在虚拟仿真实验平台上完成实验前预习及仿真内容。

4）完成下列填空题。

① 一个时钟信号（CLK）的上升沿条件为_____。

② 在 VHDL 语言常用对象中，_____和_____可以被多次赋值，_____只能在定义时赋值。

2. 实验目的

1）理解计数器的基本概念，掌握计数器的 VHDL 编程方法。

2）理解时钟分频的基本原理，掌握时钟分频的 VHDL 语言程序设计方法。

3）掌握采用 Quartus 软件进行锁相环分频设计方法。

3. 实验设备

1）装有 Quartus Ⅱ EDA 软件的计算机，1 台。

2）DICE-E208 EDA 实验箱，1 套。

4. 实验要求

1）对系统时钟 CLK 做 2、4、8、16、32 分频，每路分频输出由 LED 灯显示，注意观察结果。

2）对 Quartus 自带的 PLL 分频/倍频器进行配置，对输入的时钟 *CLK*（10 MHz）进行分频或倍频（倍频因子为 1、2、2.5），用示波器观察其输出。

5. 实验步骤

1）参照 8.2 节内容建立工程，向工程中加入编程文件 .vhd，编译调试直至没有错误。

2）参照 8.2 节内容所述建立仿真矢量波形文件并输入驱动波形，建立仿真功能网络表后进行仿真。

3）制作锁相环。

① 单击菜单 "Tools" → "MegaWizard Plug-In Manger" 命令，在弹出的对话框中选择第 1 项，以建立一个新的用户自定义的 megafunction。如图 9-1 所示。

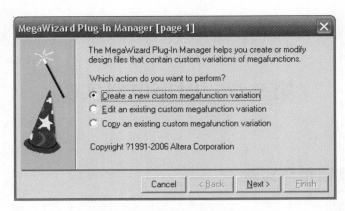

图 9-1　自定义选择

② 单击 "Next" 按钮之后，选择列表框中的 ALTPLL，并指定锁相环的输出文件名称，如图 9-2 所示。

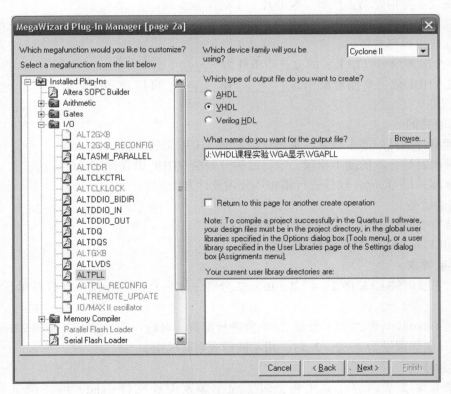

图 9-2　输入模块名称

③ 指定元器件类型和速度等级，并设置锁相环的输入频率，此处选择 10 MHz，如图 9-3 所示。

④ 单击 "Next" 按钮后，指定锁相环的其他控制引脚，这里不使用其他控制引脚，所以取消所有选项，如图 9-4 所示。

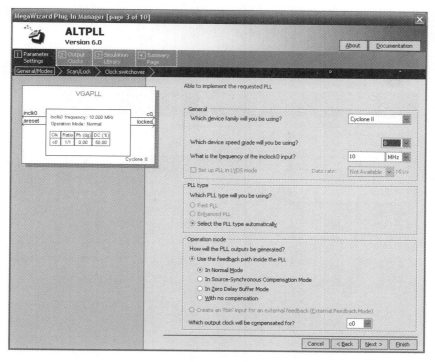

图 9-3　输入时钟设置

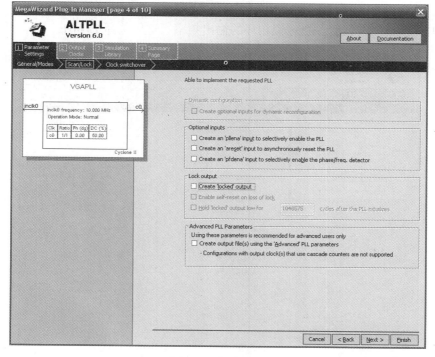

图 9-4　指定引脚

⑤ 单击"Next"按钮后，所出现的对话框中会询问是否添加其他时钟输入端，这里只对一个时钟进行倍频，所以不选择其他时钟，如图9-5所示。

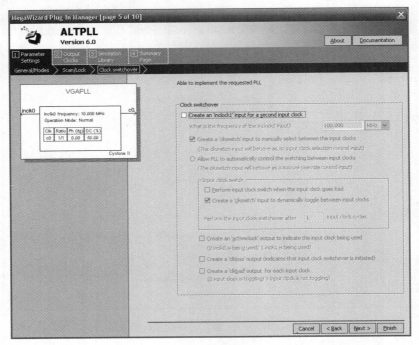

图9-5　功能选择

⑥ 单击"Next"按钮后，指定锁相环的输出频率，这里选择25 MHz，如图9-6所示。

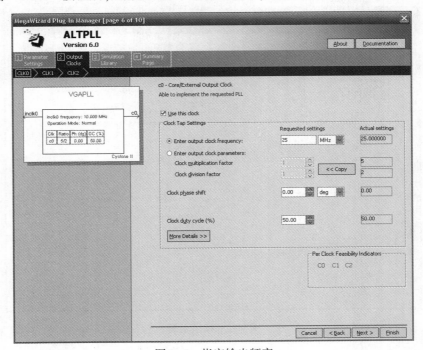

图9-6　指定输出频率

⑦ 一直单击"Next"按钮直到最后一步，如图9-7所示，确定bsf文件被选中，这个文件就是在图形输入的时候所要使用的符号文件。单击"Finish"按钮完成锁相环的制作。

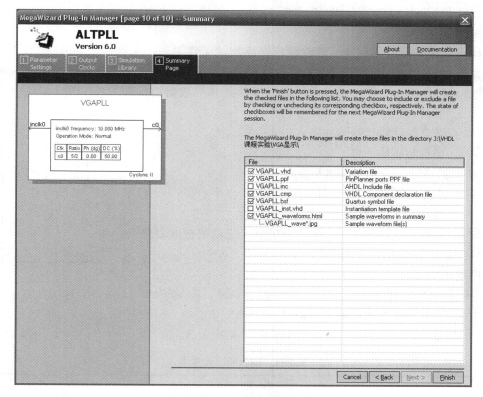

图9-7　模块信息

6. 思考题

同一个信号量能否在不同的进程中赋值？

9.2　双向移位寄存器

1. 预习要求

1）复习VHDL语言中有关移位的设计方法，注意移位在VHDL语言和其他高级语言如C语言在执行上的区别。

2）阅读实验指导书，理解实验原理，了解实验步骤。

3）在虚拟仿真实验平台上完成实验前预习及仿真内容。

4）完成下列填空题。

① 在VHDL语言中std_logic类型取值_____表示高阻，_____表示不确定。

② 进程必须用于_____内部，变量必须定义于_____内部。

2. 实验目的

了解寄存器和移位寄存器的概念，掌握移位寄存器的VHDL语言程序设计。

3. 实验设备

1）装有 Quartus Ⅱ EDA 软件的计算机，1 台。

2）DICE-E208 EDA 实验箱，1 套。

4. 实验要求

设计一个双向移位寄存器，理解移位寄存器的工作原理，掌握串入/并出端口控制的描述方法。通过 VHDL 编程，实现双向移位寄存器，要求有 1 个方向控制端、1 个时钟脉冲输入、1 个异步清零端、1 个数据输入端以及 8 位的并行数据输出端，具体接口说明如图 9-8 所示。

① clk：移位寄存器时钟脉冲输入，上升沿有效。

② din：串行数据输入端。

③ clr：异步清零信号，高电平有效。

④ dir：方向控制端，要求低电平左移，高电平右移。

⑤ $dout[7..0]$：8 位数据并行输出端。

首先在 Quartus Ⅱ 上进行功能和时序仿真，之后通过元器件及其端口配置下载程序到 SOPC 开发平台中（见表 9-1）。在硬件实现中要求如下：

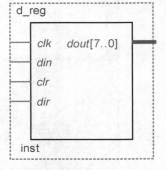

图 9-8　移位寄存器模块

1）用实验平台的按键实现时钟控制（clk）、方向控制（dir）、清零（clr）以及数据输入（din），如图 9-9 所示。

注：本实验采用的按键及 LED 等引脚配置见附录 A。

表 9-1　输入资源配置表

端　口　名	按　键　名	功　　能
clk	K7	时钟控制
din	K8	数据输入
clr	K1	异步清零
dir	K5	方向控制

2）用实验平台的 LED 发光阵列的 L1~L8 显示并行数据的输出，如图 9-10 所示。

图 9-9　输入资源配置图

图 9-10　输出显示

5. 实验步骤

（1）建立工程

参照 8.2 节内容建立工程，工程名自拟，为工程添加 .vhd 文件，保存后编写代码。

250

（2）编译综合

编译代码，综合适配，直至代码无误。

（3）仿真

参照8.2节内容建立仿真波形文件如图9-11所示，单击菜单"Assignments"→"Settings…"命令，在对话框中将仿真模式设置为功能仿真（如图9-12所示），功能仿真结果如图9-13所示。再次单击"Assignments"→"Settings…"命令，在对话框中将仿真模式设置为时序仿真（如图9-14所示），时序仿真结果如图9-15所示。

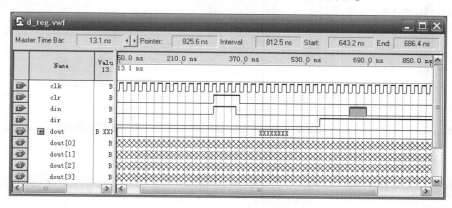

图9-11　仿真波形输入文件

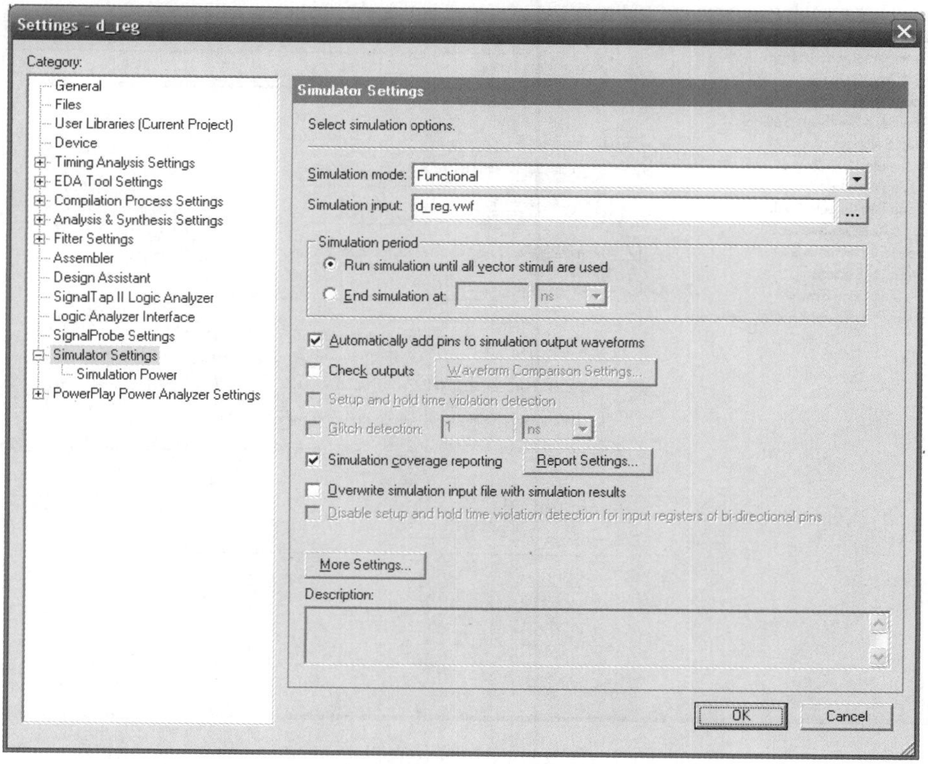

图9-12　功能仿真设置

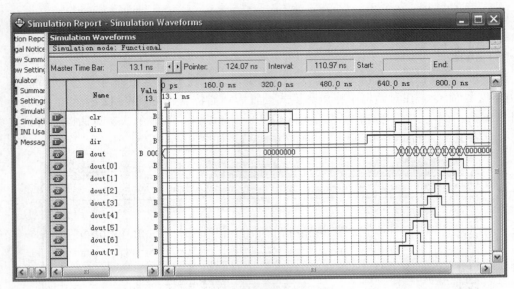

图 9-13 功能仿真

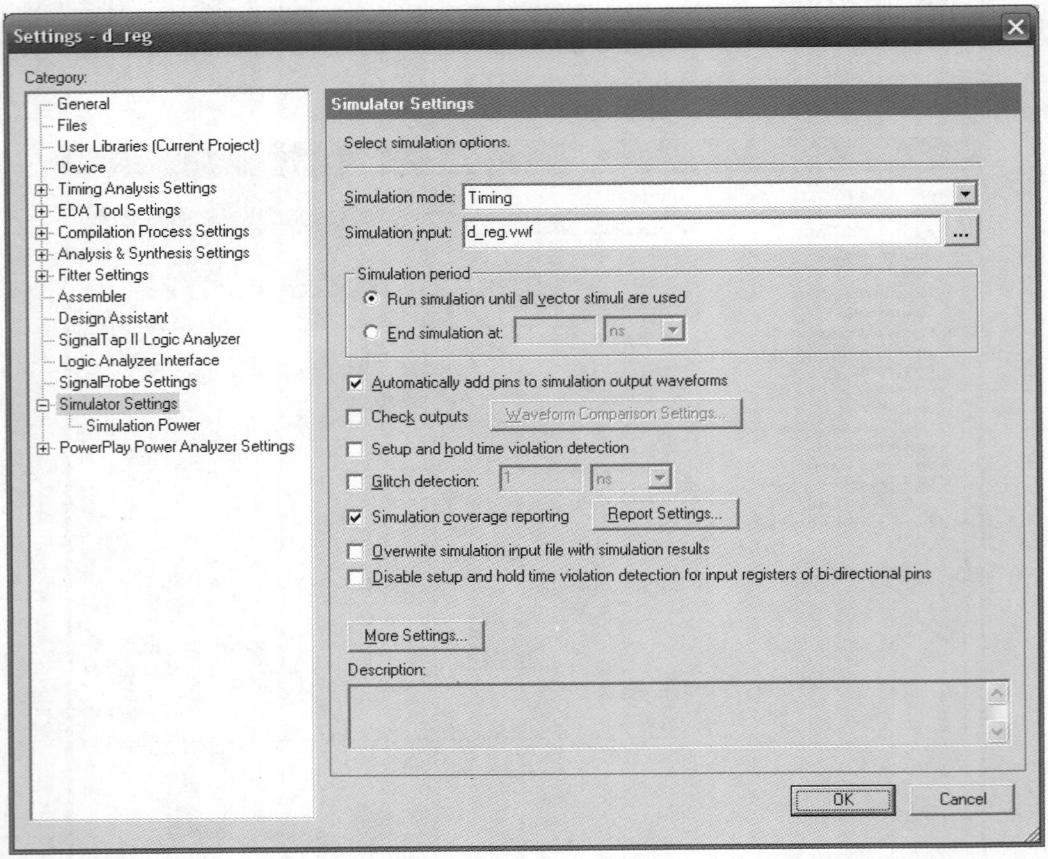

图 9-14 时序仿真设置

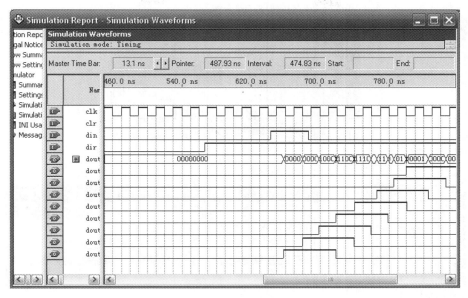

图 9-15　时序仿真

（4）元器件的下载

① 指定元器件引脚。单击"Assignments"→"Assignment Editor"命令，打开引脚分配编辑框，如图 9-16 所示。

	From	To	Assignment Name	Value	Enabled
1		clk	Location	PIN_42	Yes
2		clr	Location	PIN_48	Yes
3		din	Location	PIN_41	Yes
4		dir	Location	PIN_44	Yes
5		dout[0]	Location	PIN_49	Yes
6		dout[1]	Location	PIN_50	Yes
7		dout[2]	Location	PIN_53	Yes
8		dout[3]	Location	PIN_54	Yes
9		dout[4]	Location	PIN_55	Yes
10		dout[5]	Location	PIN_56	Yes
11		dout[6]	Location	PIN_57	Yes
12		dout[7]	Location	PIN_58	Yes
13		dout	Location		Yes
14	<<new>>	<<new>>	<<new>>		

图 9-16　引脚分配编辑框

图中，为每一个端口都指定了元器件的引脚，在引脚指定过程中需要参照开发系统所给的 I/O 端口映射表，通过开发平台上每个 I/O 元器件附近的 I/O 编号，在映射表中找到相应的引脚名，填入图 9-16 所示的对话框即可。

② 连接下载线。通过 USB-blaster 下载电缆连接 PC 和开发平台，如果首次使用下载电缆，此时操作系统会提示安装驱动程序，此 USB 设备的驱动位于 Quartus Ⅱ 安装目录中的 \drivers\usb-blaster 中。如图 9-17 所示。

③ 单击菜单"Tool"→"Programmer"命令打开下载窗口，如图 9-18 所示。

图 9-17　JTAG 下载

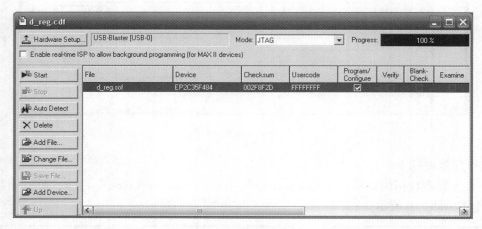

图 9-18　下载界面

通过对话框中的"Hardware Setup"按钮，选择下载设备：USB-blaster。参照图 9-18 所示的选项，单击"Start"按钮完成下载。

6. 实验结果

图 9-19~图 9-22 分别是对参考代码的编译下载后的部分图例。

图 9-19 是当输入为"1"，并且方向设置为"左"时，两次时钟脉冲控制之后的数据移位情况。

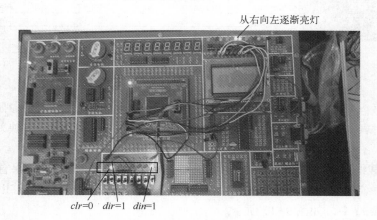

图 9-19　输入为"1"

图 9-20 是当输入为"0"时，再经过两个时钟脉冲移位之后的移位情况。

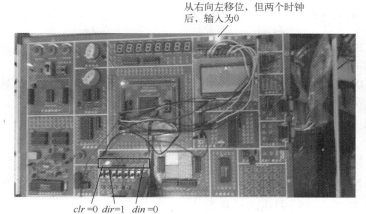

图 9-20　输入为"1"时经两个时钟左移

图 9-21 是把方向设置为"1"时，一次时钟脉冲控制之后的数据移位情况。

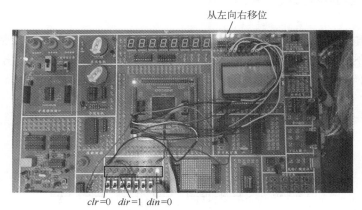

图 9-21　方向变换

图 9-22 是清零信号有效之后的输出情况。

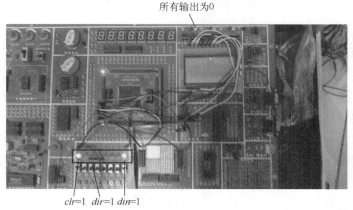

图 9-22　清零

9.3 时钟显示实验

1. 预习要求

1）复习 VHDL 语言中有关时钟分频的设计方法；复习进程及敏感向量表的相关知识；复习数码管显示原理，特别是动态扫描显示原理。

2）阅读实验指导书，理解实验原理，了解实验步骤。

3）在虚拟仿真实验平台上完成实验前预习及仿真内容。

4）完成下列填空题。

① 进程执行的动力源于敏感信号_____。

② 判断 CLK 信号上升沿到达的语句是_____。

2. 实验目的

1）了解用 VHDL 编写时钟显示程序。

2）熟悉计数器的设计方法。

3. 实验原理

数码管驱动电路框图如图 9-23 所示，它由段驱动电路 74LS240 和位驱动电路 7407 组成，共阴数码管的 A、B、C、D、E、F、G、DP 分别与 74LS240 的 8 位输出连接，共阴端分别与 7407 的输出端连接，并连至 L1～L6 的插孔上。

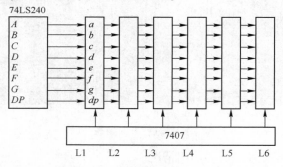

图 9-23 数码管驱动电路框图

4. 实验步骤

参照 8.2 节内容建立工程，工程名 time，为工程添加 .vhd 文件，保存后编写代码。若代码无误后，建立功能网络表，为工程添加仿真文件，为仿真文件添加仿真波形，其中 CLK0 输入时钟 8 Hz，CLK1 输入时钟频率 1024 Hz，如图 9-24 所示，功能仿真波形实例如图 9-25 所示，时序仿真波形实例如图 9-26 所示，引脚配置实例如图 9-27 所示。

5. 设计提示

多位数码管显示通常采用静态显示和动态扫描方式。静态显示需要硬件电路的支持，故本实验采用动态扫描的方法，即逐一给数码管同时送段码和位选码。

1）采用两种频率时钟 CLK0 和 CLK1，CLK0 用于时间计数，CLK1 用于扫描。

2）时钟 CLK0 分频后（如八分频）作为秒针个位的时钟驱动，秒个位溢出信号作为秒

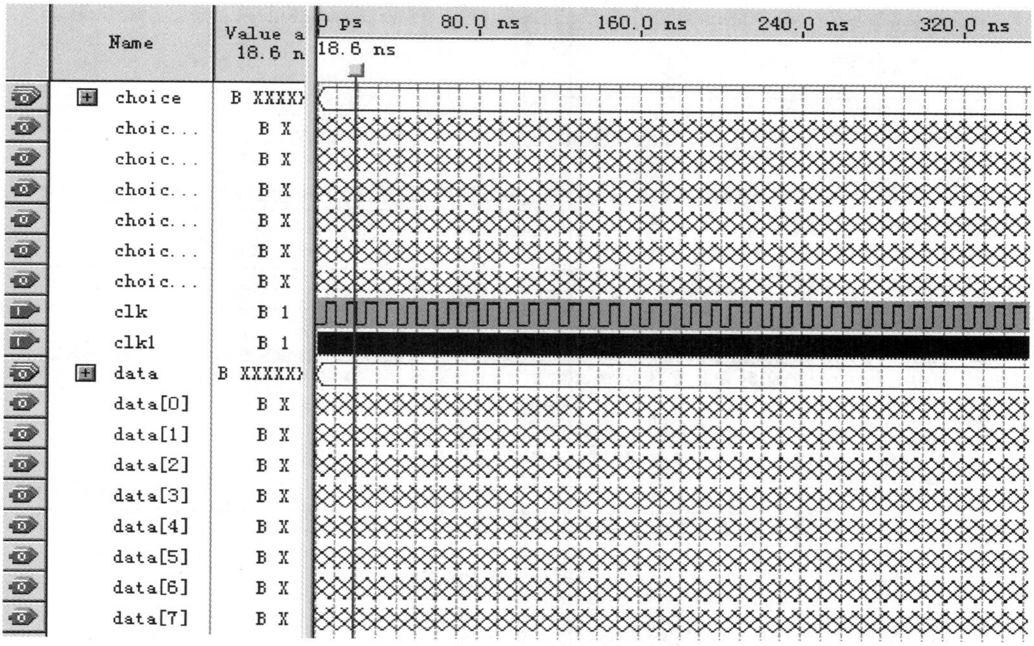

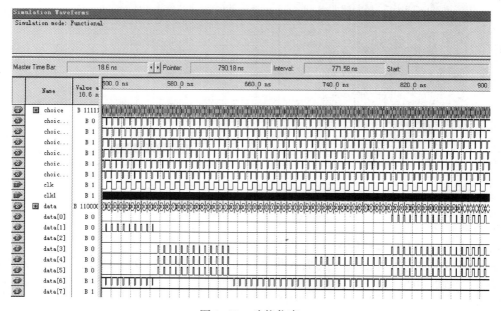

图 9-24　仿真波形输入文件

图 9-25　功能仿真

十位驱动时钟,秒十位溢出作为分钟个位的驱动时钟,以此类推,分钟个位作为时钟十位,分钟十位作为小时个位,小时个位作为十位驱动时钟。

3)判断当前时间为 23:59:59 时,下次秒计时后各位都清零。

4)设计一个计数器作为段码和位选的同步器,使得数码管从右向左扫描,同时送相应的段码和位选码。

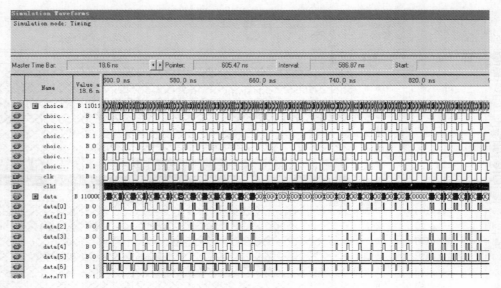

图 9-26　时序仿真

	From	To	Assignment Name	Value	Enabled
1		choice[0]	Location	PIN_182	Yes
2		choice[1]	Location	PIN_183	Yes
3		choice[2]	Location	PIN_184	Yes
4		choice[3]	Location	PIN_185	Yes
5		choice[4]	Location	PIN_186	Yes
6		choice[5]	Location	PIN_187	Yes
7		clk	Location	PIN_CLK0	Yes
8		clk1	Location	PIN_CLK1	Yes
9		data[0]	Location	PIN_73	Yes
10		data[1]	Location	PIN_74	Yes
11		data[2]	Location	PIN_75	Yes
12		data[3]	Location	PIN_76	Yes
13		data[4]	Location	PIN_77	Yes
14		data[5]	Location	PIN_78	Yes
15		data[6]	Location	PIN_79	Yes
16		data[7]	Location	PIN_82	Yes
17		choice	Location		Yes
18		data	Location		Yes
19	<<new>>	<<new>>	<<new>>		

图 9-27　引脚配置实例

6. 实验连线

28（*CLK*0）→8 Hz；29（*CLK*1）→1024 Hz；73~79 接 $a \sim g$；182~187 接 L1~L6。

注：L1~L6 为数码管公共端（插孔标示为 1~6）；DATA（0）~DATA（7）为数据输出；CHOICE（0）~CHOICE（7）为位选择线。

9.4　7 段数码管译码扫描显示

1. 预习要求

1）预习数码管动态扫描原理；复习 VHDL 语言中关于取模、取余运算及有关计数器设计的方法。

258

2）阅读实验指导书，理解实验原理，了解实验步骤。

3）在虚拟仿真实验平台上完成实验前预习及仿真内容。

4）完成下列填空题。

① _____语句各条件间具有不同的优先级。

② VHDL 是否区分大小写？_____

2. 实验目的

通过对译码和串行扫描电路的设计，理解多位数码管串行扫描输出的工作原理、7 段数码管的译码以及串行扫描输出的设计方法。

3. 实验设备

1）装有 Quartus Ⅱ EDA 软件的计算机，1 台。

2）DICE-E208 EDA 实验箱，1 套。

4. 实验原理

段位接线示意图如图 9-28 所示。

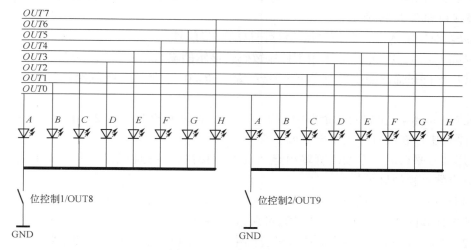

图 9-28　段位接线示意图

LED 数码管显示控制信号功能见表 9-2。

表 9-2　段位对应表

对 应 位					
1	2	3	4	5	6
OUT8	OUT9	OUT10	OUT11	OUT12	OUT13
对 应 段					
A	B	C	D	E	F	G	H
OUT0	OUT1	OUT2	OUT3	OUT4	OUT5	OUT6	OUT7

程序设计要求如下：

1）本实验为 LED 数码管动态显示控制实验。

LED 动态显示是将所有相同的段码线并接在一个 I/O 口上，共阴极端或共阳极端分别

259

由相应的 I/O 口线控制。由于每一位的段选线都在一个 I/O 口上，所以每送一个段选码，所有的 LED 数码管都显示同一个字符，这种显示器是不能用的。解决此问题的方法是利用人的视觉暂留，从段选线 I/O 口上按位次分别送显示字符的段选码，在位选控制口也按相应的次序分别选通相应的显示位（共阴极送低电平，共阳极送高电平），选通位就显示相应字符，并保持几毫秒的延时，未选通位不显示字符（保持熄灭）。这样，对各位显示就是一个循环过程。从计算机的工作来看，在一个瞬时只有一位显示字符，而其他位都是熄灭的，但因为人的视觉滞留，这种动态变化是觉察不到的。从效果上看，各位显示器能连续而稳定地显示不同的字符。这就是动态显示。

2）实验要求程序控制 LED 数码管循环显示1~8 之间的数字。

5. 实验要求

通过 VHDL 编程，实现 7 段数码管的译码输出，并通过所设计的串行扫描控制，对 8 个 7 段数码管扫描输出，要求 8 个数码管从右到左分别显示 "1" "2" "3" "4" "5" "6" "7" 和 "8"，并且每一位都对应有一个显示控制端，当控制端为高电平时，对应数码管点亮，否则熄灭。具体接口如图 9-29 所示。

① *clk*：时钟输入端，此信号是 串行扫描的同步信号。

② *data_control*[7..0]：8 个用于控制数码管显示的输入信号；*led_addr*[7..0]：对 8 个数码管进行串行扫描的输出控制信号；*seg7_data*[6..0]：驱动 7 段数码管各显示段的输出信号。

首先在 Quartus Ⅱ 上进行功能和时序仿真，之后通过元器件及其端口配置下载程序到 FP-GA 开发平台中。在硬件实现中要求如下：

1）用实验平台的 8 个数码管输出显示（共阳接法），并且用其下方的 8 个拨码开关分别控制对应数码管的显示与否。

2）扫描所用的时钟信号采用实验平台的 *clock* 时钟区资源。

时钟选择如图 9-30 所示，可以通过跳线选择不同的时钟频率，*clock*0 的时钟范围是 0.5 Hz~20 MHz。此频率不能太高或太低，频率太低将不满足人眼视觉暂留特性的要求，频率太高则器件速度跟不上，地址和数据无法在 1 个时钟周期大部分时间内对准，造成显示模糊不清。可以调节此跳线观察显示结果（建议使用 1 Hz 时钟源）。

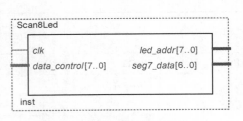

图 9-29　数码管扫描模块

图 9-30　时钟选择

6. 实验步骤

1）打开 Quartus Ⅱ 软件，建立一个新的工程。

① 单击菜单 "File" → "New Project Wizard..." 命令。

② 输入工程的路径、工程名以及顶层实体名。如图 9-31 所示。

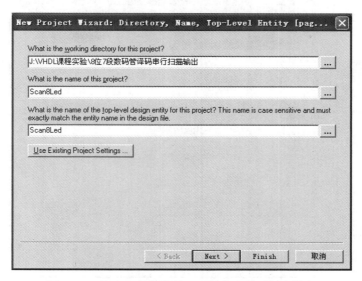

图 9-31 输入工程的路径、工程名以及顶层实体名

③ 单击"Next"按钮，出现如图 9-32 所示的窗口。

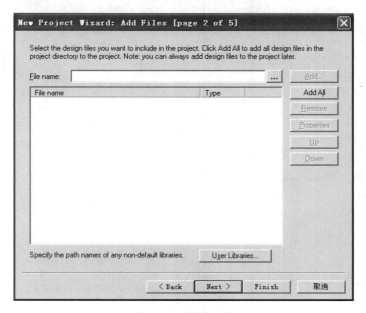

图 9-32 新建工程

由于建立的是一个空的项目，所以没有包含已有文件，单击"Next"按钮继续。

④ 设置元器件信息，如图 9-33 所示。

⑤ 单击"Next"按钮，指定第三方工具，如图 9-34 所示。

这里不指定第三方 EDA 工具，单击"Next"按钮后结束工程建立。新建工程的配置信息如图 9-35 所示。

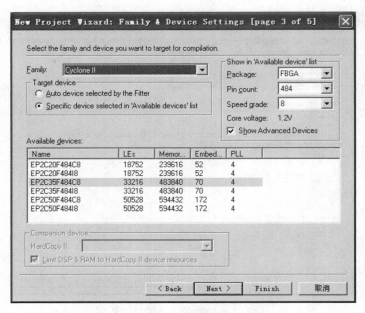

图 9-33　设置元器件信息

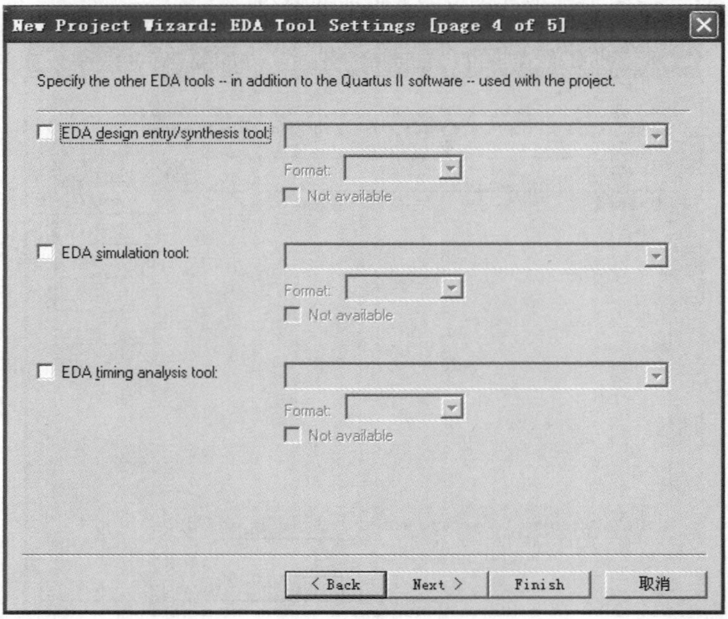

图 9-34　指定第三方工具

2) 建立 VHDL 文件。

① 单击菜单 "File" → "New" 命令，选择弹出窗口中的 "VHDL File" 选项，单击 "OK" 按钮以建立打开空的 VHDL 文件，注意此文件并没有在硬盘中保存，如图 9-36 所示。

② 在编辑窗口中输入 VHDL 源文件并保存，注意实体名、文件名必须和建立工程时所

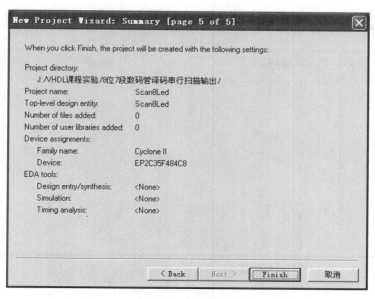

图 9-35　新建工程的配置信息

设定的顶层实体名相同。

③ 编译工程。单击菜单 "Processing" →
"Start Compilation" 命令开始编译，编译过程中
可能会显示若干出错消息，参考提示原因对程序
进行修改直到编译完全成功为止，如图 9－37
所示。

3）建立矢量波形文件。

① 单击菜单 "File" → "New" 命令，在弹
出的对话框中选择 Other Files 选项卡中的
"Vector Waveform File" 选项，打开矢量波形文
件编辑窗口，如图 9-38、图 9-39 所示。

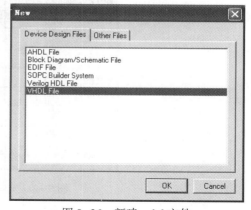

图 9-36　新建 .vhd 文件

图 9-37　编译完成

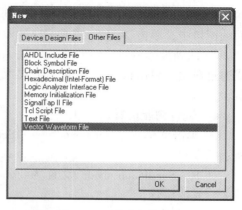

图 9-38　波形文件添加

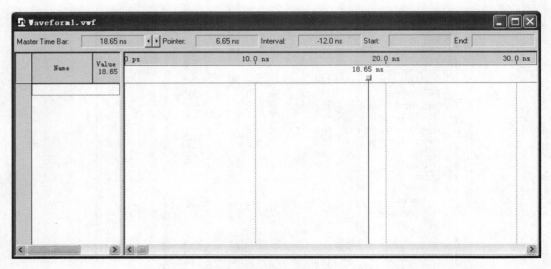

图 9-39 波形文件编辑窗口

② 双击窗口左边空白区域，打开 Insert Node or Bus 对话框，如图 9-40 所示。

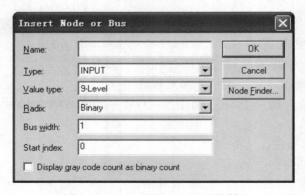

图 9-40 Insert Node or Bus 对话框

③ 单击 "Node Finder…" 按钮，打开如图 9-41 所示的对话框，选择 Filter 下拉列表中的 "Pins：all"，并单击 "List" 按钮以列出所有的端口，通过 ">>" 按钮把这些端口加入右面的窗口中，单击 "OK" 完成端口的添加。

④ 回到波形编辑窗口，对所有输入端口设置输入波形，具体可以通过左边的工具栏，或通过对信号单击鼠标右键的弹出式菜单中完成操作，最后保存此波形文件，如图 9-42 所示。

4）进行功能仿真。

① 单击菜单 "Assignments" → "Settings…" 命令，在弹出的对话框中进行如图 9-43 所示的设置。

其中，Simulation mode 设置为 Functional，即功能仿真。指定仿真波形文件后单击 "OK" 完成设置。

② 单击菜单 "Processing" → "Generate Functional Simulation Netlist" 命令以获得功能仿真网络表。

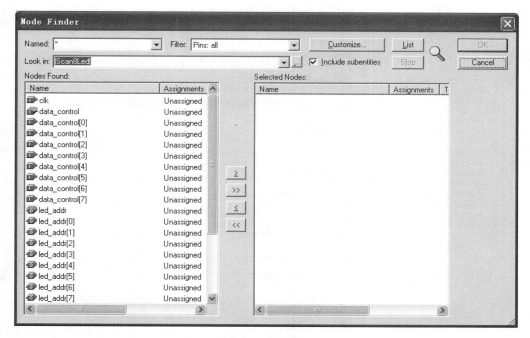

图 9-41　添加端口

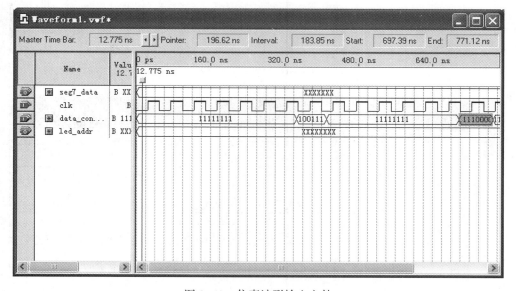

图 9-42　仿真波形输入文件

③ 单击菜单 "Processing" → "Start Simulation" 命令进入仿真页面，如图 9-44 所示。

注：此仿真中不包含延迟信息。根据仿真结果可以修改程序以期达到实验要求。

5）进行时序仿真。如果功能仿真无误，则可进入时序仿真，时序仿真是增加了相关延迟的仿真，是最接近实际情况的仿真。

① 单击菜单 "Assignments" → "Settings..." 命令，在弹出对话框中进行如图 9-45 所示的设置。

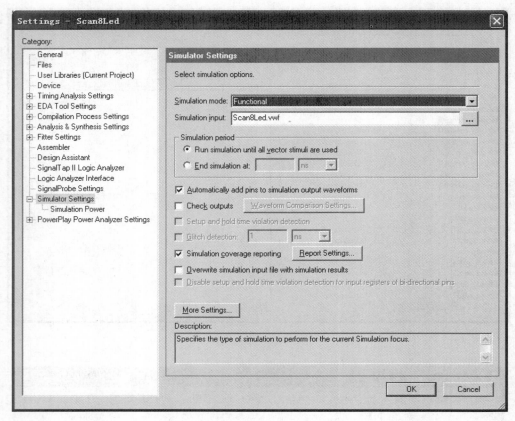

图 9-43 功能仿真设置

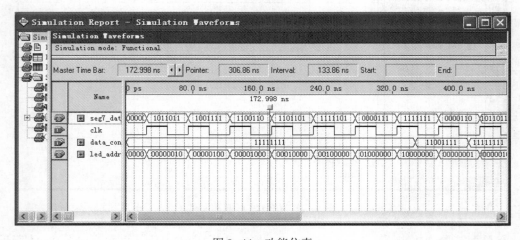

图 9-44 功能仿真

其中，Simulation mode 设置为 Timing，即时序仿真。指定仿真波形文件后单击 "OK"
完成设置。

② 单击菜单 "Processing" → "Start Simulation" 命令进入仿真页面，如图 9-46 所示。
如果在时序上也没有问题，就可以进入下载工作了。

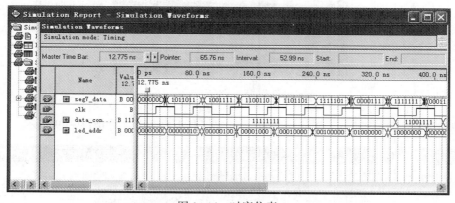

图 9-45　时序仿真设置

图 9-46　时序仿真

6）元器件的下载。

① 指定元器件引脚。单击菜单"Assignments"→"Assignment Editor"命令，打开引脚配置界面，如图 9-47 所示。

图中，为每一个端口都指定了元器件的引脚，在引脚指定过程中需要参照开发系统所给的 I/O 端口映射表，通过开发平台上每个 I/O 元器件附近的 I/O 编号，在映射表中找到相应的引脚名，填入图 9-47 的对话框即可。

② 连接下载线。通过 USB-blaster 下载电缆连接 PC 和开发平台，如果首次使用下载电缆，此时操作系统会提示安装驱动程序，此 USB 设备的驱动位于 Quartus Ⅱ 安装目录中的 \drivers\usb-blaster 中。如图 9-48 所示。

	From	To	Assignment Name	Value	Enabled
1		data_control[0]	Location	PIN_48	Yes
2		data_control[1]	Location	PIN_47	Yes
3		data_control[2]	Location	PIN_46	Yes
4		data_control[3]	Location	PIN_45	Yes
5		data_control[4]	Location	PIN_44	Yes
6		data_control[5]	Location	PIN_43	Yes
7		data_control[6]	Location	PIN_42	Yes
8		data_control[7]	Location	PIN_41	Yes
9		led_addr[0]	Location	PIN_181	Yes
10		led_addr[1]	Location	PIN_182	Yes
11		led_addr[2]	Location	PIN_183	Yes
12		led_addr[3]	Location	PIN_184	Yes
13		led_addr[4]	Location	PIN_185	Yes
14		led_addr[5]	Location	PIN_186	Yes
15		led_addr[6]	Location	PIN_187	Yes
16		led_addr[7]	Location	PIN_188	Yes
17		seg7_data[0]	Location	PIN_73	Yes
18		seg7_data[1]	Location	PIN_74	Yes
19		seg7_data[2]	Location	PIN_75	Yes
20		seg7_data[3]	Location	PIN_76	Yes
21		seg7_data[4]	Location	PIN_77	Yes
22		seg7_data[5]	Location	PIN_78	Yes
23		seg7_data[6]	Location	PIN_79	Yes
24		clk	Location	PIN_CLK0	Yes

图 9-47　引脚配置界面

图 9-48　JTAG 下载

③ 单击菜单 "Tool" → "Programmer" 命令打开下载窗口，如图 9-49 所示。

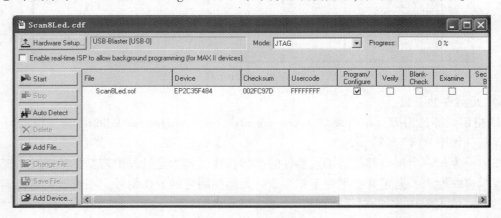

图 9-49　下载界面

通过对话框中的 "Hardware Setup" 按钮，选择下载设备：USB-blaster。参照图 9-49 所示的选项，单击 "Start" 按钮完成下载。

7. 实验结果

图 9-50~图 9-53 分别是对参考代码的编译下载后的部分图例。

图 9-50　当前输出"2"

当所有按键都使扫描信号有效时，所有数码管显示输出。

图 9-51　当前输出"4"

图 9-52　当前输出"8"

图 9-53　当前输出 1~8

当扫描频率过低时（人眼只能看到一个数码管滚动显示）的显示效果（相机的暂留时间比人眼长，所以拍摄效果是更多的数码管在滚动显示）。

8. 注意事项

1）实体名、文件名必须和建立工程时所设定的顶层实体名相同。

2）采用模式 5 的输入方式。

3）分配引脚要准确。

4）下载线需连接可靠，如未能找到 USB-blaster，可将其重新连接。

9. 思考题

本实验数码管显示是采用实验板上的译码电路实现，如果不采用硬件译码，该如何实现？

9.5 交通信号灯自动控制

1. 预习要求

1）复习 VHDL 语言中状态机的基础知识；复习利用 VHDL 语言设计计数器的基本知识；复习数码管动态扫描的基本知识。

2）阅读实验指导书，理解实验原理，了解实验步骤。

3）在虚拟仿真实验平台上完成实验前预习及仿真内容。

4）完成下列填空题。

① 结构体有三种描述方式，分别是_____、_____和_____。

② 请分别列举一个常用的库和程序包_____、_____。

2. 实验目的

1）了解交通灯工作的原理。

2）掌握有限状态机编程方法，学会用 VHDL 语言设计交通灯控制程序。

3）掌握数控式演示装置的工作过程和运行。

3. 实验原理

（1）交通灯工作原理

交通灯控制原理图如图 9-54 所示。

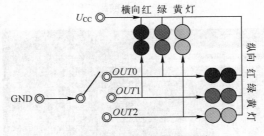

图 9-54 交通灯控制原理图

表 9-3 是交通灯信号功能表。

表 9-3　交通灯信号功能表

有效电平	$OUT0$	$OUT1$	$OUT2$
纵向	红灯	绿灯	黄灯
横向	绿灯	红灯	黄灯

十字路口有四组交通灯，对面两组对应，分别以红黄绿次序转换。所有信号为低电平有效，即：

① $OUT0$、$OUT1$、$OUT2$ 分别为 0、1、1 时，表示纵向红灯亮，横向绿灯亮；

② $OUT0$、$OUT1$、$OUT2$ 分别为 1、0、1 时，表示纵向绿灯亮，横向红灯亮；

③ $OUT0$、$OUT1$、$OUT2$ 分别为 1、1、0 时，表示纵向黄灯亮，横向黄灯亮。

（2）程序设计要求

1）设置一个交通灯工作启动按钮，高电平时开始工作，低电平时四组均显示黄灯，禁止通行。

2）交通灯工作时，程序中先是纵向红灯亮，横向绿灯亮 10 s，然后所有黄灯亮，接着纵向绿灯亮，横向红灯亮 10 s，周而复始，实现一个简单交通灯的控制。

3）通过改变程序中计数器的计数值，来修改交通灯交替点亮的延时时间，以实现十字路口人流量的最佳控制。

4. 实验步骤

参照 8.2 节内容建立工程，工程名 time，为工程添加 .vhd 文件，保存后编写代码。代码调试无误后，建立功能网络表，为工程添加仿真文件，并为仿真文件添加仿真变量。

5. 实验连线

28（$CLK0$）→64 Hz（系统工作时钟 CLK）；41→$OUT0$（表示纵向红灯亮，横向绿灯亮）；42→$OUT1$（表示纵向绿灯亮，横向红灯亮）；43→$OUT2$（表示纵向黄灯亮，横向黄灯亮）。

注：实验时，打开演示屏模拟软件中"交通信号灯自动控制"实验界面，然后下载 EDA 程序，实验装置开始工作。

9.6　VGA 彩条信号发生器

1. 预习要求

1）预习 VGA 显示的基本原理，复习分频器相关知识；复习原理图设计的基本知识；复习引脚配置的基本知识。

2）阅读实验指导书，理解实验原理，了解实验步骤。

3）在虚拟仿真实验平台上完成实验前预习及仿真内容。

4）完成下列填空题。

① 赋值语句是（并行/串行）_____执行的，IF 语句是（并行/串行）_____执行的。

②_____是一个具有九值逻辑的数据类型。

2. 实验目的

利用 FPGA 实现 VGA 彩显控制器的功能，其在工业上有许多实际的应用。利用 VHDL 语言编制一个彩条信号发生器。

3. 实验原理

VGA 彩色显示器在显示过程中所必需的信号，除 R、G、B 三种基色信号外，行同步 HS 和场同步 VS 也是非常重要的两个信号。显示过程中 HS 和 VS 的极性可正可负，显示器内可自动转换为正极性逻辑。

现以正极性为例说明 CRT 的工作过程。R、G、B 为正极性信号，即高电平有效。当 VS =0、HS=0 时，CRT 显示的内容为亮的过程，即正向扫描过程约 26 μs。当一行扫描完毕，行同步 HS=1，约需 6 μs，其间，CRT 扫描产生消隐，电子束回到 CRT 左边下一行的起始位置（X=0，Y=1）；当扫描完 480 行后，CRT 的场同步 VS=1，产生场同步使扫描线回到 CRT 的第一行第一列（X=0，Y=0）处（约两个周期）。

本设计的彩条信号发生器可通过外部控制产生 3 种显示模式，共 6 种显示变化（见表 9-4），其中的颜色编码见表 9-5。

彩条信号发生器外部接口如图 9-55 所示。

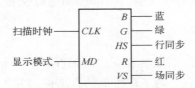

图 9-55 彩条信号发生器外部接口

表 9-4 彩条信号发生器的 6 种显示变化

1	横彩条	1：白黄青绿品红蓝黑	2：黑蓝红品绿青黄白
2	竖彩条	1：白黄青绿品红蓝黑	2：黑蓝红品绿青黄白
3	棋盘格	1：棋盘格显示模式 1	2：棋盘格显示模式 2

表 9-5 彩条信号发生器的颜色编码

颜色	黑	蓝	红	品	绿	青	黄	白
R	0	0	0	0	1	1	1	1
G	0	0	1	1	0	0	1	1
B	0	1	0	1	0	1	0	1

4. 实验连线

28(CLK0)→6 MHz；43→BLUE；42→GREEN；41→RED；44→HSY；45→VSY；46→单脉冲开关。

5. 实验说明

MD：模式选择信号；R、G、B、HS、VS：分别为红、绿、蓝、行同步、场同步信号。

9.7 序列检测器

1. 预习要求

1）复习 VHDL 语言中有关状态机设计的基本知识；复习时钟分频的基本知识；复习 VHDL 语言中有关 CASE 语句的相关知识。

2）阅读实验指导书，理解实验原理，了解实验步骤。

3）在虚拟仿真实验平台上完成实验前预习及仿真内容。

4）完成下列填空题。

定义一个变量 a，数据类型为 4 位位矢量_____。

2. 实验目的

1）掌握状态机的设计方法。

2）设计一个序列检测器。

3. 实验原理

序列检测器在数据通信、雷达和遥测等领域中用于检测同步识别标志。它是一种用来检测一组或多组序列信号的电路。例如，检测器收到一组串行码{1110010}后，输出标志 1，否则输出 0。

考查这个例子，每收到一个符合要求的串行码就需要用一个状态机进行记忆。串行码长度为 7 位，需要 7 个状态；另外，还需要增加一个"未收到一个有效位"的状态，共 8 个状态；$S_0 \sim S_7$，状态标志符的下标表示有几个有效位被读出。

画出状态转移图，如图 9-56 所示，很显然这是一个莫尔状态机。8 个状态机根据编码原则可以用 3 位二进制数来表示。

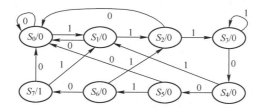

图 9-56 序列检测器状态变化图

4. 实验内容及步骤

1）用 VHDL 语言编写出源程序。

2）设计两个脉冲发生器，一个包含"1110010"序列，另一个不包含此序列，用于检测程序的正确。

3）将脉冲序列发生器和脉冲序列检测器结合生成一个文件，编译下载并验证结果。

4）实验步骤。参照 8.2 节内容建立工程，工程名 time，为工程添加 .vhd 文件，保存后编写代码。若代码无误后，建立功能网络表，为工程添加仿真文件，并为仿真文件添加仿真变量。

引脚配置后编译下载到实验箱验证实例如图 9-57、图 9-58 和图 9-59 所示。

图 9-57　输入设置

拨动 K2，产生 "10101010" 序列。

数据检测不匹配，L1 灭，如图 9-58 所示。

图 9-58　检测未通过

当数据输入为 "1110010" 时，数据检测匹配，L1 亮，如图 9-59 所示。

图 9-59　检测通过

5. 实验报告要求

1）写出序列检测器 VHDL 语言设计源文件。

2）详述序列检测器的工作原理。

6. 引脚配置实例

1）功能：当检测器收到一组串行码 {1110010} 后，输出标志 1，否则输出 0。

2）41 接 K1；42 接 K2；$CLK0$ 接 4 kHz；49 接 L1；44 接示波器。

3）操作运行：K1 为复位端（低电平时复位）；K2 为数据原选择开关（高电平时输出 "11100100" 序列，低电平时输出 "10101010" 序列）；34 为输出标志（高电平为检测到数据）；35 为接收的数据。数据检测匹配，L1 亮。

9.8　LED 点阵显示实验

1. 预习要求

1）复习点阵显示原理。

2）阅读实验指导书，理解实验原理，了解实验步骤。

3）在虚拟仿真实验平台上完成实验前预习及仿真内容。

4）完成下列填空题。

① 表示'0''1'的类型是_____；表示'0''1''Z'等九值逻辑的数据类型是_____；表示空操作的数据类型是_____。

② "<="是_____关系运算符，又是_____操作符。

2. 实验目的

1）利用 FPGA 控制 LED 点阵显示。

2）掌握 LED 点阵显示的电路设计与编程。

3. 实验原理

实验电路提供了 16 位行控制信号、16 位列控制信号，分别用 74LS240 与 7407 来驱动，可以实现点阵显示汉字，如图 9-60 所示。

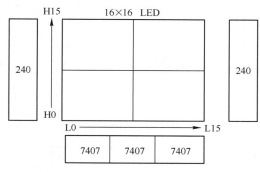

图 9-60　点阵驱动框图

4. 实验连线

28（CLK0）→4096 Hz；29（CLK1）→8 Hz；11~18 接 H0~H7；41~48 接 H8~H15；57~64 接 L0~L7；113~120 接 L8~L15。

5. 实验说明

CHOICE(0)~(15)：列扫描线；DATA(0)~(15)：行数据。

9.9　ADC0809 模/数转换实验

1. 预习要求

预习模/数转换相关内容。

2. 实验目的

1）了解使用计算机接口芯片 ADC0809 与 FPGA 构筑系统。

2）了解 ADC0809 转换时的工作时序。

3. 实验原理

根据 ADC0809 的工作时序、硬件原理以及设计原理，对 FPGA 进行编程，使其产生 WR、CS、RD、EOC 控制信号，对 ADC0809 进行控制，通过选择通道，将模拟电压量（由实验装置上的电位器产生）输入，进行转换。转换结果（$D_0 \sim D_7$）送 FPGA，然后通过 LED 数码管显示其数字量。

4. 实验连线

ADC0809 引脚功能如图 9-61 所示，ADC0809 与 FPGA 连接图如图 9-62 所示。

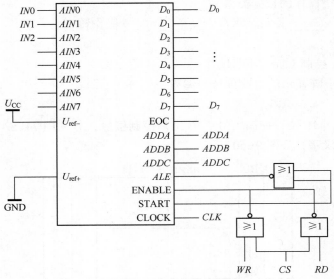

图 9-61　ADC0809 引脚功能

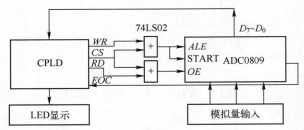

图 9-62　ADC0809 与 FPGA 连接图

28（$CLK0$）→750 kHz；CLK→750 kHz；$ADDA \sim ADDC$→GND（选择通道 $IN0$）；41 接 CS；42 接 RD；43 接 WR；44 接低电平（RST 复位信号）；45 接 EOC；57~64 接 $D_0 \sim D_7$；113~120 接 $a \sim dp$；1（数码管 LED1 公共端）→125；2（数码管 LED2 公共端）→126。将电位器输出接 $IN0$ 通道。转换结果送 LED 显示。

5. 实验说明

CS、RD、WR、EOC：ADC0809 的控制信号；$DIN(0) \sim DIN(7)$：转换结果送 CPLD；$NINTR$：转换结束标志；RST：系统复位；$SELOUT(0) \sim SELOUT(1)$：位选择；$SEGOUT(0) \sim SEGOUT(7)$：段码。

9.10　DAC0832 数/模转换实验

1. 预习要求

预习数/模转换相关内容。

2. 实验目的

1）了解使用计算机接口芯片 DAC0832 与 FPGA 构筑系统。

2）了解 DAC0832 转换时的工作时序。

3. 实验原理

根据 DAC0832 的工作时序、硬件原理以及设计原理，对 FPGA 进行编程，产生 WR、CS 控制信号以及数字量 $D_0 \sim D_7$，对 DAC0832 进行控制，通过开关启动数/模转换，将由 FPGA 产生的数字量转换成模拟量。转换结果由 $AOUT$ 输出，LED 数码管将显示其数字量（$D_0 \sim D_7$）。DAC0832 转换连接如图 9-63 所示，DAC0832 与 FPGA 连接图如图 9-64 所示。

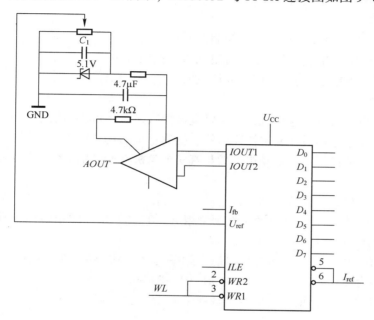

图 9-63 DAC0832 转换连接

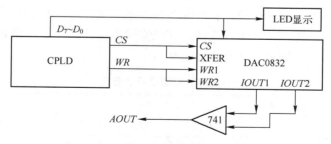

图 9-64 DAC0832 与 FPGA 连线图

4. 实验连线

28（$CLK0$）→1 kHz；29（$CLK1$）→8 Hz；57~64 接 $a \sim dp$；82~87→1~6（数码管 LED1~LED6 公共端）；41~48→$D_0 \sim D_7$；WR→68；K1→66（启动）；K2→67（停止）；$AOUT$→DJ（直流电动机）。下载运行程序，将开关 K1 打在高电平，观察小直流电动机的转速。

5. 实验说明

$SELOUT(0) \sim SELOUT(7)$：位选择；$SEGOUT(0) \sim SEGOUT(7)$：段码；START：启动

转换；STOP：停止转换；CS、WR：DAC0832 转换片选线与写线接地；$DATAOUT(0)$ ~ $DATAOUT(7)$：转换数据输出。

9.11 驱动步进电动机的控制

1. 预习要求

预习步进电动机控制相关内容。

2. 实验目的

1）了解该实验中驱动步进电动机控制的原理。

2）学会用 VHDL 语言设计驱动步进电动机的控制程序。

3）根据信号功能表，写出程序，并调试通过。

3. 实验原理

步进电动机也称为脉冲电动机，它可以直接接收来自计算机的数字脉冲，使电动机旋转过相应的角度。步进电动机在要求快速起停、精确定位的场合作为执行部件，得到了广泛采用，实验中所使用的模拟步进电动机虽然与真实电动机有所区别，但工作方式和工作原理是一样的。

四相步进电动机的工作方式如下：

① 单相四拍工作方式，其电动机控制绕组 A、B、C、D 相的正转通电顺序为 $A{\to}B{\to}C$ ${\to}D{\to}A$；反转通电顺序为 $A{\to}D{\to}C{\to}B{\to}A$。

② 四相八拍工作方式，正转的绕组通电顺序为 $A{\to}AB{\to}B{\to}BC{\to}C{\to}CD{\to}D{\to}DA{\to}A$；反向的通电顺序为 $A{\to}AD{\to}D{\to}DC{\to}C{\to}CB{\to}B{\to}BA{\to}A$。

③ 双四拍工作方式，正转的绕组通电顺序为 $AB{\to}BC{\to}CD{\to}DA{\to}AB$；反向的通电顺序为 $AB{\to}AD{\to}DC{\to}CB{\to}BA$。

步进电动机有如下特点：给步进脉冲电动机就转，不给步进脉冲电动机就不转；步进脉冲的频率越高，步进电动机转得越快；改变各相通电方式，可以改变电动机的运行方式；改变通电顺序，可以控制电动机的正、反转。在该实验中，使用的是"四相八拍工作方式"。

驱动步进电动机的控制信号功能表见表 9-6。

表 9-6　控制信号功能表

演示装置输入端				演示装置输出端			
A 相	B 相	C 相	D 相	起动	停止	正转	反转
$OUT0$	$OUT1$	$OUT2$	$OUT3$	$IN0$	$IN1$	$IN2$	$IN3$

实验界面中有四个代表 A、B、C、D 四相电源的灯，哪一相有电压就亮，四个灯循环点亮，电动机齿轮相应转动。

4. 实验连线

28（$CLK0$）$\to$1 Hz；61$\to$$OUT0$；62$\to$$OUT1$；63$\to$$OUT2$；64$\to$$OUT3$，57$\to$$IN0$，58$\to$$IN1$；59$\to$$IN2$；60$\to$$IN3$。

注：实验时，打开演示屏模拟软件中"驱动步进电动机的控制"实验界面，下载 EDA

278

程序，实验界面中有"起动""停止""正转""反转"四个按钮。单击相应按钮运行实验装置（该模拟实验装置运行可能有点问题，不能反转，可以通过四相指示灯来观察电动机的运行过程，所以把工作频率设得很低，便于观察指示灯）。

9.12 4层电梯控制

1. 预习要求
预习 I/O 口控制相关内容。

2. 实验目的
1）了解 4 层电梯控制的原理。
2）学会用 VHDL 语言设计 4 层电梯控制程序。
3）根据信号功能表，写出程序，并调试通过。

3. 实验原理
电梯有两种控制方式：其一用 *OUT*0/*OUT*1 任意上下行，当前楼层和目标楼层必须依赖行程开关分析控制；其二用 *OUT*4～*OUT*7 直接到达目标楼层，无须分析当前楼层和目标楼层的运行方向。四层电梯控制等效电路图如图 9-65 所示。功能表见表 9-7。

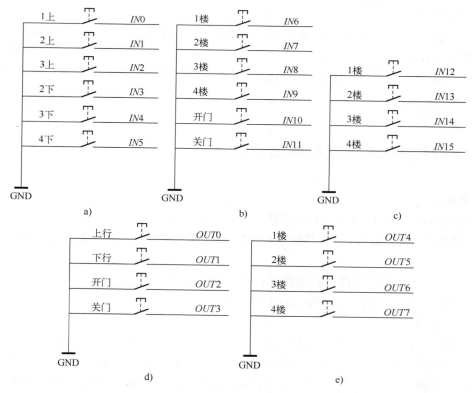

图 9-65 4 层电梯控制等效电路图

a）轿厢外请求　b）轿厢内请求　c）行程开关信号输出　d）控制输入接口电路　e）直达楼层输入接口

表 9-7　4 层电梯控制信号功能表

上行	下行	开门	关门	到楼层数				轿厢外						轿厢内						行程开关一	行程开关二	行程开关三	行程开关四
				1	2	3	4	一上请求	二上请求	三上请求	二下请求	三下请求	四下请求	目标一楼	目标二楼	目标三楼	目标四楼	手动开门	手动关门				
OUT0	OUT1	OUT2	OUT3	OUT4	OUT5	OUT6	OUT7	IN0	IN1	IN2	IN3	IN4	IN5	IN6	IN7	IN8	IN9	IN10	IN11	IN12	IN13	IN14	IN15

程序设计要求如下：

1）程序中要求使用第一种控制方式，即用 $OUT0/OUT1$ 任意上下行，然后使用行程开关信号和楼层选择信号来控制电梯的运行。

2）要求桥箱内、桥箱外的控制按钮起到控制作用，但不要求电梯具有记忆功能，即多路选择后，只有最后一次楼层选择有效。

4. 实验连线

28（$CLK0$）→1 kHz；57~67 接 $IN0$~$IN10$；75~79 接 $IN11$~$IN15$；113~116 接 $OUT0$~$OUT3$。

注：实验时，打开演示屏模拟软件中"4 层电梯的控制"实验界面，下载 EDA 程序，然后可单击要去的楼层，即可运行电梯。

5. 实验扩展

1）试用第二种控制方式，即用 $OUT4$~$OUT7$ 四个直接到达目标楼层信号编程，无须分析当前楼层的运行方向。

2）试修改程序，使电梯控制具有记忆功能，即可同时响应多个选择，并根据当前位置，优先响应最近的选择。

9.13　LPM_ROM 配置与读出实验

1. 实验目的

1）掌握 FPGA 中 LPM_ROM 的设置，作为只读存储器 ROM 的工作特性和配置方法。

2）用文本编辑器编辑 mif 文件配置 ROM，学习将程序代码以 mif 格式文件加载于 LPM_ROM 中。

3）在初始化存储器编辑窗口编辑 mif 文件配置 ROM。

4）验证 FPGA 中 MRGA_LPM_ROM 的功能。

2. 实验原理

ALTERA 的 FPGA 中有许多可调用的 LPM（Library Parameterized Modules）参数化的模块库，可构成如 LPM_ROM、LPM_RAM_IO、LPM_FIFO、LPM_RAM_DQ 的存储器结构。CPU 中的重要部件，如 RAM、ROM 可直接调用它们构成，因此在 FPGA 中利用嵌入式阵列块 EAB 可以构成各种结构的存储器，LPM_ROM 是其中的一种。LPM_ROM 有 5 组信号：地址信号 $address[\ ]$、数据信号 $q[\ ]$、时钟信号 $inclock$、$outclock$ 及允许信号 $memenable$，其参数

都是可以设定的。由于 ROM 是只读存储器，所以它的数据口是单向的输出端口，ROM 中的数据是在对 FPGA 现场配置时，通过配置文件一起写入存储单元的。图 9-66 中的 LPM_ROM 有 3 组信号：$inclk$——输入时钟脉冲；$q[23..0]$——LPM_ROM 的 24 位数据输出端；$a[5..0]$——LPM_ROM 的 6 位读出地址。

实验中主要应掌握以下 3 个方面的内容。

1）LPM_ROM 的参数设置。

2）LPM_ROM 中数据的写入，即 LPM_FILE 初始化文件的编写。

3）LPM_ROM 的实际应用，在实验台上的调试方法。

3. 实验步骤

1）用图形编辑 Graphic Editer，进入 max2lib\mega_lpm 元件库，调用 LPM_ROM 元件，设置地址总线宽度 $address[\ ]$ 和数据总线宽度 $q[\ ]$，分别为 6 位和 24 位，并添加输入输出引脚，按图 9-66 设置和连接。

2）在设置 LPM_ROM 数据参数选择项 LPM_FILE 的对应窗口中，用键盘输入 LPM_ROM 配置文件的路径。

3）用初始化存储器编辑窗口编辑 LPM_ROM 配置文件（文件名 .mif）。原理图输入完成后，打开仿真器窗口 Simulator，选择 Initialize 菜单中的 "Initialize Memory" 选项，并在此编辑窗口中完成 ROM 数据的编辑，然后按 Export File 键，将文件以 mif 后缀存盘，文件名如图 9-66 所示是 rom_a.mif。

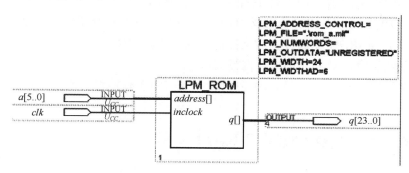

图 9-66　LPM_ROM 的结构图

4）编译顶层工程原理图文件（文件名 .gdf）。rom_a.mif 中的数据恰好是后面要用的微指令码。

5）下载 SOF 文件至 FPGA，改变 LPM_ROM 的地址 $a[5..0]$，外加读脉冲，通过实验台上的数码管比较读出的数据是否与初始化数据一致。如图 9-67 所示。

注：验证程序文件在 LPM_ROM_DEMO4 目录，工程名是 2lpm_rom.gdf，下载 2lpm_rom.sof 至实验台上的 FPGA，选择实验电路模式仍为 NO.0，24 位数据输出由数码 8 至数码 3 显示，6 位地址由键 2、键 1 输入，键 1 负责低 4 位，时钟 CLK 由键 8 控制。发光管 8~1 显示输入的 6 位地址值。

4. 实验要求

1）实验前认真复习 LPM-ROM 存储器部分的有关内容。

2）记录实验数据，写出实验报告，给出仿真波形图。

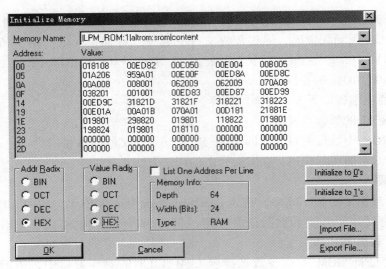

图 9-67　LPM_ROM 的配置

3）学习 LPM-ROM 用 VHDL 语言的文本设计方法（顶层文件用 VHDL 表达）。

4）了解 LPM-ROM 存储器占用 FPGA 中 EAB 资源的情况。

5. 思考题

1）如何在图形编辑窗口中设计 LPM-ROM 存储器？怎样设计地址宽度和数据线的宽度？怎样导入 LPM-ROM 的设计参数文件和存储 LPM-ROM 的设计参数文件？

2）怎样对 LPM-ROM 的设计参数文件进行软件仿真测试？

3）怎样在实验台上对 LPM-ROM 进行测试？

4）通过本实验，对 FPGA 中 EAB 构成的 LPM-ROM 存储器有何认识，有什么收获？

9.14　LPM_RAM_DP 双端口 RAM 实验

1. 实验目的

1）了解 FPGA 中双口 LPM_RAM_DP 的功能。

2）掌握 LPM_RAM_DP 的参数设置和使用方法。

3）掌握 LPM_RAM_DP 作为随机存储器 RAM 的工作特性和读写方法。

2. 实验原理

在 FPGA 中利用嵌入式阵列块 EAB 可以构成存储器，LPM_RAM_DP 的结构如图 9-68 所示。数据从 RAM_DP 的左边 $d[7..0]$ 输入，从右边 $q[7..0]$ 输出，R/W 为读/写控制信号端。数据的写入：当输入数据和地址准备好以后，在 CLK 信号上升沿到来时，数据写入存储单元。数据的读出：从 $a[7..0]$ 输入存储单元地址，在 CLK 信号上升沿到来时，该单元数据从 $q[7..0]$ 输出。为了便于使用实验台上的键盘输入数据，在 LPM_RAM_DP 与键盘之间加了 4 个计数器，按一次键计数器加 1，计数值由按键上方对应的数码管显示。

R/W——读/写控制端，高电平时进行读操作，低电平时进行写操作；CLK——读/写时钟脉冲；$data[7..0]$——RAM-DP 的 8 位数据输入端；$a[7..0]$——RAM 的读出和写入地址；$q[7..0]$——RAM-DP 的 8 位数据输出端。

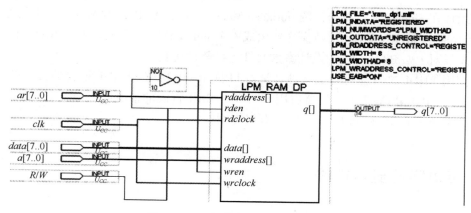

图 9-68　LPM_RAM_DP 的结构图

3. 实验步骤

1）按图 9-69 输入电路图。并进行编译、引脚锁定、FPGA 配置。

2）通过键 1、键 2 输入 RAM 的 8 位数据（选择实验电路模式 1），键 3、键 4 输入存储器的 8 位地址。键 8 控制读/写，高电平时读允许，低电平时写允许；键 7（$CLK0$）产生读/写时钟脉冲，即生成读地址和写地址锁存脉冲。对 LPM_RAM_DP 进行写/读操作。

3）在 Simulator 窗口下，用 Initialize Memory 生成 mif 初始化数据，下载后进入 RAM 作为初始数据。

注：验证程序文件在 DEMO5_LPM_RAM 目录，工程名是 ram_dp1.gdf，下载 ram_dp1.sof 至实验台上的 FPGA，选择实验电路模式为 NO.1，按以上方式进行验证实验。首先控制读出初始化数据，与载入的初始化文件 ram_dp1.mif 中的数据进行比较，然后控制写入一些数据，再读出比较。

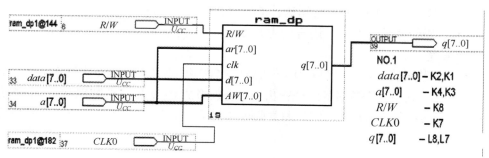

图 9-69　LPM_RAM_DP 实验电路图

4. 实验要求

1）实验前认真复习运算器和存储器部分的有关内容。

2）完成实验报告。

5. 思考题

1）如何在图形编辑窗口中设计 LPM_RAM_DP 存储器？怎样设定地址宽度和数据线的

宽度？设计一数据宽度为 6、地址线宽度为 7 的 RAM，仿真检验其功能，并在 FPGA 上进行硬件测试。

2）怎样在 Simulator 窗口下，用 Initialize Memory 功能对 LPM_RAM_DP 数据初始化，如何导入和存储 LPM_RAM_DP 参数文件？生成一个 mif 文件，并导入以上的 RAM 中。

3）怎样对 PM_RAM_DP 的设计参数文件进行软件仿真测试？

4）使用 VHDL 文件作为顶层文件，学习 LPM_RAM_DP 的 VHDL 语言的文本设计方法。

5）了解 LPM_RAM_DP 存储器占用 FPGA 中 EAB 资源的情况。

6）LPM_RAM_DP 存储器在 CPU 中有何作用？

9.15 英语字母显示电路

1. 预习要求

1）复习数码管显示原理（包括静态显示和动态显示），复习 VHDL 语言中有关 CASE 语句和时钟沿描述语句知识。

2）阅读实验指导书，理解实验原理，了解实验步骤。

3）在虚拟仿真实验平台上完成实验前预习及仿真内容。

4）完成下列各题。

① Process 是一个_____执行顺序语句，当几个进程因为改变信号量而相互影响时，这个过程称为进程间的_____。

② 可编程逻辑器件的英文简写是_____，发展到今天的主流产品主要包括 CPLD 和_____。

③ 写出 CASE 的基本结构。

2. 实验目的

1）掌握 VHDL 语言中 CASE 的用法；掌握时钟沿表述方法。

2）掌握数码管显示的 VHDL 语言描述方法。

3. 实验原理

众所周知，数码管不仅可以显示 0~9 的阿拉伯数字，还可以显示一些英语字母。数码管由 7 段显示输出，利用 7 个笔段的组合输出，就可以形成 0~9 阿拉伯数字和 26 个英语字母的对应显示。图 9-70 显示常见的字母与共阳极 7 段数码管的显示关系。若为共阴极数码管则取反。

4. 实验内容

1）编写一个简单的 0~F 循环显示的十六进制计数器电路。

2）编写一个显示上述字母的循环显示电路，设置一个复位输入端 *CLR*，可选用按键（K1）作为 *CLR* 输入；设置时钟输入端，可选 K2 或时钟源输入，如果选时钟源，时钟频率不能太高，建议为 1 Hz。

3）通过仿真或观察波形验证设计电路的正确性。

4）锁定引脚并下载验证结果。

段 字母	a	b	c	d	e	f	g
A	1	1	1	0	1	1	1
B	0	0	1	1	1	1	1
C	1	0	0	1	1	1	0
D	1	1	1	1	1	0	1
E	1	0	0	1	1	1	1
F	1	0	0	1	1	1	1
H	0	1	1	0	1	1	1
P	1	1	1	0	1	1	1
L	0	0	0	1	1	1	0

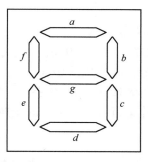

图 9-70　常见的字母与 7 段数码管的显示关系

5. 实验步骤

参照 8.2 节内容建立工程文件，并为工程添加编程文件 .vhd，编写实验代码并编译调试无误后，建立仿真功能网络表。

仿照 8.2 节内容建立仿真波形文件，并添加引脚；为输入引脚输入驱动波形，本实验有两个输入引脚 CLR、CLK。步骤如下：单击选中 CLK，单击左边仿真工具栏中的 "Overwrite Clock"，出现图 9-71 所示波形，本实验选择默认参数，单击 "OK" 即可（此为时钟输入方式）。

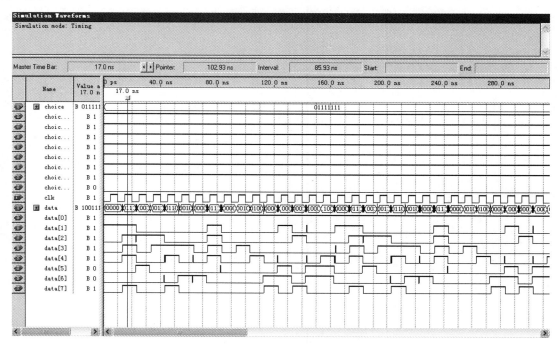

图 9-71　时序仿真 4

6. 设计提示

字母轮换显示电路可以采用状态图的方式设计，对于每一个时钟脉冲，将改变一状态。

7. 实验报告要求

1）叙述电路工作原理。

285

2）写出心得体会。

8. 引脚配置实例

引脚配置实例见表 9-8。

1）功能：轮换显示 0~F。

2）41~48 接 a~dp；49 接 1（1 为数码管公共端）；28（$CLK0$）接 1 Hz；

3）操作运行：显示字符的变换（频率为 1 Hz）。

表 9-8　引脚配置实例

输 出 端 口	配 置 引 脚	功 能 引 脚	备　注
$data[7]$	41	a	
$data[6]$	42	b	
$data[5]$	43	c	
$data[4]$	44	d	段码输出
$data[3]$	45	e	
$data[2]$	46	f	
$data[1]$	47	g	
$data[0]$	48	h	
CLK	$CLK0$	1 Hz	时钟

附　　录

附录 A　DICE-E208 EDA 实验箱引脚配置表

表 A-1　DICE-E208 EDA 实验箱引脚配置表

功 能 引 脚	配 置 引 脚	功 能 引 脚	配 置 引 脚
L1	49	L11	61
L2	50	L12	62
L3	53	K1	41
L4	54	K2	42
L5	55	K3	43
L6	56	K4	44
L7	57	K5	45
L8	58	K6	46
L9	59	K7	47
L10	60	K8	48

表 A-2　共阳极数码管段码表

显示	段码（$dp \sim a$）	显示	段码（$dp \sim a$）
0	11000000	8	10000000
1	11111001	9	10010000
2	10100100	A	10001000
3	10110000	B	10000011
4	10011001	C	11000110
5	10010010	D	10100001
6	10000010	E	10000110
7	11111000	Y	10001110

附录 B 常用数字集成电路引脚排列及逻辑符号

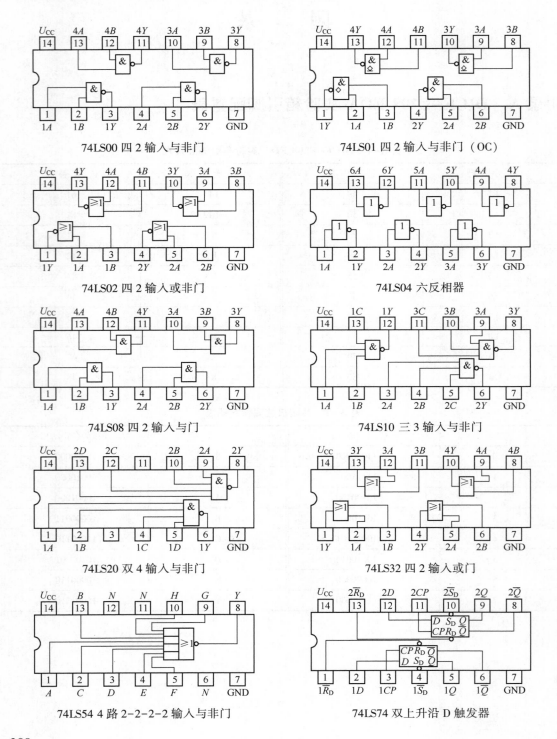

74LS00 四 2 输入与非门

74LS01 四 2 输入与非门（OC）

74LS02 四 2 输入或非门

74LS04 六反相器

74LS08 四 2 输入与门

74LS10 三 3 输入与非门

74LS20 双 4 输入与非门

74LS32 四 2 输入或门

74LS54 4 路 2-2-2-2 输入与非门

74LS74 双上升沿 D 触发器

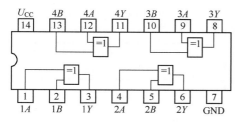

74LS86 四 2 输入异或门

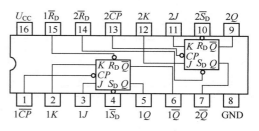

74LS112 双 JK 触发器

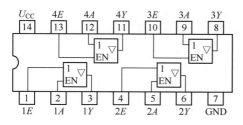

74LS126 四总线缓冲器

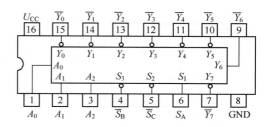

74LS138 3 线-8 线译码器

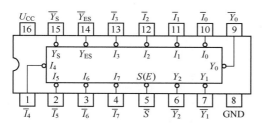

74LS148 8 线-3 线优先编码器

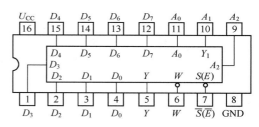

74LS151 8 选 1 数据选择器

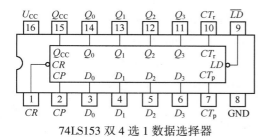

74LS153 双 4 选 1 数据选择器

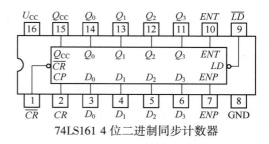

74LS161 4 位二进制同步计数器

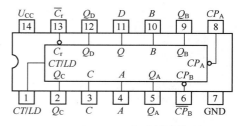

74LS194 4 位双向移位寄存器

74LS196 二-五-十进制计数器

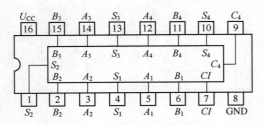

74LS283 4位二进制进位加法器

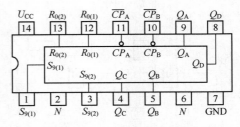

74LS290 二-五-十进制异步计数器

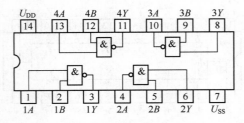

CD4011B 四2输入与非门

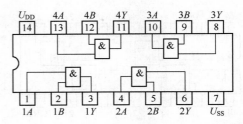

CD4081 四2输入与门

参 考 文 献

[1] 阎石. 数字电子技术基础 [M]. 6 版. 北京：高等教育出版社，2016.

[2] 余孟尝. 数字电子技术基础简明教程 [M]. 4 版. 北京：高等教育出版社，2018.

[3] 康华光. 电子技术基础：数字部分 [M]. 6 版. 北京：高等教育出版社，2014.

[4] 庄俊华. Multisim 9 入门及应用 [M]. 北京：机械工业出版社，2008.

[5] 吴厚航. 深入浅出玩转 FPGA [M]. 3 版. 北京：北京航空航天大学出版社，2017.

[6] 吴继华，王诚. 设计与验证 Verilog HDL [M]. 北京：人民邮电出版社，2006.

[7] 王诚，蔡海宁，吴继华. Altera FPGA/CPLD 设计：基础篇 [M]. 2 版. 北京：人民邮电出版社，2015.

[8] 夏宇闻，韩彬. Verilog 数字系统设计教程 [M]. 4 版. 北京：北京航空航天大学出版社，2017.

[9] 北京航空航天大学电工电子中心. CPLD-FPGA 实验指导书 [Z]. 2009.

[10] 东南大学电子科学与工程学院. 电子系统设计实验指导书：FPGA 基础篇 Vivado 版 [Z]. 2015.